SECONDE SÉRIE

DE LA

BIBLIOTHÈQUE

LATINE-FRANÇAISE

traductions nouvelles

DES AUTEURS LATINS

AVEC LE TEXTE EN REGARD

DEPUIS ADRIEN JUSQU'A GRÉGOIRE DE TOURS

publiée

PAR C. L. F. PANCKOUCKE

OFFICIER DE LA LÉGION D'HONNEUR

PALLADIUS

DE L'ÉCONOMIE RURALE

traduction nouvelle

PAR M. CABARET-DUPATY

Professeur de l'Université

PARIS

C. L. F. PANCKOUCKE, ÉDITEUR

RUE DES POITEVINS, 14

1844

peu de jours avant ,
en avait couru dan
jusqu'à citer, comm
tiques, la circonst:
tenue le 4 février.
de pareilles circon
dû donner aux auto
média? Cette atten
le conseil fédéral /
Petrucci et d'autres
le canton du Tessin
les résolutions fédé
avaient préparé l
Lombardie? Ain

Le gouverne
qu'il avait env
répondit le 21
gouvernemens
faires d'Autrich
provisoiremen
Vienne 27 m

Cependan
vétique ayan
de suspendr
le comte de B
nicky, le gou
ses à ce peti
communicatio
faires suisse ou
ral avait env
donner suite
ports officiels
diverses comm
au sujet de que
vait point cha
helvétique sou
les relations dip
officiellement r
Sur un autre
succès la puiss
de Limoge, eux
diplomatique d
nier lieu par so

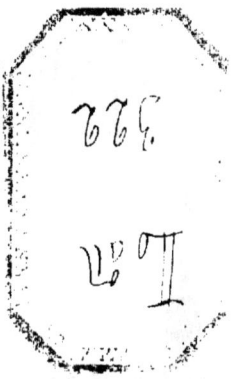

SECONDE SÉRIE

DE LA

BIBLIOTHÈQUE

LATINE-FRANÇAISE

DEPUIS ADRIEN JUSQU'A GRÉGOIRE DE TOURS

publiée

PAR C. L. F. PANCKOUCKE

OFFICIER DE LA LÉGION D'HONNEUR

IMPRIMERIE PANCKOUCKE,
rue des Poitevins, 1.

L'ÉCONOMIE RURALE

DE

PALLADIUS

RUTILIUS TAURUS ÆMILIANUS

TRADUCTION NOUVELLE

PAR M. CABARET-DUPATY

Professeur au collège royal de Grenoble.

PARIS

C. L. F. PANCKOUCKE, ÉDITEUR

OFFICIER DE L'ORDRE ROYAL DE LA LÉGION D'HONNEUR

RUE DES POITEVINS, 14

1843

NOTICE

SUR PALLADIUS.

L'AGRICULTURE a exercé non-seulement les plus grands héros, mais encore les plus grands écrivains de l'antiquité. Parmi les Grecs, Hésiode, qui vivait un siècle après la guerre de Troie, a écrit un poëme sur l'agriculture ; Démocrite, Xénophon, Aristote, Théophraste, en ont traité en prose. Parmi les Romains, Caton, le fameux censeur, a composé un ouvrage sur l'économie rurale, et a été imité par le savant Varron. Caton écrit comme un vieux cultivateur plein d'expérience : ses ouvrages abondent en maximes ; il entremêle, comme Hésiode, aux leçons d'agriculture des préceptes de morale. Varron montre dans ses écrits plus de théorie que de pratique. Il se livre à des recherches sur l'antiquité, remonte à l'étymologie des mots, et nous lui devons un catalogue des auteurs qui ont écrit avant lui sur la culture des champs. Les *Géorgiques* de Virgile tiennent, sans contredit, le premier rang, même indépendamment des beautés de la diction. L'ouvrage de Columelle est le plus considérable que les anciens nous aient laissé sur l'agronomie. Il se distingue par l'élégance et la pureté du style. Si on peut lui faire un reproche, c'est d'être trop recherché pour la matière qu'il traite.

Palladius Rutilius Taurus Æmilianus est le dernier parmi les écrivains latins qui se sont occupés de l'agriculture. Son ouvrage, intitulé *De Re rustica*, renferme des extraits d'auteurs anciens, surtout de Columelle, qui s'y trouve quelquefois littéralement reproduit. Cependant, à l'exception de l'olivier, Palladius traite d'une manière plus exacte que son modèle la partie des arbres fruitiers et des jardins potagers qu'il a puisée dans les œuvres de Gargilius Martialis. Les méthodes qu'il donne pour conserver les fruits et le vin sont tirées des *Géoponiques grecs,* dont il avait un exemplaire beaucoup plus étendu que l'abrégé que nous possédons.

L'*Économie rurale* de Palladius est divisée en quatorze livres. Le premier renferme une introduction générale ; chacun des douze suivants porte le nom d'un des mois de l'année, et enseigne les travaux propres à chaque saison. Ainsi que Columelle avait, dans son dixième livre, chanté en vers hexamètres l'art de cultiver les jardins, Palladius a fait de son quatorzième livre un poëme didactique, en vers élégiaques, sur la *Greffe des arbres.*

Dès le début de son traité, l'auteur paraît vouloir blâmer Columelle d'avoir enrichi son ouvrage de descriptions agréables, et de l'avoir orné d'une diction élégante et fleurie. Mais il n'a pas su toujours se dérober lui-même à ce reproche flatteur. Habituellement sévère et concis, il n'est pas à l'abri de la recherche et de l'affectation. Il semble se plier difficilement à l'exactitude austère et aride des préceptes; son imagination se trahit et se révèle quelquefois à son insu, malgré les efforts qu'il fait pour la contenir. C'est que Palladius est réellement né poëte : son petit poëme *sur la Greffe* en est une preuve. Il est impossible de pousser plus loin le travail ingénieux de l'expression, et de relever les plus petites choses par un coloris plus vif et plus varié. On s'étonne que, dans un sujet aussi constamment uniforme, il ait déployé tant de souplesse pour mettre en vers une opération qui se pratique à peu près de même sur chaque espèce d'arbres. Il est vrai de dire aussi que, pour paraître neuf et original, il entasse trop d'images et de métaphores, et qu'à force d'esprit il devient souvent obscur et maniéré.

Les érudits ne s'accordent point sur le temps où Palladius a vécu. Les uns le placent au commencement du second siècle, les autres à la fin du quatrième. Quelques-uns croient que c'est le parent dont le poëte Rutilius parle dans son *Itinéraire ;* d'autres ont remarqué que ce dernier était un jeune Gaulois envoyé par son père dans la capitale de l'empire, pour y étudier le droit, tandis que l'agronome avait des possessions en Italie et en Sardaigne. Ils ajoutent qu'on ne trouve pas le nom de ce Palladius parmi ceux des préfets et des autres magistrats suprêmes de la première moitié du cinquième siècle, tandis que le titre de *vir illustris* que porte notre agronome dans les manuscrits, indique qu'il a été revêtu de quelque haute dignité.

Wernsdorff a tenté une autre voie pour trouver le siècle de Palladius. Le quatorzième livre de son ouvrage étant dédié à un certain Pasiphile, il s'agit de découvrir l'époque où a vécu celui-ci, qu'il appelle un homme savant, et dont il loue la fidélité, *ornatus fidei*. Ammien Marcellin, en parlant de la conspiration contre Valens, qui fut découverte en 371, raconte que le proconsul Eutrope, qui était parmi les accusés, fut sauvé par le courage du philosophe Pasiphile, auquel les tortures ne purent arracher une dénonciation.

Ces circonstances motivent l'épithète que Palladius donne à son ami; et si celui-ci est le même Pasiphile qui, en 395, fut gouverneur d'une province, comme on le voit par une loi du code Théodosien, on peut supposer que le quatorzième livre de Palladius, où il n'est pas fait allusion à cette dignité, a été écrit entre les années 371 et 395. Il est vrai que, parmi les magistrats de cette époque, on ne trouve pas d'autre Palladius que celui qui, en 381, fut maître des offices, *magister officiorum*. Mais celui-ci habitait Constantinople, et non l'Italie. A cette observation on peut répondre en disant qu'il n'est pas bien sûr que le nom de famille de notre agronome fût Palladius; que Cassiodore et Isidore de Séville l'appellent *Æmilianus*, et qu'il faudrait peut-être le chercher parmi les personnages de ce nom, ou même parmi les *Taurus*. Ainsi, malgré les recherches des savants, le siècle où a fleuri Palladius reste, comme sa vie, enveloppé d'un voile qui vraisemblablement ne sera jamais levé.

CABARET-DUPATY.

PALLADII RUTILII

TAURI ÆMILIANI V. I.

DE RE RUSTICA

LIBER I.

DE PRÆCEPTIS REI RUSTICÆ.

Procemium.

I. Pars est prima prudentiæ, ipsam, cui præcepturus sis, æstimare personam. Neque enim formator agricolæ debet artibus et eloquentia rhetores æmulari, quod a plerisque factum est : qui dum diserte loquuntur rusticis, assequuti sunt, ut eorum doctrina nec a disertissimis possit intelligi. Sed nos recidamus præfationis moram, ne, quos reprehendimus, imitemur. Dicendum autem nobis est, si divina faverint, de omni agricultura, et pascuis, et ædificiis rusticis, secundum fabricandi magistros, et aquæ inventionibus, et omni genere eorum, quæ vel facere vel nutrire oportet agricolam ratione voluptatis et fructus, suis tamen temporibus per universa distinctis. Sane in primis hoc servare constitui, ut eo mense, quo ponenda sunt singula, cum sua omni exsequar disciplina.

De quatuor rebus, quibus agricultura consistit.

II. Primo igitur eligendi et bene colendi agri ratio, quatuor rebus constat : aere, aqua, terra, industria. Ex his tria naturalia ; unum facultatis et voluntatis. Naturæ est, quod in primis spectare oportet, ut eis locis, quæ colere

PALLADIUS RUTILIUS

TAURUS ÆMILIANUS.

DE L'ÉCONOMIE RURALE
LIVRE I.

DES PRÉCEPTES AGRONOMIQUES.

Avant-propos.

I. La première règle de goût est de proportionner ses leçons à la nature des esprits. Voulez-vous former un agriculteur, ne recourez pas, comme quelques-uns l'ont fait, aux fleurs de rhétorique et aux artifices oratoires. A quoi leur a servi d'étaler leur science devant des villageois? ils n'ont même pas été compris des savants. Mais, pour ne pas imiter ceux que nous critiquons, bornons ici notre préambule. Nous allons traiter, avec l'aide des dieux, de tout ce qui concerne l'agriculture, des pâturages, des édifices rustiques, conformément aux préceptes de l'art, de la manière de découvrir l'eau, et en général de tout ce qu'un agriculteur doit faire ou entretenir dans chaque saison pour son avantage comme pour son agrément. Afin de suivre un ordre méthodique, je parlerai, mois par mois, de l'ensemble de l'économie rurale.

Des quatre choses nécessaires à l'agriculture.

II. Le choix et la culture d'un terrain exigent quatre choses : l'air, l'eau, la terre et le travail. Les trois premières dépendent de la nature; l'autre, de nos moyens et de notre volonté. Dans le choix du terrain que vous

destinabis, aer sit salutaris et clemens, aqua salubris et facilis, vel ibi nascens, vel adducta, vel imbre collecta; terra vero fecunda et situ commoda.

De aeris probatione.

III. Aeris igitur salubritatem declarant loca ab infimis vallibus libera, et nebularum noctibus absoluta, et habitatorum considerata corpuscula, si eis color sanus, capitis firma sinceritas, inoffensum lumen oculorum, purus auditus, [et si] fauces commeatum liquidæ vocis exercent. Hoc genere benignitas aeris approbatur. His autem contraria noxium cœli illius spiritum confitentur.

De aqua probanda.

IV. Aquæ vero salubritas sic agnoscitur. Primum ne a lacunis aut a palude ducatur; ne de metallis originem sumat; sed sit perspicui coloris, neque ullo aut sapore aut odore vitietur; nullus illi limus insidat, frigus tepore suo mulceat, æstatis incendia frigore moderetur. Sed quia solet his omnibus ad speciem custoditis occultiorem noxam tectior servare natura, ipsam quoque ex incolarum salubritate noscamus : si fauces bibentium puræ sunt, si salvo capite, in pulmonibus ac thorace aut nulla est aut rara causatio; [nam plerumque has noxas corporis ad inferiorem partem, quæ supra sunt corrupta, demittunt, ut vitiato capite ad pulmones vel stomachum morbi causa decurrat; tunc culpandus aer potius invenitur]; deinde si venter, aut viscera, vel latera, vel renes nullo dolore aut inflatione vexantur, si vitia nulla vesicæ sunt. Hæc atque his similia si apud incolas pro majori parte constare videris, nec de aere aliquid, nec de fontibus suspiceris.

destinez à la culture, examinez avant tout si l'air est pur et doux, si l'eau est saine et abondante, qu'elle prenne sa source dans le lieu même, qu'elle y vienne d'ailleurs, ou qu'elle soit amassée par la'pluie. Quant au sol, il doit être fertile et bien situé.

De la salubrité de l'air.

III. On juge que l'air d'un endroit est sain, lorsqu'il ne s'y trouve point de vallées profondes, ni de brouillards épais; lorsqu'à l'aspect des habitants on remarque qu'ils ont le teint frais, la tête dégagée d'humeurs, la vue en bon état, l'ouïe nette, la voix pure et claire. Ces indices annoncent la salubrité de l'air; les signes contraires sont une preuve que le climat en est pernicieux.

Des qualités que doit avoir l'eau.

IV. L'eau saine ne se tire ni des lacs, ni des marais, ni des mines. Elle doit être limpide, sans limon, sans odeur ni saveur, tiède en hiver et fraîche en été. Mais, comme des apparences spécieuses en dérobent ordinairement les défauts secrets, vous jugerez aussi de sa nature d'après la santé des habitants. Examinez s'ils ont la gorge libre, la tête saine, l'estomac et la poitrine exempts de maladies habituelles ou accidentelles; [car les vices des organes supérieurs se communiquent souvent aux régions inférieures, en sorte que, après avoir attaqué la tête, le principe d'une maladie se porte sur la poi-trine ou sur l'estomac; dans ce cas, c'est plutôt à l'air qu'il faut s'en prendre.] Examinez ensuite si leur ventre, leurs entrailles, leurs flancs ou leurs reins n'éprouvent ni douleurs ni gonflement, et s'ils n'ont aucune affection de vessie. Dès que vous aurez constaté ces faits et d'autres semblables chez la plupart des habitants, vous n'aurez rien à craindre ni de l'air ni de l'eau.

De qualitate terrarum.

V. In terris vero quærenda fecunditas. Ne alba et nuda sit gleba, ne macer sabulo sine admixtione terreni, ne creta sola, ne arenæ squallentes, ne jejuna glarea, ne aurosi pulveris lapidosa macies, ne salsa vel amara, ne uliginosa terra, ne tofus arenosus atque jejunus, ne vallis nimis opaca et solida; sed gleba putris et fere nigra, et ad tegendam se graminis sui crate sufficiens, aut mixti coloris, quæ etsi rara sit, tamen pinguis soli adjunctione glutinetur. Quæ protulerit, nec scabra sint, nec retorrida, nec succi naturalis egentia. Ferat, quod frumentis dandis utile signum est, ebulum, juncum, calamum, gramen, trifolium non macrum, rubos pingues, pruna silvestria.

Color tamen non magnopere quærendus est, sed pinguedo atque dulcedo. Pinguem sic agnoscis: glebam parvulam dulci aqua quum spargis et subigis, si glutinosa est et adhæret, constat illi inesse pinguedinem. Item scrobe effossa et repleta, si superaverit terra, pinguis est; si defuerit, exilis; si convenerit æquata, mediocris. Dulcedo autem cognoscitur, si ex ea parte agri, quæ magis displicet, glebam fictili vase dulci aqua madefactam, judicio saporis explores. Vineis quoque utilem per hæc signa cognosces: si coloris et corporis rari aliquatenus, atque resoluti est; si virgulta, quæ protulit, levia, nitida, procera, fecunda sunt, ut piros silvestres, prunos, rubos, ceteraque hujusmodi, neque intorta, neque sterilia neque macra exilitate languentia.

Situs vero terrarum neque planus, ut stagnet; neque præruptus, ut defluat; neque obrutus, ut in imum dejecta

De la nature du terrain.

V. Quant à la nature du sol, attachez-vous à sa fécondité. Point de mottes blanches et nues, ni de sablon
ingrat sans parties terreuses; point d'argile pure ni de
gravier sec, point de sable maigre, ni de poussière jaune
aussi stérile que le roc; point de terre salée, amère
ou fangeuse; point de tuf sablonneux et aride, ni de
vallon sombre et pierreux. Choisissez un terrain meuble
et presque noir, qui se revête naturellement de gazon,
ou un terrain léger et d'une couleur mixte, qui prendra
de la consistance à l'aide d'une terre grasse. Les produits
n'en doivent être ni galeux, ni rabougris, ni privés de
sucs naturels. Il sera propre aux blés, s'il est couvert
d'hièble, de joncs, de roseaux, de gazon, de trèfle vigoureux, de buissons bien fournis et de pruniers sauvages.

Cependant attachez-vous moins à la couleur qu'à la
douceur et à la fécondité. On reconnaît qu'une terre est
grasse, lorsque ses molécules délayées et pétries dans
l'eau douce sont adhérentes et glutineuses. On peut encore s'en assurer en creusant un fossé et en le remplissant : si la terre dépasse le niveau du sol, elle est grasse;
si elle s'enfonce, elle est maigre; si elle reprend son niveau, elle est médiocre. Pour connaître si une terre est
douce, détrempez-en une motte de la partie la plus ingrate dans un vase d'argile rempli d'eau, et goûtez-la.
Vous la jugerez de même propre à la vigne, si elle est
assez légère de corps et de couleur pour se résoudre aisément en poussière; si les arbustes qu'elle produit sont
lisses, polis, élancés, féconds, comme les poiriers sauvages, les prunelliers, les ronces, et d'autres de la même
espèce; s'ils n'ont point de branches tortues, stériles ou
desséchées de maigreur.

Que votre terrain ne soit pas trop plat; les eaux y sé-
journeraient; escarpé, elles l'effleureraient à peine; trop

valle subsidat; neque arduus, ut tempestates immodice
sentiat et calores. Sed ex his omnibus utilis semper est
æquata mediocritas, et vel campus apertior, et humorem
pluvium clivo fallente subducens; vel collis molliter per
latera inclinata deductus; vel vallis cum quadam mode-
ratione, et aeris laxitate submissa; vel mons alterius
culminis defensus objectu, et a molestioribus ventis aliquo liber auxilio, vel sublimis, asper, sed nemorosus et
herbidus.

Sed quum sint genera terrarum plurima, ut pinguis aut
macra, spissa vel rara, sicca vel humida, et ex his plera-
que vitiosa, tamen propter seminum differentiam sæpe
necessaria maxime, sicut supra dixi, eligendus est pinguis ac resolutus ager, qui minimum laborem poscit, et
fructum maximum reddit. Secundi meriti est spissus, qui
labore quidem maximo, tamen ad vota respondet. Illud
vero deterrimum genus est, quod erit siccum simul et spissum, et macrum vel frigidum : qui ager pestiferi more
fugiendus est.

De industria, et necessariis ad rura sententiis.

VI. Sed ubi hæc, quæ naturalia sunt, neque humana
ope curari possunt, diligentius æstimaveris, exsequi te
convenit partem, quæ restat industriæ; cujus hæc erit
cura vel maxima, ut has, quas subjeci, ex omni opere
rustico in primis debeas tenere sententias.

« Præsentia domini provectus est agri.

« Color terræ non magnopere desideretur, quia boni-
tatis incertus est auctor.

« Genera omnium surculorum vel frugum præclara, sed

bas, elles s'y amasseraient au fond d'un vallon ; trop
élevé, il serait constamment exposé aux mauvais temps
et aux ardeurs du soleil. Préférez un sol qui tienne le
juste milieu, une campagne découverte, dont la pente
insensible laisse écouler les eaux du ciel; un coteau dont
les flancs soient mollement inclinés; une vallée peu profonde, où l'air circule librement; une montagne pro-
tégée par la cime d'une autre, et à l'abri des vents im-
portuns, ou qu'au moins cette montagne compense sa
hauteur et son âpreté par sa richesse en herbe et en
bois.

Comme il y a plusieurs espèces de terres, des terres
grasses ou maigres, compactes ou légères, sèches ou humides, et, parmi celles-ci, plusieurs terres vicieuses, mais
souvent nécessaires à cause de la diversité des semences,
faites choix, avant tout, ainsi que je l'ai dit plus haut,
d'un terrain gras et friable, qui coûte peu de peine et
donne beaucoup de fruits. Mettez dans la seconde classe le
terrain compacte, qui exige sans doute beaucoup de travail, mais qui répond aux espérances de l'agriculteur. Le
pire de tous est le terrain à la fois sec et compact, maigre
et froid. Fuyez-le comme s'il était frappé de la peste.

Du travail. Maximes agronomiques.

VI. Quand vous aurez mûrement examiné ce qui est
du ressort de la nature et indépendant des soins de
l'homme, occupez-vous de la partie qui est dévolue au
travail; et, dans ce but, il importe essentiellement que
vous graviez dans votre mémoire les maximes suivantes
qui embrassent tout le système des opérations rustiques.

« La présence du propriétaire améliore un champ.

« Ne tiens pas trop à la couleur du sol, parce qu'elle
n'est pas une preuve sûre de sa bonté.

« Ne confie à la terre que les plus belles espèces de

terris tuis experta, committe; in novo enim genere seminum, ante experimentum, non est spes tota ponenda.

« Locis humidis semina citius quam siccis degenerant :
quare subinde succurrat electio.

« Ferrarii, lignarii, doliorum cuparumque factores ne-
cessario habendi sunt, ne a labore solemni rusticos causa
desiderandæ urbis avertat.

« Locis frigidis a meridie vineta ponantur; calidis, a
septentrione; temperatis, ab oriente, vel, si necesse sit,
occidente.

« Operarum ratio unum modum tenere non potest in
tanta diversitate terrarum ; et ideo soli et provinciæ consuetudo facile ostendet, qui numerus unamquamque rem
faciat, sive in surculis, sive in omni genere satorum.

« Quæ florent, constat non esse tangenda.

« Bene eligi serenda non possunt, nisi hoc officium
prius eligens assumat.

« In rebus agrestibus maxime officia juvenum con-
gruunt, imperia seniorum.

« In vitibus putandis tria consideranda sunt, fructuum
spes, successura materies, locus qui servet ac revocet.

« Vitem si maturius putes, plura sarmenta; si serius,
fructus plurimos consequeris.

« De locis deterrimis sicut arbores, ita vites convenit
ad meliora transferre.

« Post bonam vindemiam strictius, post exiguam la-
tius puta.

« In omni opere inserendi, putandi ac recidendi, duris et acutis utere ferramentis.

grains et d'arbrisseaux déjà éprouvées dans tes domaines ; défie-toi des autres, avant d'en avoir fait l'essai.

« Les semences dégénèrent plus vite dans les lieux humides que dans les lieux secs ; on prévient cet inconvénient en choisissant bien sa terre.

« Il est indispensable d'avoir à soi des forgerons, des charpentiers et des artisans pour travailler aux futailles et aux cuves, afin que les paysans ne soient pas détournés de leur besogne ordinaire par la nécessité de recourir à la ville.

« Dans les pays froids, plante la vigne au midi ; dans les pays chauds, au nord ; dans les pays tempérés, au levant, ou, s'il est nécessaire, au couchant.

« On ne peut fixer la mesure du travail dans une si grande diversité de terroirs. La culture habituelle du sol dans telle ou telle province t'apprendra aisément le nombre de jours que demandent les plantations ou les semailles.

« Ne touche jamais à rien de ce qui est en fleur.

« Il est impossible de bien choisir ce qu'on doit semer, si la personne chargée de ce soin ne le choisit elle-même.

« Dans les travaux des champs le service est l'affaire des jeunes gens, le commandement celle des vieillards.

« Trois choses sont à considérer dans la taille des vignes : l'espérance du fruit, le bois qui doit remplacer celui qu'on retranche, et l'endroit du cep où l'on veut qu'il repousse.

« En taillant la vigne de bonne heure, on aura plus de sarments ; en la taillant plus tard, on aura plus de fruits.

« Ainsi que les arbres, les vignes doivent être transplantées d'un méchant terrain sur un sol meilleur.

« Taille de près ta vigne, si la vendange a été bonne, et de moins près, si elle a été médiocre.

« Pour greffer, émonder ou couper, emploie des outils solides et tranchants.

« In vite vel arbore quæ facienda sunt, perage ante apertionem floris et gemmæ.

« In vineis aratro prætermissa fossor emendet.

« Locis calidis, siccis, apricis, pampinandum non est, quum magis vitis optet operiri.

« Et ubi vineas Vulturnus exurit, aut flatus aliquis regioni inimicus, vitem tegamus straminibus vel aliunde quæsitis.

« Ramus lætus, viridis et sterilis in media olea abscindendus est, velut totius arboris inimicus.

« Sterilitas et pestilentia æquo modo fugiendæ sunt.

« In pastinato solo inter novellas vites omnino nihil est conferendum.

« Græci jubent, exceptis caulibus, tertio anno, quæ libebit, injungere.

« Omnia legumina Græcis auctoribus seri jubentur in sicca terra; faba tantummodo in humida debet spargi.

« Domino vel colono confinia possidenti, qui fundum vel agrum suum locat, damnis suis ac litibus studet.

« In agro periclitantur interiora, nisi colantur extrema.

« Omne triticum in solo uliginoso post tertiam sationem in genus siliginis commutatur.

« Tria mala æque nocent, sterilitas, morbus, vicinus.

« Qui terram sterilem vineis occupat, et laboribus suis et sumptibus est inimicus.

« Campi largius vinum, colles nobilius ferunt.

« Aquilo vites sibi objectas fœcundat, auster nobilitat. Ita in arbitrio nostro est, utrum plus habeamus, an melius.

« Achève de soigner ta vigne et tes arbres avant l'épanouissement des bourgeons et des fleurs.

« Dans les vignobles, la houe doit compléter l'œuvre de la charrue.

« Il ne faut pas épamprer la vigne dans les lieux chauds, secs et bien exposés; elle demande plutôt à s'y couvrir de feuilles.

« Si le vulturne ou quelque souffle ennemi dessèche tes vignes, couvre-les de chaume ou de quelque autre abri.

« Une branche d'olivier, rapprochée du tronc quand elle est verte, vigoureuse ou stérile, doit être retranchée comme le fléau de l'arbre entier.

« Fuis la stérilité comme la peste.

« Dans un terrain façonné, ne mets absolument rien entre les jeunes plants de vigne.

« Suivant les Grecs, un terrain peut, de trois en trois ans, tout recevoir, excepté des choux.

« Tous les légumes, selon les auteurs grecs, doivent être semés dans une terre sèche; la fève seule demande de l'humidité.

« Affermer sa métairie ou son champ à un maître ou à un cultivateur qui a des propriétés voisines, c'est s'exposer à des pertes ou à des procès.

« Le milieu d'un champ court des risques, si l'on n'en cultive pas les extrémités.

« Tous les blés semés trois fois dans un sol humide, deviennent une espèce de fleur de froment.

« Trois fléaux sont également funestes : la stérilité, la maladie et le voisin.

« Couvrir de vignes un terrain stérile, c'est nuire et à son travail et à sa bourse.

« Les plaines produisent plus de vin; les coteaux, un vin de meilleure qualité.

« L'aquilon féconde les vignes, l'autan leur donne de la qualité. Il dépend donc de nous d'avoir du vin bon ou abondant.

« Necessitas feriis caret.

« Quamvis temperatis agris serendum sit, tamen si sic-citas longa est, semina occata tutius in agris, quam in hor-reis servabuntur.

« Viæ malitia æque et voluptati et utilitati adversa est.

« Qui agrum colit, gravem tributis creditorem patitur, cui sine spe absolutionis adstrictus est.

« Qui arando crudum solum inter sulcos relinquit, suis fructibus derogat, terræ ubertatem infamat.

« Fœcundior est culta exiguitas, quam magnitudo ne-glecta.

« Nigras vites omnino repudies, nisi in provinciis, et ejus generis, quo acinaticium fieri consuevit.

« Longius adminiculum vitis incrementa producit.

« Teneram et viridem vitem ferri acie ne recidas.

« Omnis incisura sarmenti avertatur a gemma, ne eam stilla, quæ fluere consuevit, exstinguat.

« Pro macie vel soliditate vitium nutrienda sarmenta putator injungat.

« Terra profunda, quod Græci asserunt, oleæ grandes arbores efficit, fructus minores, et aquatos ac seros, magisque amurcæ proximos.

« Aer oleas tepidus juvat, et ventis mediocribus sine vi et horrore perflabilis.

« Vitis quæ ad jugum colitur, per ætates ad hoc perducenda est, ut locis molestioribus quatuor pedibus a terra, placidioribus vero septem summitas ejus in-surgat.

« Hortus qui cœlo clementi subjacet, et fontano

« La nécessité ne connaît point de fêtes.

« On sème quand la terre est humide; cependant, après une longue sécheresse, les semailles hersées se conservent plus sûrement dans la terre que dans les greniers.

« Les mauvais chemins ne sont pas moins contraires à l'agréable qu'à l'utile.

« L'homme qui se charge de la culture d'un champ, s'engage, sans aucun espoir d'acquittement, envers un créancier qui l'accable de redevances.

« Quiconque, en labourant, laisse entre des sillons une partie du sol en friche, diminue sa récolte et fait dégénérer la fertilité de sa terre.

« Un petit fonds bien cultivé rapporte plus qu'un grand domaine négligé.

« Renonce entièrement aux raisins noirs, à moins que tu ne veuilles, comme dans les provinces, en faire du râpé.

« De longs échalas secondent le développement de la vigne.

« Quand la vigne est jeune et verte, n'y porte pas le tranchant de l'acier.

« L'incision d'un sarment doit toujours épargner le bourgeon, de peur que la larme qui en découle ordinairement ne fasse périr le cep.

« L'émondeur proportionnera la coupe des sarments à la faiblesse ou à la vigueur des souches.

« Une terre profonde, suivant les Grecs, donne aux oliviers une taille extraordinaire et des fruits grêles, aqueux, tardifs, avec un goût de marc d'huile.

« L'olivier aime la chaleur et le souffle caressant des doux zéphyrs.

« Assouplis par degrés la vigne dont tu veux faire une treille; qu'elle s'élève de quatre pieds dans les terrains les plus contraires, et de sept dans les plus favorables.

« Un jardin exposé à une douce température et arrosé

humore percurritur, prope est ut liber sit , et nullam serendi disciplinam requirat.

« Subligatio acerbis uvis facienda est, quando excutiendi aut rumpendi acini nulla formido est.

« Ligatura in vitibus locum debet mutare , ne unum semper assiduitas conterat vinculorum.

« Fossorem si apertus vitis oculus viderit , cæcabitur spes magna vindemiæ; et ideo, dum est clausus, fodietur.

« Terræ altitudinem cum fœcunditate, si ad frumenta, duobus explora; quatuor vero , si ad arbusta vel vites.

« Vitis novella ut facile incrementum dilecta consequitur, ita interitum celerem, si negligatur, incurrit.

« Modum tene , æstimatis facultatibus tuis , in assumptione culturæ, ne, superatis viribus , excedente mensura, turpiter deseras quod arroganter assumis.

« Semina plus quam annicula esse non debent , ne vetustate corrupta non prodeant.

« Frumentum collis quidem grano robustius , sed mensuræ minus refundet.

« Omnia quæ seruntur, crescente luna et diebus tepidis sunt serenda ; nam tepor evocat, frigus includit.

« Si tibi ager est silvis inutilibus tectus, ita eum divide, ut loca pinguia puras reddas novales , loca sterilia silvis tecta esse patiaris , quia illa naturali ubertate respondent , hæc beneficio lætantur incendii. Sed sic urenda distingues , ut ad incensum agrum post quinquennium revertaris : ita efficies ut æqualiter vel sterilis gleba cum fœcunda contendat.

« Græci jubent olivam, quum plantatur et legitur, a

par une source d'eau vive, peut, en quelque sorte, se passer de soins et de culture.

« Il faut lier les grappes de raisin quand elles sont vertes; on ne risque pas alors d'en faire tomber les grains ou de les écraser.

« Attache toujours **tes vignes** dans un endroit différent, de crainte que le frottement continu des liens ne finisse par user le sarment.

« Fouir la terre quand les yeux de la vigne sont ouverts, c'est détruire l'espoir d'une belle vendange; ne la remue donc que lorsqu'ils sont fermés.

« Si ta terre doit recevoir du grain, creuse-la de deux pieds pour qu'elle soit fertile; les arbres et les vignes en exigent deux de plus.

« Une jeune vigne croît aisément, quand on lui prodigue des soins assidus; elle meurt aussi promptement, quand on la néglige.

« Avant de te charger de la culture d'une terre, consulte tes moyens, dans la crainte que son étendue ne dépasse ta fortune, et que tu ne sois obligé d'abandonner honteusement une entreprise téméraire.

« Les semences ne doivent pas avoir plus d'un an. Trop vieilles, elles pourrissent et ne sortent point de terre.

« Le blé des coteaux donne sans doute des grains plus gros, mais en moindre quantité.

« Fais toutes tes semailles à la nouvelle lune et dans les jours tempérés; car une douce chaleur fait lever les semences, tandis que le froid les tue.

« Si tu as un champ couvert d'inutiles forêts, mets en jachères les parties grasses du terrain, et abandonne aux arbres les parties stériles. Les premières répondront à tes vœux par leur fertilité; les secondes s'engraisseront au moyen du feu. Tu laisseras celles-ci chômer pendant cinq ans, et la portion du sol jadis stérile rivalisera avec celle qui était naturellement féconde.

« Les Grecs veulent que l'olive soit plantée et recueillie

mundis pueris atque virginibus operandum, credo, re
cordati arbori huic esse præsulem castitatem.

« Nomina frumentorum superfluum est præcipere,
quæ aut loco subinde aut ætate mutantur. Hoc satis est
ut eligamus præcipua in ea regione, quam colimus, vel
exploremus advecta.

« Lupinus et vicia pabularis, si virides succidantur,
et statim supra sectas eorum radices aretur, stercoris
similitudine agros fœcundant; quæ si exaruerint antequam proscindas, in his terræ succus aufertur.

« Ager aquosus plus stercoris quærit; siccus, minus.

« Calidis, maritimis, siccis, apricis, campestribus locis, omne opus vinearum maturius inchoetur; frigidis,
mediterraneis, humidis, opacis, montanis locis, tardius :
quod non solum de mensibus aut diebus dixerim, sed
etiam de horis operandi.

« Omne opus rusticum, quum fieri præcipitur, neque
cito est, si ante quindecim dies; neque tarde, si post
quindecim fiat.

« Frumenta omnia maxime lætantur patenti campo et
soluto, et ad solem reclivi.

« Spissa et cretosa et humida terra bene far et triticum
nutrit.

« Hordeum agro soluto delectatur et sicco; nam si
in lutoso spargatur, moritur.

« Trimestris satio locis frigidis et nivosis convenit,
ubi qualitas æstatis humecta est; ceteris raro respondet
eventu.

« Semen trimestre locis tepidis melius respondebit, si
seratur autumno.

« Si necessitas coget in salsa terra aliquid operari, ex-

par des enfants purs et des vierges, sans doute parce que l'olivier est le symbole de la chasteté.

« Il est inutile de rien prescrire sur les noms des blés, qui varient suivant les temps et les lieux. Il suffit de choisir ceux qui tiennent le premier rang dans le pays qu'on habite, ou d'éprouver ceux qu'on tire d'ailleurs.

« Coupe le lupin et la vesce pendant qu'ils sont verts, et promène immédiatement après la charrue sur leurs racines; elles engraisseront tes champs comme du fumier. Si tu les laisses sécher avant la coupe, elles perdront tout leur suc.

« Un sol humide demande plus de fumier qu'un terrain sec.

« Hâte-toi de donner à la vigne tous les soins qu'elle exige dans les endroits découverts, chauds, secs, plats et voisins de la mer; dans les lieux froids, humides, couverts, montagneux, situés au milieu des terres, mets-toi plus tard à la besogne. Ce conseil regarde non-seulement les mois et les jours, il s'étend encore aux heures de travail.

« Tous les travaux de la campagne peuvent être faits quinze jours avant ou quinze jours après l'époque fixée; ce n'est ni trop tôt ni trop tard.

« Les blés aiment une campagne étendue, découverte, et dont la pente est tournée au levant.

« Une terre compacte, argileuse et humide nourrit bien le blé et le froment.

« L'orge se plaît dans un terrain meuble et sec; elle meurt dans un terrain fangeux.

« Les semailles trimestrielles conviennent aux lieux froids et couverts de neige, où l'été est humide; rarement elles prospèrent ailleurs.

« L'ensemencement trimestriel réussit mieux dans les climats tempérés, lorsqu'on le fait en automne.

« Si tu es réduit à tirer quelque parti d'une terre salée,

tremo autumno plantanda est vel conserenda, ut malitia ejus hibernis imbribus eluatur. Aliquid etiam terræ dulcis vel arenæ fluvialis subjiciendum est, si illi virgulta committimus.

« Seminarium mediocri terra instituere debemus, ut ad meliorem, quæ sata fuerint, transferantur.

« Lapides qui supersunt, hieme rigent, æstate fervescunt: idcirco satis, arbustis et vitibus nocent.

« Terra quæ circa arbores movetur, ita est vicibus permutanda, ut ei quæ in summo fuerat, ima succedat.

« In lætandis arboribus crates faciemus, terram prius trunco admoventes, et mox lætamen; ut sic opus natura beneficii alternante cumuletur.

« Agri præsulem non ex dilectis et tenere educatis servulis ponas, quia fiducia præteriti amoris impunitatem culpæ præsentis exspectat. »

De agri e ectione vel situ.

VII. In eligendo agro vel emendo, considerare debebis, ne bonum naturalis fœcunditatis colentium depravaverit inertia, et in degeneres surculos uber soli feracis expenderit; quod quamvis emendari possit insitione meliorum, tamen harum rerum sine culpa melior usus est, quam cum spe corrigendi serus eventus. In seminibus ergo frumentorum præsens emendatio poterit esse. In vineis maxime considerandum atque vitandum est, quod plerique fecerunt studendo famæ tantum, et latitudini pastinorum, semina vitium statuentes, vel sterilia vel saporis indigni; quod grandi tibi labore consta-

il faut y faire des plantations ou l'ensemencer à la fin
de l'automne, afin que son amertume disparaisse avec
les pluies d'hiver. Tu devras y ajouter aussi un peu de
terre douce ou de sable de rivière, si tu lui confies des
arbrisseaux.

« N'établis de pépinière que dans un terrain médiocre ;
tu transporteras ensuite tes plants dans un sol plus
fertile.

« Les pierres qu'on laisse sur la terre sont glacées
en hiver et brûlantes en été ; aussi nuisent-elles aux
grains, aux arbustes et aux vignes.

« La terre qu'on remue autour des arbres doit être re-
tournée sens dessus dessous.

« Pour activer la végétation des arbres, on les entoure
de couches successives de terre et de fumier ; cette double
opération produit un résultat parfait.

« Ne mets pas à la tête de ton domaine un de tes
esclaves favoris, élevés au milieu des caresses : la confiance qu'inspire une ancienne affection autorise le cou-
pable à compter sur l'impunité. »

Du choix et de l'exposition du terrain.

VII. Lorsque vous voudrez choisir ou acquérir une
terre, examinez si la négligence de ceux qui la cultivent
n'en a pas altéré la fécondité naturelle, ni fait dégénérer
la richesse et la vigueur de ses produits. Quoiqu'on puisse
corriger ce défaut par la greffe, il est plus avantageux
d'exploiter un sol qui n'a pas souffert, que d'être réduit à
attendre les fruits tardifs d'une terre amendée. En semant
d'autres blés, il vous sera facile de réparer le vice des
précédents. Il n'en est pas de même des vignes. Évitez
soigneusement la faute de ceux qui, n'aspirant qu'à la
réputation de posséder plus de terrain façonné que les
autres, ont couvert le sol de souches stériles ou de
mauvais fruits. Acheter une terre plantée de la sorte, ce

bit, ut corrigas, si agrum compares vitiis talibus occupatum.

Positio ipsius agri qui eligendus est, ea sit. In frigidis provinciis orienti aut meridiano lateri ager esse debet oppositus, ne alicujus magni montis objectu, his duabus partibus exclusis, algore rigescat; aut per partem septemtrionis remoto, aut per occidentis in vesperam sole dilato. In calidis vero provinciis pars potius septemtrionis optanda est, quæ et utilitati, et voluptati, et saluti æqua bonitate respondeat. Si vicinus est fluvius, ubi statuimus fabricæ sedem parare, ejus debemus explorare naturam, quia plerumque quod exhalat inimicum est; a quo, si talis sit, conveniet refugere conditorem. Palus tamen omni modo vitanda est, præcipue quæ ab austro est vel occidente, et siccari consuevit æstate propter pestilentiam, vel animalia inimica, quæ generat.

De ædificio.

VIII. Ædificium pro agri merito et pro fortuna domini oportet institui; quod plerumque immodice sumptum, difficilius est sustinere quam condere. Ita igitur æstimanda est ejus magnitudo, ut si aliquis casus incurrerit, ex agro in quo est, unius anni, aut, ut multum, biennii pensione reparetur. Ipsius autem prætorii situs sit loco aliquatenus erectiore et sicciore quam cetera, et propter injuriam fundamentorum, et ut læto fruatur adspectu. Fundamenta autem hoc modo ponenda sunt, ut latiora sint ex utraque parte semipedis spatio, quam parietis insuper struendi corpus increscet. Si lapis vel tofus occurrat, facilis causa est collocandi, in quo sculpi tantum fundamenti forma debebit, unius pedis altitudine vel duorum. Et si solida vel

serait se condamner à d'innombrables travaux pour la rendre fertile.

Voici quelle doit être l'exposition du terrain que vous voulez choisir. Dans les climats froids, il regardera le midi ou le levant. Si ces deux points étaient masqués par une montagne, il serait glacé de froid; au nord, il ne verrait point le soleil; au couchant, il en jouirait trop tard. Au contraire, dans les climats chauds, préférez le côté du nord, comme le meilleur, le plus agréable et le plus sain. S'il y a une rivière voisine de l'endroit où vous voulez placer vos constructions, examinez-en la nature, parce que souvent il en sort des exhalaisons funestes; dans ce cas, il faut vous en écarter pour bâtir. Évitez les marais à tout prix, surtout ceux qui sont au midi ou au couchant, et qui se dessèchent en été : ils corrompent l'air et engendrent des animaux nuisibles.

Du bâtiment.

VIII. Proportionnez vos constructions à la valeur du fonds et à l'état de votre fortune. Quand on bâtit sur une trop vaste échelle, l'entretien coûte souvent plus que l'édifice. Calculez donc les dimensions du bâtiment de manière que, s'il éprouve quelque accident, un ou deux ans au plus du revenu de la terre où il se trouve, suffisent pour le réparer. Le maître-logis occupera un terrain un peu plus élevé et plus sec que les autres parties, afin que les fondations en soient plus solides et la vue plus riante. Élargissez chaque côté de ses fondations d'un demi-pied de plus que le mur qu'elles doivent porter. Si vous rencontrez le roc ou le tuf, vous les creuserez simplement d'un ou de deux pieds. Si le fond est une argile ferme ou compacte, vous leur donnerez en profondeur la cinquième ou la sixième partie de l'élévation totale que l'édifice doit

constricta invenietur argilla , quinta vel sexta pars altitudinis ejus , quæ supra terram futura est , fundamentis
deputetur. Quod si terra laxior fuerit , modo majoris
altitudinis obruantur , donec munda sine ruderum suspi-
cione occurrat argilla ; quæ si omnino desit , quartam
mersisse sufficiet.

Studendum præterea ut hortis et pomariis cingi possit aut pratis. Sed totus fabricæ tractus unius lateris
longitudine , in quo frons erit , meridianam partem re-
spiciat , in primo angulo excipiens ortum solis hiberni , et
paululum ab occidente avertatur hiemali. Ita proveniet ,
ut per hiemem sole illustretur , et calores ejus æstate
non sentiat.

De hibernis et æstivis mansionibus , et pavimentis.

IX. Forma tamen esse debet ejusmodi , ut ad habita-
tionem breviter collectas et æstati et hiemi præbeat mansiones. Quæ hiemi parantur , ita sint constitutæ , ut
possit eas hiberni solis totus propemodum cursus hila-
rare. In his pavimenta opportuna esse debebunt. Primum
in fabricis planis earum observandum est , ut æqualis et
solida contignatio fiat , ne gradus ambulantium tremo-
rem fabricæ titubantis excutiat ; deinde ut axes quernæ
cum æsculeis non misceantur : nam quercus , humore
concepto , quum cœperit siccari , torquebitur , et rimas in
pavimento faciet ; æsculus autem sine vitio durat. Sed
si , quercu suppetente , æsculus desit , subtiliter quercus
secetur , et transversus atque directus duplex ponatur
ordo tabularum , clavis frequentibus fixus.

De cerro , aut fago , aut farno diutissime tabulata
durabunt , si stratis super paleis vel filice humor calcis
nusquam ad tabulati corpus accedat. Tunc supersta-

avoir. Si le terrain est trop mou, vous les enterrerez davantage, jusqu'à ce que vous découvriez la pure argile qui ne présente aucun vestige de décombres. Si vous ne la trouvez point, vous les creuserez proportionnellement au quart de la hauteur du bâtiment.

De plus, ayez soin que votre construction puisse être entourée de jardins, de vergers ou de prairies. La façade doit, dans toute sa longueur, regarder le midi, de sorte qu'en hiver un de ses angles voie le soleil levant, et qu'elle se détourne un peu du couchant. Ainsi, bien éclairé dans la saison des frimas, le bâtiment sera garanti de la chaleur en été.

Des appartements d'hiver et d'été, et des planchers.

IX. Le bâtiment doit avoir dans de petites dimensions des appartements d'été et des appartements d'hiver. Ceux-ci seront égayés par le soleil durant presque tout le temps qu'il paraîtra sur l'horizon. Ils auront des planchers convenables. Vous ferez d'abord en sorte que la charpente soit de niveau et solide, afin que personne ne l'ébranle en marchant. Ensuite vous prendrez garde de confondre les planches de chêne avec celles d'yeuse, parce que le chêne, quand l'humidité l'a pénétré, se déjette en séchant, et fait fendre les planchers, tandis que l'yeuse ne s'altère jamais. Si cependant vous n'avez que du chêne à votre disposition, vous le scierez en planches très-minces, que vous mettrez sur deux rangées, l'une droite et l'autre transversale, en les fixant avec un grand nombre de clous.

Les planchers de hêtre ou de chêne appelés *cerri* ou *farni*, vous feront un très-long usage, pourvu qu'une couche de paille ou de fougère empêche l'humidité de

tuminabis rudus, id est saxa contusa duabus partibus et una calcis temperante constitues. Hoc quum ad sex digitorum crassitudinem feceris, et regula exploraveris æquale, si loca hiemalia sunt, tale pavimentum debebis imponere, in quo vel nudis pedibus stantes ministri hieme non rigescant. Inducto itaque rudere vel testaceo pavimento, congestos et calcatos spisse carbones cum sabulone, et favilla, et calce permiscebis, et hujus impensæ crassitudinem sex unciis jubebis imponi ; quod exæquatum nigra pavimenta formabit, et si qua fundentur ex poculis, velociter rapta desuget.

Sed si æstivæ mansiones sunt, orientem solstitialem et partem septemtrionis adspiciant, et vel testaceum, sicut supra diximus, accipiant pavimentum, vel marmora, vel tesseras, aut scutulas, quibus æquale reddatur angulis lateribusque conjunctis. Si hæc deerunt, supra marmor tusum cernatur, aut arena cum calce inducta levigetur.

De calce et arena.

X. Præterea scire est necessarium construenti, quæ calcis et arenæ natura sit utilis. Arenæ ergo fossitiæ genera sunt tria, nigra, cana, rufa. Omnium præcipue rufa melior ; meriti sequentis est cana ; tertium locum nigra possidet. Ex iis quæ compressa manu edit stridores, erit utilis fabricanti. Item si panno vel linteo candidæ vestis inspersa et excussa nihil maculæ reliquerit aut sordis, egregia est.

Sed si fossilis arena non fuerit, de fluminibus aut glarea, aut litore colligetur. Marina arena tardius siccatur, et ideo non continue, sed intermissis temporibus

la chaux de pénétrer jusqu'au corps du plancher. Alors vous en établirez une autre composée de deux parties de pierres brisées et d'une partie de chaux. Lorsqu'elle aura six doigts d'épaisseur, et qu'elle sera nivelée, il faudra, pour les appartements d'hiver, la garnir de manière que les valets puissent s'y tenir même pieds nus, sans souffrir du froid. Après y avoir donc étendu du gravois et de la terre cuite, vous battrez bien ensemble du charbon, du sable, de la cendre et de la chaux, et vous en mettrez jusqu'à six pouces d'épaisseur. Lorsque le tout sera nivelé, vous aurez un sol noir qui boira sur-le-champ les liquides tombés des vases.

Quant aux appartements d'été, ils doivent regarder le nord-est, et être pavés, soit en terre cuite, comme je l'ai dit ci-dessus, soit en pièces de marbre de forme carrée ou en losanges dont les angles et les côtés, joints ensemble, présentent une surface polie. Si ces matériaux vous manquent, vous couvrirez le sol d'une couche unie de marbre pilé ou d'un enduit de sable et de chaux.

De la chaux et du sable.

X. De plus, quiconque fait bâtir doit se connaître en chaux et en sable. Il y a trois espèces de sables fossiles, le noir, le blanc et le rouge. Celui-ci est bien supérieur aux deux autres ; le blanc tient le second rang, le noir occupe le troisième. Le sable qui craque entre les mains convient aux ouvrages de maçonnerie. Il est également bon, si, répandu sur une étoffe ou un linge blanc, il ne laisse ni tache ni ordure après qu'on l'en a secoué.

Cependant, à défaut de sable fossile, on pourra se servir de celui de rivière ou de mer. Comme le sable de mer se sèche lentement, on ne l'emploiera pas tout de suite, mais on le laissera égoutter quelque temps pour

construenda est, ne opus onerata corrumpat ; camera-
rum quoque tectoria salso humore dissolvit. Nam fossiles arenæ cæmentitiis parietibus et cameris celeri siccitate
utiles sunt, melioresque, si statim, quum effossæ sunt,
calci misceantur ; nam diutino sole, aut pruina, aut
imbre vanescunt. Fluviales tectoriis magis poterunt convenire; sed si uti necesse sit maris arena, erit commodum prius eam lacuna humoris dulcis immergi, ut vitium
salis aquis suavibus elota deponat.

Calcem quoque ex albo saxo duro, vel Tiburtino,
aut columbino fluviali coquemus, aut rubro, aut spongia,
aut marmore postremo.. Quæ erit ex spisso et duro saxo,
structuris convenit ; ex fistuloso vero aut molliori lapide
tectoriis adhibetur utilius. In duabus arenæ partibus
calcis una miscenda est. In fluviali vero arena si tertiam
partem testæ cretæ addideris, operum soliditas mira
præstabitur.

De lateritiis parietibus.

XI. Quod si lateritios parietes in prætorio facere volueris, illud servare debebis, ut perfectis parietibus, in
summitate, quæ trabibus subjacebit, structura testacea
cum coronis prominentibus fiat sesquipedali altitudine,
ut si corruptæ tegulæ aut imbrices fuerint, parietem non
possint stillicidia penetrare per pluviam. Deinde providendum est ut siccis et asperatis parietibus lateritiis
inducatur tectorium, quod humidis ac levibus adhærere
non poterit ; et ideo tertio eos prius debebis obducere,
ut tectorium sine corruptione suscipiant.

qu'il n'endommage pas la maçonnerie en la surchargeant. Son humidité salée détache aussi les enduits des voûtes. Le sable fossile est bon pour le ciment des murailles et pour les voûtes, à cause de sa prompte dessiccation. Il est encore meilleur, si on le mêle à la chaux dès qu'il sort de terre; car s'il reste longtemps exposé au soleil, à la gelée ou à la pluie, il ne vaut plus rien. Le sable de rivière convient mieux aux enduits; néanmoins, si l'on est forcé d'employer du sable de mer, il sera bon de le plonger auparavant dans une mare d'eau douce qui le dépouillera de son sel.

Pour faire de la chaux, on cuira des pierres dures et blanches, des pierres de Tibur, des pierres colombines que fournissent les rivières, des pierres rouges, des pierres ponces ou du marbre commun. La chaux faite avec des pierres dures et compactes est propre aux bâtisses; celle qui provient des pierres molles et spongieuses convient mieux aux enduits. Il faut toujours mettre une partie de chaux sur deux de sable. En mêlant au sable de rivière un tiers de ciment, on donnera aux constructions une admirable solidité.

Des murs en briques.

XI. Si vous voulez que les murailles du maître-logis soient en briques, ayez soin, lorsqu'elles seront achevées, d'élever sur la partie supérieure que dominera la charpente, une maçonnerie en terre cuite d'un pied et demi avec des corniches saillantes, afin que si les tuiles ou les gouttières viennent à se dégrader, la pluie ne s'infiltre pas dans le mur. Ensuite, attendez que vos murailles soient sèches et raboteuses avant de les revêtir d'un crépi; il ne tiendrait pas, si elles étaient humides et lisses. Vous les enduirez donc jusqu'à trois fois, afin que le dernier crépi n'éprouve aucune altération.

De lumine et altitudine.

XII. In primis studendum est in agresti fabrica, ut multa luce clarescat; deinde ut partes temporibus divisas, sicut supra dixi, congruis partibus offeramus, id est æstivas septentrioni, hibernas meridiano, vernas et autumnales orienti. Mensura vero hæc servanda est in tricliniis atque cubiculis, ut quanta latitudo et longitudo fuerit, in unum computetur, et ejus medietas in altitudinem conferatur.

De cameris et canniclis.

XIII. Cameras in agrestibus ædificiis ex ea materia utilius erit formare, quæ facile invenietur in villa. Itaque aut tabulis faciemus aut cannis, hoc genere : asseres ligni Gallici vel cupressi directos et æquales constituemus in eo loco, ubi camera facienda est, ita ordinatos, ut inter se sesquipedalis mensura sit vacua; tunc eos catenis ligneis ex junipero, aut oliva, aut buxo, aut cupresso factis ad contignationem suspendemus, et binas inter eos perticas dirigemus tomicibus alligatas. Postea palustrem cannam, vel hanc crassiorem, quæ in usu est, contusam, facta et strictim juncta crate subnectemus, et per omne spatium cum ipsis asseribus et perticis alligabimus. Dehinc primo impensa pumicea induemus, et trulla æquabimus, ut inter se cannarum membra constringat; post arena et calce coæquabimus; tertio tusi marmoris pulverem mixtum cum calce ducemus, et poliemus ad summum nitorem.

De opere albario.

XIV. Opus quoque albarium sæpe delectat, cui calcem debebimus adhibere, quum multo tempore fuerit

Des jours et de la hauteur du bâtiment.

XII. Une maison rustique veut, avant tout, être bien éclairée; ensuite, comme je l'ai dit, les appartements, distribués d'après les saisons, devront correspondre aux points cardinaux, c'est-à-dire celui d'été au nord, celui d'hiver au midi, celui du printemps et d'automne au levant. Pour les salles à manger et les chambres à coucher, il faut avoir soin d'additionner leur largeur et leur longueur, et de prendre la moitié de la somme pour en fixer l'élévation.

Des voûtes et des claies de jonc.

XIII. Le meilleur moyen pour construire les voûtes dans les bâtiments rustiques, est d'employer les matières que la métairie fournit aisément. On se servira de planches ou de roseaux de la manière suivante : on posera horizontalement, dans le lieu où l'on doit élever la voûte, des solives en bois des Gaules ou de cyprès d'une égale dimension, à un pied et demi les unes des autres; ensuite, avec des liens de genévrier, d'olivier, de buis ou de cyprès, il faudra les cintrer vers la charpente, et y attacher deux perches en traverse au moyen de cordes de joncs. On étendra par dessous une claie à mailles serrées avec des cannes de marais, ou d'autres plus grosses dont on fait usage après les avoir aplaties. Quand cette claie sera attachée dans toute son étendue aux solives et aux perches, on la couvrira d'abord d'un enduit de pierreponce qu'on unira avec la truelle afin de resserrer les cannes; puis on nivellera le tout avec du mortier; et enfin, en y étendant un mélange de poudre de marbre broyé et de chaux, on polira cet enduit jusqu'à ce qu'on lui ait donné le plus beau lustre.

Des ouvrages en stuc.

XIV. Souvent aussi on aime les voûtes en stuc. On fait entrer dans cette composition de la chaux éteinte

maccrata. Ergo ut utilem probes, ascia calcem quasi lignum dolabis. Si nusquam acies ejus offenderit, et si quod asciae adhaeret fuerit molle atque viscosum, constat albariis operibus convenire.

De tectoriis.

XV. Parietum vero tectura sic fiet fortis et nitida : prima trullis frequentetur inductio; quum siccari coeperit, iterum inducatur, ac tertio; post haec tria coria ex marmoreo grano cooperiatur ad trullam. Quae inductio ante tam diu subigenda est, ut rutrum, quo calx subigitur, mundum levemus. Haec quoque marmoris grani inductio quum siccari incipiet, aliud corium subtilius oportet imponi : sic et soliditatem custodiet et nitorem.

De vitanda valle.

XVI. Vitandum est autem, quod plerique fecerunt, aquae causa, villas in infimis vallibus mergere, et paucorum dierum voluptatem praeferre habitatorum saluti; quod etiam magis metuemus, si provincia quam colimus de morbis aestate suspecta est. Cui si fons desit aut puteus, cisternas construere conveniet, quibus omnium conduci possit aqua tectorum. Fiunt autem hoc modo.

De cisternis.

XVII. Signinis parietibus magnitudo ea, cui delectaris et sufficis, construatur longior magis quam latior. Hujus solum alto rudere solidatum, relicto fusoriis loco, testacei pavimenti superfusione levigetur. Hoc pavimentum omni cura terendum est ad nitores, et lardo pingui decocto assidue perfricandum. Quod ubi deducto humore

depuis longtemps. La chaux, pour être bonne, doit pouvoir être taillée, comme le bois, avec une hache. Si le tranchant de l'outil ne rencontre aucun obstacle, si les parties qui s'y attachent sont molles et visqueuses, la chaux convient à ces sortes d'ouvrages.

Des crépis.

XV. Pour rendre le crépi des murailles solide et brillant, on passera souvent la truelle sur la première couche; quand cette couche sera sèche, on en mettra une seconde, puis une troisième; ensuite on les recrépira à la truelle avec de la poudre de marbre qui aura été remuée jusqu'à ce qu'elle ne tienne plus à la gâche. Lorsque cette couche de marbre commencera à sécher, on la recouvrira d'une autre couche de poudre plus fine, afin de conserver au mur sa solidité et son éclat.

Il faut éviter de bâtir au fond des vallées.

XVI. N'allez pas, à l'exemple d'un grand nombre de gens, pour avoir de l'eau à votre disposition, engloutir votre métairie au fond d'une vallée, et sacrifier la santé de ceux qui l'habitent à un agrément éphémère, surtout si le canton où vous êtes est sujet à des maladies pendant l'été. Manque-t-il de puits ou de fontaines, faites des citernes où vous conduirez l'eau de tous les toits. Voici comment on les construit.

Des citernes.

XVII. Proportionnez la grandeur des citernes à vos goûts et à vos moyens; qu'elles soient plus longues que larges, et closes de murs solides. Sauf la place des égouts, raffermissez le sol par une couche épaisse de blocaille, que vous unirez au moyen d'un mortier de terre cuite. Polissez soigneusement ce fond jusqu'à ce qu'il reluise, et, à cet effet, frottez-le sans cesse avec du lard bouilli,

siccatum est, ne rimis in aliqua parte findatur, etiam parietes simili corio velentur obducti; et ita, post diuturnam et solidam siccitatem, aquæ præbeatur hospitium. Anguillas sane piscesque fluviales mitti in his pascique conveniet, ut horum natatu aqua stans agilitatem currentis imitetur. Sed si aliquando in quocumque loco pavimenti vel parietis tectura succumbat, hoc genus malthæ adhibebimus, ut humor in exitum nitens possit includi.

Rimas et lacunas cisternarum, et piscinas, vel puteos sarciemus hoc genere, et si humor per saxa manabit. Picis liquidæ, quantum volueris, et tantumdem sumes unguinis quod vocamus axungiam vel sebum. Tunc in olla utrumque miscebis, et coques donec spumet; deinde ab igne removebis. Quum fuerit eadem refrigerata permixtio, calcem minutim superadjicies, et ad unum corpus omnia mixta revocabis. Quumque velut strigmentum feceris, inseres locis corruptis ac manantibus, et pressum summa densitate calcabis. Salutare erit aquas illuc per tubos fictiles duci, et opertis immeare cisternis; nam cœlestis aqua ad bibendum omnibus antefertur, ut et si fluens adhiberi possit, quæ salubris non est, lavacris debeat et hortorum vacare culturæ.

De cella vinaria.

XVIII. Cellam vinariam septentrioni debemus habere oppositam, frigidam, vel obscuræ proximam, longe a balneis, stabulis, furno, sterquiliniis, cisternis, aquis, et ceteris odoris horrendi; ita instructam necessariis, ut non vincatur a fructu; sic autem dispositam, ut basilicæ ipsius forma calcatorium loco habeat altiore constru-

Dès que l'humidité aura disparu, pour éviter toute cre-
vasse, vous tapisserez les parois d'une couche pareille;
et quand la citerne sera ferme et sèche depuis longtemps, vous y introduirez l'eau à demeure. Il sera bon
de nourrir dans ce réservoir des anguilles et des poissons
de rivière, afin que leur mouvement l'anime en lui donnant l'aspect d'une eau courante. Si l'enduit du sol ou
des murailles se dégrade en quelque endroit, vous con-
tiendrez avec du malte l'eau qui cherche à s'enfuir.

Pour boucher les crevasses et les cavités des citernes,
des lacs ou des puits, et arrêter le suintement de l'humidité à travers les pierres, vous pouvez prendre une
quantité égale de poix liquide et de graisse connue sous
le nom de suif ou de cambouis. Faites-les bouillir ensemble dans une marmite jusqu'à ce qu'ils écument; ensuite retirez-les du feu. Quand ce mélange sera refroidi,
jetez-y quelques pincées de chaux, et brouillez-le bien
pour en faire un seul tout. Puis appliquez-le comme du
mastic sur les parties dégradées qui livrent passage à l'eau,
et faites-le adhérer au moyen d'une forte pression. Il sera
bon d'amener l'eau par des tuyaux d'argile, et de tenir les
citernes closes; car l'eau du ciel est la meilleure à boire,
et quand vous pourriez employer l'eau courante, si elle
n'était point saine, il faudrait la réserver pour les lavoirs
et la culture des jardins.

De la cave.

XVIII. La cave doit regarder le nord, être fraîche,
sombre, éloignée des eaux courantes, des citernes, des
bains, des fours, des étables, des fumiers et des lieux
infects. Elle sera pourvue de tous les vaisseaux nécessaires
pour suffire à la vendange. Disposée en forme de basi-
lique, elle aura, entre deux bassins destinés à recevoir
le vin, un pressoir élevé sur une estrade à laquelle on

ctum, ad quod inter duos lacus, qui ad excipienda vina
hinc inde depressi sint, gradibus tribus fere aut quatuor
ascendatur. Ex his lacubus canales structi vel tubi fictiles circa extremos parietes currant, et subjectis lateri
suo doliis per vicinos meatus manantia vina defundant.
Si copia major est, medium spatium cupis deputabitur,
quas, ne ambulacra prohibeant, basellis altioribus im-
positas, vel supra obruta dolia possumus collocare
spatio inter se longiore distantes, ut, si res exigat, cu-
rantis transitus possit admitti. Quod si cupis locum suum
deputabimus, is locus ad calcatorii similitudinem podiis
brevibus, et testaceo pavimento solidetur, ut etiam si
ignorata se cupa diffuderit, lacu subdito excipiantur
non peritura vina quæ fluxerint.

De horreo.

XIX. Situs horreorum quamvis ipsam septentrionis
desideret partem, et superior, et longe ab omni humore,
et lætamine, et stabulis ponendus est, frigidus, ventosus
et siccus. Cui providendum structuræ diligentia, ne rimis
possit abrumpi. Solum igitur omne bipedis sternatur,
vel minoribus laterculis, quos suffuso testaceo pavimento debemus imprimere. Tunc divisas cellas, si magnus sperabitur seminum modus, grano cuique tribue-
mus; et si terræ pauperies minora promittit, vel cratitiis
podiis erunt discernenda granaria, vel vimineis vasculis
reditus tenues colligemus. Sed factis granariis, amurca
luto mixta parietes linuntur; cui aridi oleastri vel olivæ
folia pro paleis adjiciuntur; quo tectorio siccato, rursus
amurca respergitur; quæ ubi siccata fuerit, frumenta

arrivera par trois ou quatre marches. Des canaux de maçonnerie ou des tuyaux d'argile partiront de ces bassins, et conduiront le vin, à travers des ouvertures pratiquées au pied des murs, dans des futailles qui y seront adossées. Si l'on a une grande quantité de vin, on mettra les cuves au centre, et, pour qu'elles ne gênent point le passage, on les exhaussera sur de petites bases ou sur des futailles enfoncées dans le sol à une assez grande distance les unes des autres, afin que le garçon de cave puisse, au besoin, en approcher librement. Si, au contraire, on destine un emplacement séparé aux cuves, il sera, comme le pressoir, élevé sur de petites estrades, et consolidé par un enduit de terre cuite, afin que si une cuve vient à fuir sans qu'on s'en aperçoive, le vin ne se perde pas, mais soit reçu dans le bassin de dessous.

Du grenier.

XIX. Le grenier demande aussi à être exposé au nord. Situé dans la partie supérieure du bâtiment, il doit être froid, sec, aéré, à l'abri de toute humidité, loin du fumier et des étables. Il sera construit assez solidement pour qu'il ne puisse pas se crevasser. Vous couvrirez donc le sol entier de briques de deux pieds ou d'une moindre dimension, posées sur une couche de mortier de terre cuite. Si vous comptez sur une abondante récolte, vous ferez des magasins particuliers pour chaque espèce de grains; si la nature de votre terre promet peu, vous séparerez les grains par des claies, ou vous renfermerez votre mince récolte dans de petits paniers d'osier. Quand vos greniers seront faits, vous enduirez les parois d'un mélange de boue et de marc d'huile; vous y ajouterez, au lieu de paille, des feuilles d'olivier sauvage aux fruits secs, ou d'olivier franc. Dès que cet enduit sera sec, vous le revêtirez d'une autre couche de marc d'huile, et vous

condentur. Hæc res gurgulionibus et ceteris noxiis animalibus inimica est.

Aliqui coriandri folia frumentis miscent ad servandum
profutura. Nihil tamen diu custodiendis frumentis commodius erit, quam si ex areis in alterum locum vicinum
transfusa refrigerentur aliquantis diebus, atque ita hor-
reis inferantur. Negat Columella ventilanda esse frumenta, quia magis miscentur animalia totis acervis; quæ
si non moveantur, in summitate intra mensuram palmi
subsistent, et hoc velut corrupto corio cetera illæsa durabunt. Asserit idem noxia animalia ultra prædictam
mensuram non posse generari. Herba conyza sicca, ut
Græci asserunt, substrata frumentis, addit ætati. Ab
horreis tamen auster esse debet aversus.

De olei factorio.

XX. Olearis cella meridianis sit objecta partibus, et
contra frigus munita, ut illi per specularia debeat lumen
admitti. Ita et operas quæ hieme futuræ sunt nullus
algor impediet, et oleum quum premetur, adjutum teporibus, frigore non valebit adstringi. Trapetis et rotulis
et prælo nata est forma quam consuetudo dictavit. Receptacula olei semper munda sint, ne novos sapores infecta veteri rancore corrumpant. At si quis majori
diligentiæ studet, subjectis hinc inde cuniculis pavimenta
suspendat, et ignem suggerat fornace succensa. Ita purus
calor olei cellam sine fumi nidore vaporabit, quo sæpe
infectum, colore corrumpitur et sapore.

attendrez qu'elle soit sèche pour serrer votre blé. Cette précaution le garantira des charançons et des autres insectes nuisibles.

Quelques-uns, pour conserver le blé, y entremêlent des feuilles de coriandre. Le moyen le meilleur est de le transporter de l'aire dans un lieu voisin pour le rafraîchir pendant quelques jours, et de le renfermer ensuite au grenier. Columelle n'est pas d'avis qu'on évente le blé, parce qu'alors trop d'insectes se glissent dans le tas entier; au lieu que, si on ne le remue point, ils s'arrêtent à la superficie, et n'y pénètrent pas à plus d'une palme de profondeur, en sorte qu'ils ne gâtent que cette espèce de croûte, et que le reste se conserve intact. Le même auteur assure qu'il ne peut pas s'y engendrer d'animaux nuisibles au delà de cette profondeur. La conyze sèche, étendue sur le blé, d'après les Grecs, en prolonge la durée. Au reste le vent du midi ne doit jamais donner sur les greniers.

Du cellier à huile.

XX. Le cellier à huile sera exposé au midi et protégé contre le froid; il recevra le jour par des pierres transparentes. Les frimas ne pourront ainsi arrêter aucun travail d'hiver, et la douceur de la température empêchera l'huile de geler quand on la pressera. C'est à l'usage qu'on est redevable de la forme des meules, des roulettes et de l'arbre du pressoir. Les vaisseaux seront toujours propres, afin qu'ils ne gâtent pas la nouvelle huile par quelque odeur de rance. Si vous voulez y mettre plus de soin, vous élèverez, entre des conduits creusés à droite et à gauche, un carrelage sous lequel vous tiendrez du feu allumé dans un fourneau. Vous répandrez ainsi dans le cellier une chaleur dégagée de cette odeur de fumée qui, en infectant l'huile, en altèrerait, comme il arrive souvent, la couleur et le goût.

De stabulis equorum et boum.

XXI. Stabula equorum vel boum meridianas quidem plagas respiciant, non tamen egeant septentrionis luminibus, quæ per hiemem clausa nihil noceant, per æstatem patefacta refrigerent. Ipsa stabula, propter ungulas animalium, ab omni humore suspensa sint. Boves nitidiores fient, si focum proxime habeant, et ignis lumen intendant. Octo pedes ad spatium standi singulis boum paribus abundant, et in porrectione xv. Plancæ roboreæ supponantur stationibus equorum cum stramine, ut jacentibus molle sit, stantibus durum.

De chorte.

XXII. Chors ad meridiem pateat, et objecta sit soli, quo facilius hieme aliquem teporem concipiat, propter ea quæ insunt animalia; quibus etiam ad æstatis temperandum calorem porticus furcis, asseribus et fronde formari debent, quæ vel scandulis, vel, si copia suppetit, tegulis, vel, si facilius et sine impensa placuerit, tegentur caricibus aut genistis.

De aviariis.

XXIII. Circa parietes chortis extremos aviaria facienda sunt, quia stercus avium maxime necessarium est agriculturæ, excepto anserum lætamine, quod satis omnibus inimicum est. Sed habitacula ceterarum avium maxime necessaria sunt.

De columbario.

XXIV. Columbarium vero potest accipere sublimis una turricula in prætorio constituta, levigatis ac dealbatis parietibus, in quibus a quatuor partibus, sicut mos est,

Des écuries et des étables.

XXI. Les écuries et les étables regarderont le midi ;
néanmoins elles auront au nord des fenêtres, qu'on fermera en hiver, afin qu'elles n'incommodent pas les animaux, et qu'on laissera ouvertes en été pour donner de la
fraîcheur. Elles seront élevées au-dessus du sol, pour être
à l'abri de l'humidité qui pourrirait la corne de leurs
pieds. Les bœufs se porteront mieux s'ils sont près de
l'âtre et voient la lumière du feu. Huit pieds d'espace
suffisent à une paire de bœufs lorsqu'ils se tiennent
debout, et quinze lorsqu'ils sont couchés. Planchéiez les
écuries avec du chêne que vous recouvrirez de litière, les
chevaux seront ainsi plus mollement couchés et plus fer-
mement appuyés sur leurs pieds.

De la cour.

XXII. La cour s'étendra au midi et sera exposée au
soleil, afin que, pendant l'hiver, la chaleur pénètre
davantage les animaux qui s'y trouvent. Il faudra aussi,
pour tempérer l'ardeur de l'été, leur fabriquer avec
des fourches, des planches et du feuillage, une galerie
couverte de bardeaux ou de tuiles, si vous en avez abondamment, ou de glaïeuls et de genêts, si vous préférez
un moyen économique et plus facile.

Des volières.

XXIII. Établissez les volières au pied des murs de la
cour, parce que le fumier des oiseaux est très-néces-
saire à l'agriculture, excepté celui des oies, qui nuit
à toutes les productions de la terre. Quant aux autres
oiseaux, on ne peut se dispenser de leur donner un logement.

Du colombier.

XXIV. Le colombier peut être placé au haut d'une
tourelle dans le maître-logis. Les murs en seront blancs
et polis, percés, suivant l'usage, aux quatre côtés, de

fenestellæ brevissimæ fient, ut columbas solas ad introitum exitumque permittant. Nidi figurentur interius. A mustelis tutæ fient, si inter eas frutex virgosus, sine foliis asper, vel vetus spartea projiciatur, qua animalia calceantur, ut eam secreto non videntibus aliis, unus attulerit, non pereunt. Et neque locum deserunt, si per omnes fenestras aliquid de strangulati hominis loro, aut vinculo, aut fune suspendas. Inducunt alias, si cumino pascantur assidue, vel setosi hirci alarum balsami liquore tangantur. Fœtus frequentant, si hordeum torrefactum, vel fabam, vel herbum sæpe consumant. Triginta autem columbis volantibus diurni tres sextarii tritici sufficient aut creturæ, ita ut herbum, fœtus gratia, mensibus præbeamus hibernis. Rutæ ramulos pluribus locis oportet contra animalia inimica suspendere.

De turturario.

XXV. Sed columbarii cellæ duo subjecta cubicula fiant. Unum breve et prope obscurum, quo turtures claudi possint. Quos nutrire facillimum est; nam nihil expetunt, nisi ut æstate, qua sola maxime pinguescunt, triticum vel milium mulsa maceratum semper accipiant. Semodius unus diurnus centum viginti turturibus sufficit. Aqua sane eis frequenter mundior debet offerri.

De turdis.

XXVI. Aliud vero cubiculum turdos nutriat. Qui, si alieno tempore saginentur, et voluptatem cibi et reditum maximum præstant, parcitati beneficium ministrante luxuria. Sit autem locus mundus et lucidus, et undique

petites ouvertures pour ne laisser entrer et sortir que les
pigeons. Leurs nids occuperont l'intérieur. Les pigeons
n'auront rien à craindre des fouines, si l'on jette parmi
eux des branches d'arbrisseaux raboteuses et dégarnies
de feuilles, ou une vieille bottine de genêt dont on
chausse les animaux. Ce talisman les préserve de la
mort, pourvu qu'il soit apporté mystérieusement par
quelqu'un qui ne soit vu de personne. Ils n'abandonne-
ront pas non plus leur asile, si vous suspendez à chaque
issue un morceau de courroie, de lien ou de corde qui
ait servi à étrangler un homme. Ils y amèneront d'autres
pigeons, s'ils sont constamment nourris de cumin, ou si
on les frotte avec la sueur des aisselles d'un bouc. Pour
qu'ils multiplient, donnez-leur souvent de l'orge grillée,
des fèves ou de l'ers. Trois setiers de blé ou de graines
par jour suffisent à trente pigeons libres, pourvu qu'en
hiver on leur donne de l'ers pour favoriser les pontes. On
suspendra en plusieurs endroits du colombier des bouquets
de rue pour écarter les bêtes nuisibles.

Du logement des tourterelles.

XXV. Ménagez deux logements au-dessous de votre
colombier. L'un, étroit et sombre, renfermera les tour-
terelles. Elles sont fort aisées à nourrir, puisqu'il leur
suffit d'avoir toujours, pendant l'été, seule saison où
elles engraissent, du blé ou du millet détrempé dans de
l'hydromel. Un demi-boisseau de cet aliment peut en
nourrir cent vingt par jour. Il faut souvent leur changer
l'eau.

Des grives.

XXVI. L'autre logement sera destiné aux grives. Engraissées hors de la saison ordinaire, elles deviennent un
mets exquis et d'un excellent revenu pour le propriétaire,
qui en retire un bénéfice en les sacrifiant au luxe d'autrui.
La volière sera propre, claire, bien unie partout, et

levigatus. Transversæ in hoc perticæ figuntur, quibus possint post inclusum volatum sedere. Rami etiam virides
sæpe mutentur. Caricæ tunsæ mixtis pollinibus largis-
sime præbeantur. Myrti etiam, si facultas est, lentisci,
oleastri, hederæ, arbuti semina interdum ad excludenda
fastidia, et maxime aqua munda, præbeatur. Claudantur illæsi et recenter capti, mixtis aliquibus ante nutritis,
quorum societate ad capiendos cibos pavidam novæ
captivitatis mœstitudinem consolentur.

De gallinis.

XXVII. Gallinas educare nulla mulier nescit, quæ
modo videatur industria. Hoc de his præcepisse sufficiat,
ut fimo, pulvere utantur et cinere. Sint præcipue nigræ aut flavi coloris, sed albæ vitentur. Vinaceæ cibo
sterilescunt. Hordeo semicocto et parere sæpe coguntur,
et reddunt ova majora. Duobus cyathis hordei bene pasci-
tur una gallina quæ sit vaga. Supponenda sunt his semper ova numero impari, luna crescente, a decima usque
in quintamdecimam.

Pituita his nasci solet, quæ alba pellicula linguam
vestit extremam. Hæc leviter unguibus vellitur, et locus
cinere tangitur, et allio trito plaga mundata conspergi-
tur. Item allii mica trita cum oleo faucibus inseritur;
staphisagria etiam prodest, si cibis misceatur assidue.
Si amarum lupinum comedant, sub oculis illis grana
ipsa procedunt; quæ nisi acu leviter apertis pelliculis
auferantur, exstinguunt. Oculos portulacæ succo forinsecus et mulieris lacte curemus, vel ammoniaco sale,
cui mel et cuminum æquale miscentur. Pediculos earum

traversée de perches où les prisonnières puissent se reposer de leur vol. Placez-y des rameaux verts, que vous renouvellerez souvent. Donnez-leur en abondance des figues sèches pilées avec de la fleur de farine ; et, pour prévenir le dégoût, présentez-leur de temps en temps, si vous le pouvez, de la graine de myrte, de lentisque, d'olivier sauvage, de lierre, d'arbousier, et surtout de l'eau pure. Celles que vous aurez prises sans blessures seront renfermées avec d'anciennes élèves, dont la compagnie les apprivoisera en les engageant à prendre de la nourriture, et adoucira le chagrin de leur récente captivité.

Des poules.

XXVII. Il n'y a pas une femme, pour peu qu'elle soit intelligente, qui ne sache élever des poules. Il suffit de dire qu'il leur faut du fumier, de la poussière et de la cendre. Préférez les noires et les rousses ; n'en ayez point de blanches. Le raisin rend les poules stériles. L'orge à demi cuite multiplie leurs pontes et grossit leurs œufs. Deux cyathes suffisent pour nourrir une poule qui a sa liberté. Faites toujours couver aux poules des œufs en nombre impair, à la nouvelle lune, depuis le dixième jour jusqu'au quinzième.

Elles sont sujettes à la pépie, qui couvre le bout de leur langue d'une pellicule blanche. On enlève légèrement cette peau avec l'ongle, et on met de la cendre sur la plaie ; puis on la nettoie et on la frotte d'ail broyé. On peut encore leur faire avaler un brin d'ail trituré dans l'huile, ou mêler de la staphisaigre à tous leurs aliments. Si elles mangent des lupins amers, la graine en paraîtra sous leurs yeux ; elles en mourraient, si l'on n'avait soin de la retirer en perçant délicatement l'enveloppe avec une aiguille. Ensuite on leur bassine les yeux avec du suc de pourpier et du lait de femme, ou avec du sel ammoniac mélangé de miel et de cumin en parties égales. Pour

perimit staphisagria, et torrefactum cuminum pari
pondere, et pariter tunsa cum vino, et amari lupini
aqua, si penetret secreta pennarum.

De pavonibus.

XXVIII. Pavones nutrire facillimum est, nisi fures
aut animalia inimica formides. Qui plerumque per agros
vagantes sponte se pascunt, pullosque educant, et altis-
simas vespere arbores petunt. Una vero his cura de-
betur, ut incubantes per agrum feminas, quæ hoc passim faciunt, a vulpe custodias. Ideo in insulis brevibus
meliori sorte nutriuntur.

Uni masculo feminæ quinque sufficiunt. Masculi ova
et pullos suos persequuntur velut alienigenas, priusquam
illis cristarum nascatur insigne. Ab idibus februariis calere incipiunt. Faba leviter torrefacta in libidinem pro-
vocantur, si eis quinto quoque die tepida præbeatur.
Sex cyathi uni sufficiunt. Cupidinem coeundi masculus
confitetur, quoties circa se amictum caudæ gemmantis
incurvat, et singularum capita oculata pennarum locis
suis exserit cum stridore procurrens.

Si ova pavonum gallinis supponantur, excussatæ matres ab incubatione, tribus vicibus per annum fœtus
edunt. Primus partus quinque ovorum, secundus quatuor, tertius trium vel duorum esse consuevit. Sed
electæ, si hoc placuerit, nutrices gallinæ sint, quæ a
primo incremento lunæ novem diebus habeant novem
ova supposita, quinque pavonina, et cetera sui generis.
Decima die ova omnia gallinacea subtrahantur, et alia
item gallinacea totidem recentia supponantur, quot

détruire leur vermine, on prend une dose pareille de staphisaigre et de cumin grillé, que l'on broie ensemble dans
du vin trempé d'eau où l'on aura fait bouillir des lupins
amers, et l'on en frotte la racine de leurs plumes.

Des paons.

XXVIII. Il est très-facile de nourrir les paons, à moins
qu'on n'ait à redouter les voleurs et les animaux nuisibles. Ils trouvent ordinairement leur pâture et celle de
leurs petits en se promenant dans la campagne; le soir,
ils perchent sur les plus hauts arbres. Le seul soin qu'ils
exigent, c'est qu'on préserve des attaques du renard leurs
femelles qui couvent dispersées dans les champs. Aussi
leur sort est-il plus heureux quand on les élève dans de
petites îles.

Cinq femelles suffisent à un mâle. Les mâles font la
guerre à leurs œufs et à leurs petits comme à des étrangers, jusqu'à ce que l'aigrette paraisse. Ils entrent en chaleur aux ides de février. Des fèves légèrement grillées les
excitent à l'amour, pourvu qu'on les leur donne chaudes
tous les cinq jours. Six cyathes suffisent à chaque paon. Le
mâle témoigne son ardeur toutes les fois qu'il s'enveloppe
de sa queue étincelante de pierreries, et qu'il en étale
les riches émeraudes en s'élançant avec un cri aigu.

Si vous confiez à une poule des œufs de paon, les femelles qu'on a empêchées de couver pondront trois fois
l'an. Ordinairement la première ponte est de cinq œufs; la
seconde, de quatre; la troisième, de trois ou de deux.
Choisissez, si cette méthode vous plaît, des poules qui
soient bonnes couveuses; donnez-leur, pendant neuf
jours, à dater du premier quartier de la lune, neuf œufs à
couver, cinq de paon et quatre de poule. Le dixième jour,
retirez tous les œufs de poule, et remettez-en autant de
nouveaux, afin que les petits puissent éclore avec ceux

ablata sunt, ut tricesima luna, hoc est expletis triginta diebus, possint cum pavoninis ovis aperiri.

Ova autem pavonum, quæ gallinæ subjecta sunt, sæpe manu convertantur, quia hoc ipsa facere vix valebit. Unam partem ovi notabis, ut te subinde convertisse cognoscas. Majores tamen gallinas oportet eligere; nam minoribus pauciora suppones. Natos autem pullos si ad unam transferre a pluribus velis, dicit Columella, uni nutrici viginti quinque sufficere. Mihi vero, ut bene educi possint, videntur quindecim satis esse.

Primis diebus far hordei conspersum vino pullis dabitur, vel undecumque cocta pulticula et refrigerata. Postea adjicietur porrum concisum, vel caseus recens, sed expressus; nam serum pullis nocet. Locustæ etiam pedibus ablatis præbentur. Ita pascendi sunt usque ad sextum mensem. Deinde hordeum poteris præbere solemniter. Tricesimoquinto tamen die postquam nati sunt, etiam in agrum tuto ejici possunt comitante nutrice pascendi, cujus singultu revocantur ad villam. Pituitas vero et cruditates iis remediis submovebis quibus gallina curatur. Maximum illis periculum est, quum incipit crista produci; nam patiuntur languores infantum similitudine, quum illis tumentes gingivas denticuli aperire nituntur.

De phasianis.

XXIX. In phasianis nutriendis hoc servandum est, ut novelli ad creandos fœtus parentur, id est qui anno superiore sunt editi; veteres enim fœcundi esse non possunt. Ineunt feminas mense martio vel aprili. Duabus

de paon au trentième jour de la lune, c'est-à-dire après trente jours pleins.

Retournez souvent avec la main les œufs de paon que la poule couve, parce qu'elle aurait de la peine à le faire elle-même. Vous les marquerez aussi d'un côté, afin de vous rappeler que vous les avez successivement retournés. Choisissez toujours de grandes poules; les petites couvent moins d'œufs. Si vous désirez transporter auprès d'une seule couveuse les jeunes paons éclos sous plusieurs poules, Columelle prétend que vingt-cinq jours suffisent. Pour moi, si je voulais qu'ils fussent bien élevés, je réduirais ce nombre à quinze.

Les premiers jours, on donnera aux petits de la farine d'orge arrosée de vin, ou de la bouillie qu'on aura fait refroidir. On y ajoutera plus tard des poireaux hachés ou du fromage nouveau bien égoutté, parce que le petit-lait est contraire aux jeunes paons. On leur présente aussi des sauterelles auxquelles on a ôté les pattes. Tel sera leur régime jusqu'au sixième mois. Ensuite vous pourrez de temps en temps leur donner de l'orge. Cependant, trente-cinq jours après leur naissance, on ne risque rien de les lancer à travers champs pour pâturer avec leur nourrice, dont les gloussements les rappelleront à la ferme. S'ils ont la pépie et des indigestions, vous les guérirez en leur appliquant le même traitement qu'aux poules. Ils courent de très-grands risques, lorsque leur crête commence à pousser; ils éprouvent alors les mêmes douleurs que les enfants quand leurs petites dents s'efforcent de percer les gencives gonflées.

Des faisans.

XXIX. Lorsqu'on élève des faisans, les nouveau-nés, c'est-à-dire ceux qui ont un an, doivent travailler à la reproduction; car les vieux sont impuissants. Le faisan s'approche de sa femelle au mois de mars ou

unus masculus sufficit, quia ceteras aves salacitate non
æquat. Semel in anno fœtus creant. Viginti fere ovis
pariendi ordo concluditur. Gallinæ his melius incuba-
bunt, ita ut quindecim phasianina ova nutrix una coo-
periat, et cetera sui generis supponantur. In supponendo.
de luna et diebus, quæ sunt in aliis dicta, serventur.

Tricesimus dies maturos pullos in lumen emittet. Sed
per quindecim dies discocto ac refrigerato leviter hordei
farre pascentur, cui vini imber aspergitur. Post triticum
fractum præbebis et locustas et ova formicæ. Sane ab
aquæ prohibeantur accessu, ne eos pituita concludat.
Quod si pituitam patientur phasiani, allio cum pice
liquida trito rostra eorum debebis assiduus perfricare,
vel vitium, sicut gallinis fieri consuevit, auferre.

Saginandi hæc ratio est, ut unius modii triticea farina
in brevissimas offulas redacta clauso phasiano per xxx
dies ministrata sufficiat; vel, si hordeaceam farinam
præbere volueris, unius et semissis modii farina per
prædictos dies saginam replebit. Observandum sane est
ut offulæ ipsæ oleo levigentur asperso, et ita inserantur
faucibus, ne sub infima linguæ parte mergantur; quod
si evenerit, statim pereunt. Illud quoque magnopere
curemus, ne præbeantur nova alimenta, nisi digestis
aliis, quia eos facillime onus cibi hærentis exstinguit.

De anseribus.

XXX. Anser sane nec sine herba nec sine aqua facile
sustinetur. Locis consitis inimicus est, quia sata et morsu
lædit et stercore. Pullos præstat et plumas, quas et autumno vellamus et vere. Uni masculo tres feminæ suffi-

d'avril. Deux femelles lui suffisent, parce qu'il n'est pas aussi vif en amour que les autres oiseaux. Les faisanes font une ponte par an ; cette ponte est environ de vingt œufs. Les poules couvent plus heureusement si on leur donne quinze œufs de faisan et cinq de leur espèce. On observera, pour les pontes, l'ordre des lunaisons et des jours, dont nous avons parlé précédemment.

Les petits seront éclos au bout d'un mois. Pendant quinze jours, on les nourrira de farine d'orge bouillie, que l'on fera un peu refroidir, et qu'on arrosera de quelques gouttes de vin. On leur donnera plus tard du froment concassé, des sauterelles et des œufs de fourmi. Il est essentiel de les empêcher d'approcher de l'eau, pour que la pépie ne les enlève point. S'ils en sont atteints, on leur frotte souvent le bec avec de l'ail broyé dans de la poix liquide, ou bien on extirpe la pellicule, comme on le fait aux poules.

On engraisse les faisans en les tenant enfermés durant trente jours, et en leur donnant, sous la forme de boulettes, un boisseau de farine de froment ; ou, si l'on préfère la farine d'orge, en les empâtant d'un boisseau et demi de cette farine pendant le même nombre de jours. On aura soin d'humecter les boulettes d'huile pour qu'elles passent mieux dans le gosier ; car si elles s'arrêtent sous l'épiglotte, elles les étouffent sur-le-champ. On doit également bien prendre garde de ne leur présenter une nouvelle nourriture qu'autant qu'ils ont digéré la première, parce qu'ils meurent promptement d'indigestion.

Des oies.

XXX. L'oie ne peut guère se passer d'herbe ni d'eau. Elle est le fléau des lieux ensemencés, auxquels sa fiente ne nuit pas moins que son bec. Elle nous donne des petits et nous fournit ses plumes, qu'on arrache au printemps et en automne. Les mâles se contentent de trois femelles. S'ils

ciant. Si desit fluvius, lacuna formetur. Si herba non
suppetit, trifolium, fœnum græcum, agrestia intuba,
lactuculas seremus alimento. Albi fœcundiores sunt;
varii vel fusci minus, quia de agresti genere ad dome-
sticum transierunt. Incubant a calendis martii usque ad
æstivum solstitium. Plus parient, si gallinis ova supponas. Extremum partum matribus jam vacaturis educare
permittimus. Parituræ ad haram perducantur : quum
semel hoc feceris, consuetudinem sponte retinebunt. Gallinis, sicut pavonina, etiam anseris ova supponas; sed
anserina ova ne noceantur, suppositis subjiciatur urtica.
Parvi primis decem diebus intus pascendi sunt; postea
sereno eos poterimus educere, ubi urtica non fuerit,
cujus aculeos formidant.

Quatuor mensium bene saginantur; nam melius in
ætate tenera pinguescunt. Polenta dabitur in die ter.
Large vagandi licentia prohibetur. Loco obscuro claudentur et calido : sic majores etiam secundo mense pinguescunt; nam parvuli sæpe die tricesimo. Saginantur
melius, si ad satietatem milium præbeamus infusum.
Inter anserum cibaria legumen omne porrigi potest,
excepto ervo. Cavendum est etiam ne pulli eorum se-
tas glutiant. Græci saginandis anscribus polentæ duas
partes et furfuris quatuor aqua calida temperant, et
ingerunt pro appetentis voluntate sumenda; tribus per
diem vicibus potu adjuvant; media quoque nocte aquam
ministrant. Peractis vero triginta diebus, si ut jecur his
tenerescat optabis, tunsas caricas et aqua maceratas

n'ont pas de rivière, vous leur ferez une mare. A défaut
d'herbe, vous sèmerez, pour leur nourriture, du trèfle,
du fenugrec, de la chicorée sauvage et de petites laitues.
Les oies blanches sont les plus fécondes; celles dont le
plumage est brun ou nuancé, le sont moins, parce qu'elles
ont passé de l'état sauvage à l'état domestique. Elles couvent depuis les calendes de mars jusqu'au solstice d'été.
Elles pondent davantage quand on fait couver leurs
œufs à des poules. On permet néanmoins aux mères qui
ne pondent plus de soigner leur dernière couvée. Quand
on a conduit une fois à leur loge les oies qui veulent pon-
dre, elles prennent l'habitude d'y aller d'elles-mêmes.
Les poules couvent les œufs d'oie, comme les œufs de
paon; mais on met des orties sous les œufs d'oie, pour
qu'ils n'éprouvent aucun dommage. Les oisons doivent
être nourris dans leur loge les dix premiers jours. On
pourra ensuite, s'il fait beau, les mener dans des lieux
où il n'y ait point d'orties, parce qu'ils en redoutent les
piqûre.

On engraisse mieux les oies quand elles sont jeunes,
dès le quatrième mois, avec de la farine d'orge qu'on leur
donne trois fois par jour. Pour les empêcher de vaguer,
on les enferme dans un endroit chaud et obscur. Les
vieilles oies mêmes engraissent ainsi en deux mois. Les
jeunes sont souvent grasses dès le trentième jour. Le meilleur moyen de les engraisser est de leur donner à satiété
du millet détrempé. On peut mêler à leur nourriture
toutes sortes de légumes, à l'exception de l'ers. Il faut
aussi prendre garde que les petits n'avalent de longs
poils. Les Grecs, pour engraisser les oies, détrempent
dans de l'eau chaude deux parties de farine d'orge sur
quatre de son, dont ils les laissent se gorger à leur gré.
Ils les font boire trois fois par jour, et leur donnent de
l'eau même au milieu de la nuit. Un mois après, si l'on
veut que leur foie s'attendrisse, on fera des boulettes de

in offas volutabis exiguas, et per dies viginti continuos ministrabis anseribus.

De piscinis.

XXXI. His ordinatis, cetera exsequenda sunt. Nam piscinæ duæ vel solo impressæ, vel cæso lapide, circa villam esse debebunt; quas facile est aut fonte aut imbri suppleri, ut una ex his usui sit pecoribus vel avibus aquaticis; alia madefaciat virgas, et coria, et lupinos, et si qua rusticitas consuevit infundere.

De fœnili, paleario et lignario.

XXXII. Fœni, palearum, ligni, cannarum repositiones nil refert in qua parte fiant, dummodo siccæ sint atque perflabiles, et longe removeantur a villa, propter casum surripientis incendii.

De sterquilinio.

XXXIII. Stercorum congestio locum suum tenere debebit, qui abundet humore, et propter odoris horrenda a prætorii avertatur aspectu. Humor abundans hoc præstabit stercori, ut si qua insunt spinarum semina, putrefiant. Stercus asinorum primum est, maxime hortis; dein ovillum, et caprinum, et jumentorum. Porcinum vero pessimum, cineres optimi. Sed columbinum fervidissimum ceterarumque avium satis utile est, excepto palustrium. Stercus, quod anno requieverit, segetibus utile est, nec herbas creat; si vetustius sit, minus proderit; pratis vero recentia stercora proficient ad uber herbarum. Et maris purgamenta, si aquis dulcibus eluantur, mixta reliquis vicem stercoris exhibebunt, et limus quem scaturiens aqua vel fluvii incrementa respuerint

figues sèches broyées et amollies dans l'eau, et on leur en servira pendant vingt jours consécutifs.

Des réservoirs.

XXXI. D'autres objets appelleront vos soins. Vous creuserez dans le sol, ou vous taillerez dans la pierre, près de votre métairie, deux réservoirs qu'il vous sera facile de remplir d'eau de fontaine ou d'eau de pluie. L'un servira au menu bétail ou aux oiseaux aquatiques; dans l'autre, vous ferez tremper les baguettes, les cuirs, les lupins, et tout ce qu'on a coutume d'y plonger à la campagne.

Du fenil, du pailler et du bûcher.

XXXII. Peu importe en quel lieu vous serrerez le foin, la paille, le bois et les cannes, pourvu que cet endroit soit sec, bien aéré, et éloigné de la maison à cause des accidents soudains qui peuvent résulter des incendies.

Du fumier.

XXXIII. Reléguez les fumiers dans l'endroit le plus humide, et dérobez au maître-logis leur odeur infecte. S'il s'y rencontre des graines de prunelliers, l'abondance de l'eau les pourrira. Le premier de tous les fumiers, surtout pour les jardins, est celui que fournissent les ânes; vient ensuite celui des brebis, des chèvres et des bêtes de somme. Le fumier de porc est très-mauvais, mais les cendres en sont excellentes. La fiente brûlante des pigeons et des autres oiseaux, excepté celle des oiseaux de marais, est utile aux champs ensemencés. Le fumier d'un an bonifie les guérets, et n'engendre point d'herbes; il perd en vieillissant; quand il est nouveau, il fertilise les prairies. On peut encore employer comme engrais les immondices de la mer lavées dans de l'eau douce et mêlées à d'autres ordures, ainsi que le limon qu'auront déposé les eaux de source ou les rivières débordées.

De hortis et pomariis.

XXXIV. Horti et pomaria domui proxima esse debebunt. Hortus sit sterquilinio maxime subjectus, cujus eum succus sponte fœcundet. Ab area longe situs sit; nam pulverem palearum patitur inimicum. Felix positio est cui leniter inclinata planities cursus aquæ fluentis per spatia discreta derivat. Si fons desit, aut imprimendus est puteus; aut, si nequeas hoc, piscina superius construenda est, ut, illinc aquas pluvia conferente, hortus per æstivos rigetur ardores. Si hac omni facultate carueris, semper altius tribus vel quatuor pedibus ad pastini similitudinem fodies hortulum, qui sic cultus negligat siccitates.

Sed huic quamvis contra necessitatem mixta stercore quælibet terra conveniat, tamen hæc genera sunt in electione vitanda, creta, quam argillam dicimus, atque rubrica. Illud quoque custodies in hortis, quos humoris natura non adjuvat, ut dividas per partes, et hieme ad meridiem, æstate ad septentrionem spatia colenda convertas.

Debent etiam horti esse clausi; sed munitionis multa sunt genera. Alii luto inter formas clauso, parietes figuratos ex lateribus imitantur. Quibus copia suppetit, macerias luto et lapide excitant. Plerique sine luto congesta in ordinem saxa componunt. Nonnulli fossis spatia colenda præcingunt; quod vitandum est, quia horto subducit humores, nisi forte locus palustris colatur. Alii spinarum plantas et semina in munitione disponunt. Sed melius erit rubi semina, et spinæ quæ rubus caninus vocatur, matura colligere, et cum farina ervi ex aqua ma-

Des jardins et des vergers.

XXXIV. Les jardins et les vergers toucheront à la métairie. Le jardin sera tout près du tas de fumier, dont les sucs le fertiliseront naturellement, et à une grande distance de l'aire, parce que la poussière de la paille lui serait nuisible. Un terrain plat, légèrement incliné et entrecoupé d'eaux vives, est un heureux emplacement pour un jardin. Si vous n'avez pas d'eau de source, creusez un puits; ou, si vous ne pouvez y parvenir, construisez sur une partie élevée du sol un réservoir que la pluie remplira d'eau, afin que votre jardin soit arrosé pendant les chaleurs de l'été. A défaut de ces ressources, béchez-le toujours à plus de trois ou quatre pieds de profondeur, comme une terre à façonner; alors il bravera la sécheresse.

Toute terre amendée par le fumier convient à la culture d'un jardin; néanmoins ne choisissez ni une terre crayeuse ou argileuse, ni une terre rouge. Ayez soin aussi de partager en deux les jardins qui manquent d'humidité naturelle; exposez au sud la partie que vous cultiverez en hiver, au nord celle que vous cultiverez en été.

Les jardins doivent être clos; mais il y a plusieurs genres de clôture. Les uns, en remplissant des moules de terre délayée, imitent les murs de briques. Ceux qui en ont les moyens, construisent des murs de bouc et de pierre. Le plus grand nombre entasse des pierres disposées en ordre sans aucun ciment de terre. Quelques-uns environnent de fossés le sol qu'ils veulent cultiver; mais les fossés ne sont utiles qu'autant que le terrain est marécageux, parce qu'ils attirent à eux toute l'humidité. D'autres entourent leur jardin de pieds et de graines d'arbrisseaux épineux. Le mieux est de cueillir de la graine mûre de prunellier et d'églantier, et d'en mêler avec de la farine d'ers

cerata miscere; funes dehinc sparteos veteres hoc genere mixtionis sic inducere, ut intra funes semina recepta serventur usque ad verni temporis initia. Tunc ubi sæpes futura est, duos sulcos tribus a se pedibus separatos, sesquipedis altitudine faciemus, et per utrosque funes cum seminibus obruemus levi terra. Ita tricesima die procedunt sentes, quos teneros adminiculis opus est adjuvare, quibus inter se sentes per spatia vacua relicta jungentur.

Partes sane horti sic dividendæ sunt, ut eæ in quibus autumno seminabitur, verno tempore pastinentur; quas seminibus vere complebimus, autumni tempore debebimus effodere : ita utraque pastinatio decoquetur beneficio algoris aut solis. Areæ faciendæ sunt angustiores, et longæ, id est duodecim pedum longitudine et sex latitudine, ut sint propter spatia utrinque purganda divisæ. Margines vero earum locis humidis vel irriguis duobus pedibus erigantur; siccis uno extulisse sufficiet. Inter areas si humor consuevit effluere, spatia altiora ipsis areis esse debebunt, ut facilius ingrediatur aream de superiore parte humor admissus, et, ubi sitientem saturaverit, in alias possit exclusus averti.

Serendi tempora licet per menses certa signemus, tamen secundum loci et cœli naturam unusquisque custodiat. Frigidis locis autumnalis satio celerior fiat, verna vero tardior; calidis autem regionibus et autumnalis serior fieri potest, et verna maturior. Quæcumque serenda sunt, quum luna crescit, seminentur; quæ secanda sunt vel legenda, quum minuitur.

trempée dans l'eau; ensuite on en couvre de vieilles cordes
de genêt, de manière que cette graine y pénètre et s'y
conserve jusqu'au commencement du printemps. Alors
on creuse, dans l'endroit où l'on veut former une haie,
deux tranchées d'un pied et demi de profondeur, distantes l'une de l'autre de trois pieds; puis on couche le
long de ces deux tranchées les cordes garnies de leurs
graines, et on les recouvre légèrement de terre. Par ce
moyen les buissons paraissent le trentième jour. Tant
qu'ils sont jeunes, on en facilite la croissance par des appuis qui les réunissent dans les espaces restés vides.

Partagez votre jardin de manière que la partie qui
doit être ensemencée en automne, soit façonnée au printemps, et que celle qui doit l'être au printemps, soit
bêchée en automne : ces deux labours seront ainsi rendus
fructueux, l'un par le froid, l'autre par le soleil. Faites
des planches étroites et longues, c'est-à-dire qui aient
six pieds de large sur douze de long, afin qu'on puisse
de chacun des grands côtés nettoyer la moitié de leur
largeur. Les bords, dans les lieux humides ou baignés
par des ruisseaux, seront exhaussés de deux pieds, et
d'un seul dans les terrains secs. Si l'eau coule entre les
planches, celles-ci devront être plus élevées, afin que
l'eau pénètre plus aisément la partie supérieure, et qu'a-
près l'avoir bien abreuvée, elle puisse être détournée
sur d'autres planches.

Quoique nous fixions, mois par mois, l'époque des
semailles, chacun se réglera sur la nature du pays et du
climat. L'ensemencement d'automne se fait plus tôt dans
les pays froids que dans les pays chauds, et celui du printemps a lieu plus tard; le premier peut être plus tardif
dans les contrées chaudes, et le second plus hâtif. Semez
toujours quand la lune croît; coupez ou cueillez quand
elle est en décours.

De antidotis.

XXXV. Contra nebulas et rubiginem , paleas et purgamenta pluribus locis per hortum disposita simul omnia, quum nebulas videris instare, combures. Contra grandinem multa dicuntur. Panno roseo mola cooperitur; item cruentæ secures contra cœlum minaciter levantur ; item omne horti spatium alba vite præcingitur ; vel noctua pennis patentibus extensa suffigitur ; vel ferramenta, quibus operandum est , sebo unguntur ursino. Aliqui ursi adipem cum oleo tusum reservant, et falces hoc, quum putaturi sunt, ungunt. Sed hoc in occulto debet esse remedium , ut nullus putator intelligat. Cujus vis tanta esse perhibetur, ut neque gelu , neque nebula, neque aliquo animali possit noceri; interest etiam ut res profanata non valeat.

Contra culices et limaces vel amurcam recentem vel ex cameris fuliginem spargimus.

Contra formicas, si in horto habent foramen, cor noctuæ admoveamus ; si foris veniunt, omne horti spatium cinere aut cretæ candore signemus.

Contra erucas semina quæ spargenda sunt sempervivæ succo madefiant vel erucarum sanguine. Cicer intra olera propter multa portenta serendum est. Aliqui cinerem de fico super erucas spargunt; item scillam vel in horto serunt, vel certe suspendunt. Aliqui mulierem menstruantem, nusquam cinctam, solutis capillis, nudis pedibus , contra erucas et cetera , hortum faciunt circumire. Aliqui fluviales cancros pluribus locis intra hortum clavis figunt.

Contra animalia quæ vitibus nocent, cantharides,

Des préservatifs.

XXXV. Pour préserver vos plantations des nuées et de la rouille, quand vous verrez des nuées menaçantes, brûlez toutes les pailles et toutes les immondices entassées dans votre jardin. On cite un grand nombre de talismans contre la grêle. Enveloppez une meule d'étoffe rose ; levez d'un air menaçant contre le ciel des haches ensanglantées ; entourez tout votre jardin de vigne blanche ; suspendez-y une chouette, les ailes étendues ; frottez vos outils de graisse d'ours. Il y a des personnes qui conservent cette graisse battue dans l'huile, et qui en frottent leurs serpettes avant de faire la taille. Mais cette opération doit se faire en secret pour qu'aucun émondeur ne s'en aperçoive. Elle est, dit-on, si efficace, que ni la gelée, ni les nuées, ni aucun animal, ne peuvent plus causer aucun dommage ; divulguée, elle perdrait toute sa vertu.

Pour détruire les moucherons et les limaçons, répandez du marc d'huile nouvelle ou de la suie détachée des voûtes.

Pour détruire les fourmis, si la fourmilière est dans le jardin, mettez auprès un cœur de chouette. Si les fourmis viennent du dehors, tracez une ligne autour du jardin avec des cendres ou de la craie.

Pour détruire les chenilles, trempez les graines que vous devez semer dans leur sang ou dans du suc de joubarbe. Pour préserver les pois chiches de leurs nombreux ravages, plantez-les entre les légumes. Quelques-uns jettent sur les chenilles des cendres de figuier, et sèment ou suspendent des scilles dans leur jardin. Il en est qui, pour écarter les chenilles et les autres bêtes, font faire le tour du jardin à une femme sans ceinture, pieds nus et les cheveux flottants, à l'époque de ses règles. D'autres clouent des écrevisses de rivière en plusieurs endroits de leur jardin.

Pour détruire les animaux qui nuisent aux vignes,

quas in rosis invenire consuevimus, oleo mersas resolvi patieris in tabem; et, quum putandæ sunt vites, hoc oleo falces putatorias perunges.

Exstinguuntur cimices amurca et felle bubulo, lectis aut locis perunctis, vel foliis hederæ tritis ex oleo, vel incensis sanguisugis.

Ut olera animalia infesta non generent, in corio testudinis omnia semina quæ sparsurus es sicca, vel mentham locis pluribus, maxime inter caules, sere. Hoc præstare fertur ervum aliquantulum satum, præcipue ubi radices et rapa nascuntur. Vel acre acetum succo jusquiami mixtum, fertur olerum pulices necare, si spargas.

Campas fertur evincere, qui fusticulos allii sine capitibus per horti omne spatium comburens, nidorem locis pluribus excitarit. Si contra easdem vitibus voluerimus consulere, allio trito falces putatoriæ feruntur unguendæ. Nasci quoque prohibentur, si circa arborum vel vitium crura bitumen et sulfur incendas, vel si ablatas de horto vicino campas excoquas aqua, et per horti tui spatia universa diffundas.

Ne cantharides vitibus noceant, in cote qua falces acuuntur ipsæ sunt conterendæ.

Democritus asserit, neque arboribus, neque satis quibuslibet noceri posse a quibuscumque bestiis, si fluviales cancros plurimos, vel marinos, quos Græci παγούρους nominant, non minus quam decem fictili vasculo in aqua missos tegas, et sub dio statuas, ut decem diebus sole vaporentur; postea quæcumque illæsa volueris esse,

plongez dans l'huile les cantharides qu'on trouve communément sur les roses, et laissez-les-y pourrir. Quand il faudra tailler la vigne, vous frotterez les serpettes avec cette huile.

On détruit les punaises, soit avec du marc d'huile et du fiel de bœuf, dont on frotte les lits ou les chambres, soit avec des feuilles de lierre broyées dans de l'huile, soit avec des sangsues brûlées.

Pour que vos légumes n'engendrent pas d'animaux nuisibles, faites sécher dans une écaille de tortue toutes les graines que vous devez semer, ou bien semez de la menthe en plusieurs endroits de votre jardin, et particulièrement entre les choux. Vous obtiendrez, dit-on, le même effet, en semant un peu d'ers, surtout parmi les radis et les raves. On prétend aussi qu'en versant sur les légumes du fort vinaigre mêlé avec du suc de jusquiame, on tue les pucerons.

Pour chasser les chenilles, on brûle, dit-on, des pousses d'ail sans têtes dans tout le jardin, et l'on en répand l'odeur en différents endroits. Pour garantir les vignes de ces animaux, on prétend qu'il faut frotter les serpettes avec de l'ail broyé. Vous les empêcherez aussi de pulluler, en brûlant du bitume et du soufre autour des troncs d'arbre et des pieds de vigne, ou en faisant bouillir dans l'eau des chenilles prises dans le jardin voisin, et en arrosant avec cette eau le vôtre dans toutes ses parties.

Pour empêcher les cantharides de faire tort aux vignes, il faut en écraser sur la pierre où l'on aiguise les serpettes.

Voulez-vous qu'aucune bête ne nuise à vos arbres ni à vos plantes, Démocrite conseille de mettre dans un vase d'argile, plein d'eau et couvert, une certaine quantité d'écrevisses de rivière, ou au moins dix de ces homards que les Grecs appellent *pagures;* exposez le vase en plein air, pendant dix jours, afin qu'ils se dessèchent au soleil; ensuite arrosez de cette eau tous les végétaux que vous

ca aqua perfundas, et octonis diebus peractis hoc re-
petas, donec solide, quæ optaveris, adolescant.

Formicas abiges, si origano et sulfure tritis foramen
asperges; hoc et apibus nocet. Item cochlearum vacuas
testas si usseris, et eo cinere foramen inculces.

Culices galbano infuso fugantur aut sulfure.

Pulices amurca per pavimentum frequenter aspersa,
vel cumino agresti cum aqua trito, vel si cucumeris
agrestis semen aqua resolutum sæpe infundes, vel aquam
lupinorum psilothri austeritatibus junctam.

Mures, si amurcam spissam patinæ infuderis, et in
domo nocte posueris, adhærebunt; item necabuntur, si
helleboro nigro caseum, vel panem, vel adipes, vel
polentam permisceas et offeras. Et agrestis cucumeris et
colocynthidis suffusio sic nocebit.

Adversus mures agrestes Apuleius asserit semina bubulo felle maceranda, antequam spargas. Nonnulli rho-
dodaphnes foliis aditus eorum claudunt, qui, rosis his,
dum in exitu nituntur, intereunt.

Talpas Græci hoc genere persequuntur : nucem perfo-
rari jubent, vel aliquod pomi genus soliditatis ejusdem;
ibi paleas et ceram cum sulfure sufficienter includi; tunc
omnes parvulos aditus, et reliqua spiramenta talparum
diligenter obstrui, unum foramen, quod amplum sit,
reservari, in cujus aditu nucem intus incensam sic poni,
ut ab una parte flatus possit accipere, quos ab alia
parte diffundat : sic, impletis fumo cuniculis, talpas vel
fugere protinus, vel necari.

désirez conserver intacts, en répétant la même opération tous les huit jours, jusqu'à ce qu'ils aient pris, à votre gré, de la consistance et de la vigueur.

On chasse les fourmis en répandant autour de leur trou de l'origan et du soufre broyés ensemble; mais ce moyen nuit aussi aux abeilles. On peut également calciner des coquilles d'escargot vides, et boucher leur trou avec les cendres.

On met en fuite les cousins en brûlant du galbanum ou du soufre.

On détruit les pucerons en arrosant fréquemment le sol avec du marc d'huile ou du cumin sauvage broyé dans l'eau, ou avec une infusion de graine de concombre sauvage, ou avec l'eau de lupins mêlée à celle de la vigne blanche amère.

On se débarrasse des rats en plaçant chez soi, la nuit, du marc d'huile dans un plat; on les empoisonne aussi en leur donnant du pain, ou du fromage, ou de la graisse, ou de la farine d'orge mêlée avec de l'hellébore noir. Une infusion de coloquinte et de concombre sauvage ne leur est pas moins funeste.

Suivant Apulée, on se défait des mulots en trempant des graines dans du fiel de bœuf avant de les semer. Quelques personnes bouchent leurs trous avec des feuilles de laurier-rose; les mulots, pour s'ouvrir un passage, les rongent et périssent.

Voici comment les Grecs font la chasse aux taupes. Ils percent une noix ou tout autre fruit aussi solide, la bourrent de paille, de cire et de soufre, ferment avec soin tous les petits passages des taupes et tous les conduits par où elles respirent, à l'exception d'un seul qui doit être large, et à l'entrée duquel ils placent la noix allumée en dedans, de manière qu'elle reçoive l'air d'un côté et le renvoie de l'autre. Ainsi enfumées dans leurs retraites, les taupes déguerpissent aussitôt ou meurent asphyxiées.

Mures rusticos , si querneo cinere aditus eorum satu-res , attactu frequenti scabies occupabit ac perimet.

Serpentes prope omni austeritate fugantur , et nocen-tes spiritus innocentia fumi graveolentis exagitat. Ura-mus galbanum , vel cervi cornua , radices lilii , capræ ungulas : hoc genere monstra noxia prohibentur.

Opinio Græcorum est , si nubes locustarum repente surrexerint , latentibus intra tecta cunctis hominibus, eam posse transire ; quod si inobservantes homines sub aere deprehendant , nulli fructuum noceri , si continuo omnes ad tecta confugiant. Pelli etiam dicuntur amari lupini vel agrestis cucumeris aqua decocta , si muriæ mixta fundatur. Existimant aliqui locustas vel scorpios fugari posse , si aliqui ex eis urantur in medio.

Campas nonnulli ficulneo cinere persequuntur ; si per-manserint , urina bubula et amurca æqualiter mixta con-ferveant , et ubi refrixerint , olera omnia hoc imbre con-sperge.

Πρασοκούριδας Græci vocant animalia quæ solent hortis nocere. Ergo ventriculum vervecis statim occisi plenum sordibus suis , spatio quo abundant , leviter de-bebis operire. Post biduum reperies ibi animalia ipsa congesta. Hoc quum bis vel tertio feceris , genus omne quod nocebit exstingues.

Grandini creditur obviare , si quis crocodili pellem , vel hyænæ , vel marini vituli per spatia possessionis cir-cumferat , et in villæ aut chortis suspendat ingressu , quum malum viderit imminere ; item si palustrem testudinem

Bouchez le trou des mulots avec des cendres de chêne; ils prendront la gale à force de s'y frotter, et périront.

Les serpents redoutent presque tout ce qui est amer; toute mauvaise odeur préserve de leur souffle malfaisant. Brûlez du galbanum, du bois de cerf, des racines de lis ou de la corne de pied de chèvre, et vous écarterez ces monstres venimeux.

Les Grecs pensent que lorsque des nuées de sauterelles s'élèvent tout à coup, pendant que chacun est renfermé chez soi, elles pourront passer au delà; et que, même en surprenant les gens en plein air, elles ne nuisent à aucun fruit, pourvu qu'ils se réfugient aussitôt sous leurs toits. On dit aussi qu'on repousse ces nuées en répandant, avec de la saumure, de l'eau dans laquelle on aura fait bouillir des lupins amers ou des concombres sauvages. Des auteurs prétendent qu'on peut chasser les sauterelles ou les scorpions en brûlant quelques-uns de ces animaux en plein jour.

Il y a des gens qui mettent en fuite les chenilles avec des cendres de figuier. Si elles persistent à rester, on en fait bouillir quelques-unes dans de l'urine de bœuf avec du marc d'huile, à doses égales; et lorsque ce mélange est refroidi, on en arrose tous les légumes.

Les Grecs appellent *prasocurides* les bêtes qui nuisent aux jardins. Couvrez légèrement de terre, dans l'endroit où elles fourmillent, les intestins d'un mouton fraîchement tué, sans en ôter les ordures. Deux jours après, vous les y trouverez rassemblées en masse. Répétez cette opération deux ou trois fois, et vous anéantirez ainsi toute cette nuisible espèce.

On croit qu'on peut se préserver de la grêle en promenant dans ses domaines une peau de crocodile, d'hyène ou de veau marin, et en la suspendant à l'entrée de la métairie ou de la cour, lorsque le fléau approche. On prétend aussi que si l'on parcourt les vignes en portant

dextra manu supinam ferens vineas perambulet, et reversus eodem modo sic illam ponat in terra, et glebas dorsi ejus objiciat curvaturæ, ne possit inverti, sed supina permaneat. Hoc facto fertur spatium sic defensum nubes inimica transcurrere.

Nonnulli, ubi instare malum viderint, oblato speculo imaginem nubis accipiunt, et hoc remedio nubem (seu ut sibi objecta displiceat, seu tanquam geminata alteri cedat) avertunt. Item vituli marini pellis in medio vinearum loco uni superjecta viticulæ creditur contra imminens malum totius vineæ membra vestisse. Omnia semina horti vel agri feruntur ab omnibus malis ac monstris tuta servari, si agrestis cucumeris tritis radicibus ante macerentur. Item èquæ calvaria, sed non virginis, intra hortum ponenda est, vel etiam asinæ. Creduntur enim sua præsentia fœcundare quæ spectant.

De area.

XXXVI. Area longe a villa esse non debet, et propter exportandi facilitatem, et ut fraus minor timeatur, domini vel procuratoris vicinitate suspecta. Sit autem vel strata silice, vel saxo montis excisa, vel, sub ipso trituræ tempore, ungulis pecorum et aquæ admixtione solidata; clausa deinde et robustis munita cancellis propter armenta, quæ, quum teritur, inducimus. Sit circa hanc locus alter planus et purus, in quem frumenta transfusa refrigerentur, et horreis inferantur : quæ res in eorum durabilitate proficiet. Fiat deinde undecumque proximum tectum, maxime in humidis regionibus, sub quo propter imbres subitos frumenta, si necessitas coegerit,

dans la main droite une tortue de marais renversée sur le dos, et qu'au retour on la dépose dans la même situation, en fixant, au moyen de mottes de terre, la courbure de son dos, pour l'empêcher de se retourner et la forcer de rester ainsi couchée, la nuée dangereuse respectera l'endroit muni de ce précieux talisman.

Quelques personnes, en voyant approcher la nuée, la reflètent dans un miroir qu'elles lui présentent; et, soit que son image lui déplaise, soit qu'étant, pour ainsi dire, doublée, elle cède la place à une autre, la nuée se détourne. Une peau de veau marin, étendue sur un cep, préserve aussi, dit-on, le vignoble entier du fléau qui le menace. On prétend que les semences d'un jardin ou d'un champ sont à l'abri de tout mal et de toute bête funeste, lorsqu'on les a macérées avec des racines broyées de concombre sauvage. Le crâne d'une jument qui a porté, ou celui d'une ânesse, placé dans un jardin, est également regardé comme une cause de fécondité pour tout ce qui l'entoure.

De l'aire.

XXXVI. L'aire doit être près de la métairie, pour faciliter les transports et avoir moins à redouter la fraude, chacun craignant l'œil du propriétaire ou de son intendant. Elle sera pavée de cailloux, ou de quartiers de roche; ou, vers l'époque où l'on bat le grain, vous l'arroserez et la soumettrez pour l'affermir au piétinement des bestiaux; ensuite elle sera close et munie de barreaux solides, à cause des bêtes de somme qu'on y fait alors entrer. Vous établirez près de là un autre terrain propre et uni, où vous transporterez vos grains pour les rafraîchir avant de les serrer dans les greniers. Cette précaution les conservera plus longtemps. Vous construirez aussi, de quelque côté que ce soit, surtout dans les pays humides, un hangar sous lequel vous pourrez, en cas d'averse, si la

raptim vel munda vel semitrita ponantur. Sit autem area
loco sublimi et undecumque perflabili, longe tamen ab
hortis, vineis atque pometis; nam sicut radicibus vir-
gultorum prosunt lætamen et palcæ, ita insidentes frondibus eas perforant, atque arere compellunt.

De apibus.

XXXVII. Apibus stationem non longe a domini ædibus
in horti parte secreta et aprica, et a ventis remota, et
calidiore, locare debemus, quæ, in quadratam constituta
mensuram, fures et accessus hominum pecudumque sub-
moveat.

Sit abundans floribus, quos in herbis, vel in fruticibus, vel in arboribus procuret industria. Herbas nutriat,
origanum, thymum, serpyllum, satureiam, melisphyllum,
violas agrestes, asphodelum, citraginem, amaracum,
hyacinthum, qui iris vel gladiolus dicitur similitudine
foliorum, narcissum, crocum, ceterasque herbas suavis-
simi odoris et floris. In fruticibus vero sint rosæ, lilia,
fabæ, rosmarinus, hederæ; in arboribus ziziphus, amygdalus, persicus, pirus, pomiferæque arbores, quibus
nulla amaritudo respondet flore desucto; silvestria vero,
glandifera robora, terebinthus, lentiscus, cedrus, tilia,
ilex minor, et pinus. Sed taxi removeantur inimicæ.

Primi saporis mella thymi succus effundit; secundi
meriti thymbra, serpyllum vel origanum; tertii meriti
rosmarinus et satureia. Cetera, ut arbutus et olera, saporem rustici mellis efficiunt.

Sint autem arbores a septentrionali parte dispositæ.
Frutices atque virgulta ordines suos sub maceriis exse

nécessité vous y oblige, abriter sur-le-champ vos grains,
soit nettoyés, soit à demi battus. L'aire sera placée dans
un lieu élevé et parfaitement aéré, pourvu néanmoins
qu'elle soit éloignée des jardins, des vignes et des vergers : car si le fumier et la paille font du bien aux racines
des arbrisseaux, d'un autre côté, en s'attachant aux
feuilles, ils les percent et les dessèchent.

Des abeilles.

XXXVII. Les ruches auront une forme carrée. Afin
de les garantir des voleurs, et d'en écarter les hommes et
les troupeaux, vous les placerez près du maître-logis, dans
un endroit retiré du jardin, à l'abri des vents, et exposé
à la douce chaleur du soleil.

Multipliez les fleurs : que vos soins les fassent éclore
sur les herbes, sur les plantes et sur les arbres. Que dans
votre jardin croissent l'origan, le thym, le serpolet, la sarriette, la mélisse, les violettes sauvages, l'asphodèle, la
citronnelle, la marjolaine, l'hyacinthe qu'on appelle iris
ou glaïeul à cause de ses feuilles gladiées, le narcisse, le
safran, toutes les herbes parfumées et à fleurs odoriférantes. Qu'on y trouve des roses, des lis, des fèves, du
romarin, du lierre; qu'on y voie le jujubier, l'amandier,
le pêcher, le poirier, les arbres à fruits dont la fleur n'a
rien d'amer; et, parmi les arbres des forêts, le chêne à
glands, le térébinthe, le lentisque, le cèdre, le tilleul,
la petite yeuse et le pin. Quant aux ifs, ce sont des ennemis qu'il faut bannir.

Le thym fournit le miel de première qualité; la thym-
brée, le serpolet ou l'origan, donnent le second en bonté;
le romarin et la sarriette, le troisième. Les autres végétaux,
tels que les arbousiers et les légumes, communiquent au
miel un goût sauvage.

Plantez les arbres au nord; rangez les arbrisseaux et
les arbustes le long des murailles; semez les herbes der-

quantur; herbas deinde in plano post frutices conseremus.
Fons vel rivus huc conveniat otiosus, qui humiles trans-
eundo formet lacunas, quas operiant rara et transversa
virgulta, sedes tutas apibus præbitura, quum sitient.

Sed ab his apium castris longe sint omnia odoris
horrendi, balneæ, stabula, coquinæ fusoria. Fugemus
præterea animalia quæ sunt apibus inimica, lacertos,
blattas, et his similia. Aves etiam pannis et crepitaculis
terreamus. Purus custos frequens et castus accedat,
habens nova alvearia præparata, quibus excipiatur exa-
minum rudis juventus. Vitetur odor cœni, et cancer
adustus, et locus qui ad humanam vocem falsa imita-
tione respondet. Absint et herbæ, tithymalus, hellebo-
rum, thapsia, absinthium, cucumis agrestis, et omnis
amaritudo conficiendæ adversa dulcedini.

De apium castris.

XXXVIII. Alvearia meliora sunt, quæ cortex formabit raptus ex subere, quia non transmittunt vim frigoris aut caloris. Possunt tamen et ex ferulis fieri. Si hæ
desint, salignis viminibus fabricentur, vel ligno cavatæ
arboris, aut tabulis, more cuparum. Fictilia deterrima
sunt, quæ et hieme gelantur, et æstate fervescunt.

Sed inter ea loca quæ muniri debere præcepimus,
podia ternis alta pedibus fabricentur inducta testaceo, et
albario opere levigata, propter lacertorum ceterorumque
animalium noxam, quibus est moris irrepere; et supra
hæc podia alvearia collocentur, ita ut non possint imbre
penetrari, spatiolis inter se patentibus segregata; an-
gustus tamen aditus admittat examina, propter frigoris
et caloris injuriam. Sane ventis frigidioribus altus paries

rière sur un terrain uni. Qu'une source ou qu'un ruisseau
paisible s'y rende, et forme dans son cours de petites fla-
ques d'eau, couvertes çà et là de baguettes transversales
où les abeilles se poseront en sûreté, quand elles viendront se rafraîchir.

Tenez leur domicile éloigné de tous les lieux infects,
des bains, des étables, des éviers de cuisine. Écartez-en
les lézards, les cloportes et les autres animaux qui leur
font la guerre. Effrayez les oiseaux avec des épouvan-
tails et des crécelles. Qu'un gardien propre et chaste approche souvent des abeilles avec de nouvelles ruches
toutes préparées pour recueillir les jeunes essaims. Évitez
l'odeur de bourbe et d'écrevise brûlée, ainsi que les échos
qui contrefont la voix humaine. Proscrivez le tithymale,
l'ellébore, la thapsie, l'absinthe, le concombre sauvage,
et en général toute amertume capable d'altérer la douceur du miel.

Des ruches.

XXXVIII. Les meilleures ruches sont en liége : elles ga-
rantissent également de la chaleur et du froid. On peut
néanmoins en faire avec des férules, ou, à défaut de férules, avec des baguettes d'osier, avec le bois d'un arbre
creux, ou avec des planches façonnées comme des douves.
Les ruches d'argile, glaciales en hiver et brûlantes en
été, sont les plus mauvaises.

Sur le lieu que nous avons prescrit de clore, construisez des estrades de trois pieds de haut, recouvertes en terre
cuite et crépies de stuc : vous éviterez ainsi les dommages
que causent les lézards et les autres bêtes qui s'y glissent
ordinairement. Exhaussez vos ruches sur ces supports à
une légère distance les unes des autres, afin que les pluies
ne puissent y pénétrer, et ménagez un orifice assez étroit
pour que vos essaims n'aient à redouter ni le froid ni la
chaleur. Une haute muraille les mettra à l'abri de la bise,

resistat, qui locum possit defensis sedibus apricare. Aditus omnes soli opponantur hiberno, qui in uno cortice duo vel tres esse debebunt ea magnitudine quæ apis formam non possit excedere. Sic enim noxiis animalibus ingressu resistetur angusto; vel, si apes obsidere voluerint exeuntes, alio, ubi non fuerint, utentur egressu.

De apibus emendis.

XXXIX. Apes si emendæ sunt, provideamus ut plena alvearia comparentur; quam rem vel inspectio, vel murmuris magnitudo, vel frequentia monstrat commeantis ac remeantis examinis; et ex vicina potius quam ex longinqua regione, ne aeris novitate tententur. Si vero longius advehendæ sunt, nocte collo portentur; nec collocare, nec aperire alvearia, nisi vespere instante, debemus. Speculemur deinde per triduum, ne omne januas suas egrediatur examen; hoc enim signo fugam meditantur assumere. Contra hæc et cetera, suo unumquodque mense reddemus. Tamen creduntur non fugere, si stercus primogeniti vituli adlinamus oribus vasculorum.

De balneis.

XL. Non alienum est, si aquæ copia patiatur, patremfamilias de structura balnei cogitare; quæ res et voluptati plurimum confert et saluti. Itaque balneum constituemus in ea parte, qua calor futurus est, loco ab humore suspenso, ne uligo eum fornacibus vicina refrigeret. Lumina ei dabimus a parte meridiana, et occidentis hiberni, ut tota die solis juvetur et illustretur aspectu.

Suspensuras vero cellarum sic facies. Aream primo

et leur renverra la chaleur du soleil. Toutes les entrées des ruches feront face au soleil d'hiver : chaque ruche en comporte deux ou trois, dont la largeur ne doit pas excéder la taille d'une abeille. La petitesse de ces trous empêchera les animaux nuisibles d'entrer; ou, s'ils guettent les abeilles à leur sortie, elles pourront s'échapper par un autre passage que celui près duquel ils sont à l'affût.

De l'achat des abeilles.

XXXIX. Quand vous achèterez des abeilles, faites en sorte que les ruches soient pleines. On s'en assure à l'inspection même de la ruche, à l'intensité du bourdonnement, ou aux rentrées et aux sorties fréquentes de l'essaim. Achetez-les aussi dans le voisinage plutôt que dans un canton éloigné, de peur que le changement d'air ne les incommode. Néanmoins, si vous en faites venir de loin, vous porterez les ruches sur vos épaules pendant la nuit, en ayant soin de ne les mettre en place et de ne les ouvrir que sur le soir. Vous prendrez garde ensuite durant trois jours que l'essaim ne sorte pas tout à la fois; ce serait un signe qu'il voudrait s'enfuir. Pour prévenir cet accident et d'autres semblables, nous détaillerons ce qu'il faudra faire chaque mois. On croit cependant que les abeilles ne prennent jamais la fuite, lorsqu'on a frotté les ouvertures des ruches avec la fiente d'un veau premier-né.

Des bains.

XL. Si l'eau est abondante, un chef de famille devra s'occuper du soin de construire une salle de bains : c'est une chose qui contribue beaucoup à l'agrément et à la santé. Il faut placer cette salle du côté où la chaleur se fera le plus sentir, et dans un lieu à l'abri de toute humidité qui refroidirait les fourneaux. Elle aura en hiver des fenêtres au midi et au couchant, afin d'être, pendant tout le jour, échauffée et éclairée par le soleil.

Voici comment vous bâtirez les bains. Vous garnirez

bipedis sternis; inclinata sit tamen stratura ad fornacem, ut, si pilam miseris, intro stare non possit, sed ad fornacem recurrat : sic eveniet, ut flamma altum petendo cellas faciat plus calere. Supra hanc straturam pilæ laterculis argilla subacta et capillo constructæ fiant, distantes a se spatio pedis unius et semissis, altæ pedibus binis semis. Super has pilas bipedæ constituantur binæ in altum, atque his superfundantur testacea pavimenta; et tunc, si copia est, marmora collocentur.

Miliarium vero plumbeum, cui ærea patina subest, inter soliorum spatia forinsecus statuamus fornace subjecta, ad quod miliarium fistula frigidaria dirigatur, et ab hoc ad solium similis magnitudinis fistula procedat, quæ tantum calidæ ducat interius, quantum fistula illi frigidi liquoris intulerit.

Cellæ autem sic disponantur, ut quadræ non sint, sed, verbi gratia, si xv pedibus longæ fuerint, x latæ sint; fortius enim vapor inter angusta luctabitur. Soliorum forma pro uniuscujusque voluntate fundetur. Piscinales cellæ in æstivis balneis, a septentrione lumen accipiant, in hiemalibus a meridie. Si fieri potest, ita constituantur balneæ, ut omnis earum per hortos decurrat eluvies. Cameræ in balneis si signinæ fiant, fortiores sunt. Quæ vero de tabulis fiunt, virgis ferreis transversis, et ferreis arcubus sustinentur. Sed si tabulas nolis imponere, super arcus ac virgas bipedas constitues ferreis anchoris colligatas, capillo inter se atque argilla subacta cohærentes, et ita impensam testaceam subter inducis; deinde albarii operis nitore decorabis. Possumus etiam, si compendio studemus, hiberna ædificia balneis imponere : hinc et habitationi teporem submittimus, et fundamenta lucramur.

d'abord le sol de briques de deux pieds, et vous l'inclinerez de manière qu'une balle ne puisse s'y tenir sans rouler jusqu'au fourneau; par ce moyen, la flamme en s'élevant échauffera davantage les cabinets. Vous construirez sur ce sol des piliers de briquettes liées entre elles par un mortier d'argile et de crins, hauts de deux pieds et demi, et distants d'un pied et demi l'un de l'autre. Sur ces piliers vous dresserez deux briques de deux pieds, que vous revêtirez d'une couche de terre cuite, et que vous couvrirez de marbre, si vous en avez.

Quant à la chaudière de plomb assise sur un plateau de cuivre, vous la placerez en dehors au-dessus du fourneau, au centre de la salle des bains. Un tuyau dirigé vers cette chaudière y conduira l'eau froide, et un autre de même calibre, dirigé vers le bain, y portera autant d'eau chaude que le premier tuyau aura porté d'eau froide dans la chaudière.

Les cabinets ne seront point carrés; ils auront, par exemple, dix pieds de large sur quinze de long : ainsi resserrée, la chaleur aura plus de force. Chacun donnera aux bains la forme qui lui plaira. Les salles d'été tireront leur jour du nord, et celles d'hiver du midi. S'il est possible, disposez-les de manière que les eaux qui auront servi s'écoulent à travers les jardins. Les voûtes faites en matériaux de Ségni sont les plus solides. Celles qui sont en planches seront soutenues par des arcs de fer traversés de barres du même métal. Si vous ne voulez pas de planches, vous mettrez sur ces arcs et sur ces barres des briques de deux pieds jointes par des crampons de fer, et liées entre elles avec un mortier de crins et d'argile; puis vous les revêtirez par-dessous d'un enduit de terre cuite auquel le stuc donnera du lustre. Vous pourrez également, si vous visez à l'économie, établir les appartements d'hiver au-dessus des bains : vous échaufferez ainsi le bâtiment, et les fondations ne vous coûteront rien.

De malthis calidæ et frigidæ.

XLI. Scire convenit, quoniam de balneis loquimur, quæ sunt malthæ calidariæ vel frigidariæ, ut si quando in soliis scissa sunt opera, possit repente succurri. Calidariæ compositio talis est : Picem duram, ceram albam ponderibus æquis, stupam, picis liquidæ totius ponderis dimidiam partem, testam minutam, florem calcis, omnia simul mixta in pila contundes, et juncturis curabis inserere.

Aliter : Ammoniacum remissum, ficum, stupam, picem liquidam tundis pilo, et juncturas oblinis.

Aliter : Ammoniacum et sulfur utrumque resolutum line vel infunde juncturis. Item picem duram, ceram albam et ammoniacum super remissum simul juncturis adline, et cautere cuncta percurre. Item florem calcis cum oleo mixtum juncturis illine, et cave ne mox aqua mittatur.

Aliter : Sanguini taurino et oleo florem calcis admisce, et rimas conjunctionis obducito. Item ficum et picem duram, et ostrei testas siccas simul tundes ; his omnibus juncturas diligenter adlines.

Item malthæ frigidariæ, sanguinem bubulum, florem calcis, scoriam ferri, pilo universa contundes, et ceroti instar efficies, et curabis adlinire. Item sevum liquefactum cribellato cineri admixtum frigidæ aquæ inter rimas labenti, si adlinatur, obsistet.

De pistrino.

XLII. Si aquæ copia est, fusuras balnearum debent

Des malthes pour les réservoirs d'eau chaude et d'eau froide.

XLI. Puisque nous parlons des bains, il est bon de connaître les malthes qui conviennent aux réservoirs d'eau chaude et d'eau froide, afin que si les cuves viennent à se fendre, on puisse les réparer sur-le-champ. Voici la composition qu'on emploie pour les réservoirs d'eau chaude. Prenez de la poix dure et de la cire vierge, à doses égales; une quantité de poix liquide égale à la moitié de ce mélange; de la terre cuite pulvérisée et de la fleur de chaux; broyez le tout dans un mortier, et servez-vous-en pour remplir les fentes.

Autre recette : Pilez de la gomme ammoniaque fondue, des figues, de l'étoupe, de la poix liquide, et bouchez les fentes avec ce mélange.

Autre recette : Enduisez ou remplissez les fentes de gomme ammoniaque et de soufre fondus; ou bien enduisez-les de poix dure et de cire blanche, recouvertes de gomme ammoniaque, et promenez le cautère par-dessus; ou bien passez sur les fentes un mastic de fleur de chaux et d'huile, en ayant soin de ne pas introduire d'eau immédiatement après.

Autre recette : Mêlez ensemble de la fleur de chaux, de l'huile et du sang de taureau, et bouchez les fentes avec cette composition; ou bien broyez des figues, de la poix dure et des écailles d'huîtres sèches, et remplissez soigneusement les fentes avec ce mélange.

De même, pour réparer les réservoirs d'eau froide, pilez de la fleur de chaux et du mâchefer dans du sang de bœuf, et faites-en une espèce de cérat dont vous les enduirez. Vous arrêterez aussi l'écoulement de l'eau froide à travers les fentes en les enduisant d'un mélange de suif fondu et de cendre passée au crible.

De la boulangerie.

XLII. Si vous avez de l'eau en abondance, faites en

pistrina suscipere, ut ibi formatis aquariis molis, sine animalium vel hominum labore frumenta frangantur.

De Instrumentis ruri necessariis.

XLIII. Instrumenta vero hæc, quæ ruri necessaria sunt, paremus : aratra simplicia, vel, si plana regio permittit, aurita, quibus possint contra stationes humoris hiberni sata celsiore sulco attolli; bidentes, dolabras, falces putatorias quibus in arbore utamur et vite; item messorias vel fœnarias, ligones, lupos, id est serrulas manubriatas minores majoresque ad mensuram cubiti, quibus facile est, quod per serram fieri non potest, resecando trunco arboris aut vitis interseri; acus, per quas in pastinis sarmenta merguntur; falces a tergo acutas atque lunatas; cultellos item curvos minores, per quos novellis arboribus surculi aridi aut exstantes facilius amputentur; item falciculas brevissimas tribulatas, quibus filicem solemus abscindere; serrulas minores, vangas, runcones, quibus vepreta persequimur; secures simplices vel dolabratas; sarculos vel simplices vel bicornes, vel ascias in aversa parte referentes rastros; item cauteres, castratoria ferramenta atque tonsoria, vel quæ ad animalium solent pertinere medicinam; tunicas vero pellicias cum cucullis, et ocreas manicasque de pellibus, quæ vel in silvis, vel in vepribus, rustico operi et venatorio possint esse communes.

Expletis his quæ pertinent ad generale præceptum, nunc operas suas singulis mensibus explicabimus, et a mense januario faciemus initium.

sorte que celle qui aura servi aux bains se rende aux boulangeries. Elles mettront en mouvement des moulins qui y seront établis, et vous pourrez ainsi moudre le blé sans avoir besoin du travail des hommes ni de celui des bêtes.

Des objets nécessaires à la campagne.

XLIII. Voici les objets dont on doit se pourvoir à la campagne : des charrues simples, ou, si le pays est plat, des charrues à oreilles qui, en élevant davantage les raies du labour, préservent les semences du séjour de l'eau pendant l'hiver; des pioches, des houes, des serpes pour tailler les arbres et la vigne; des faucilles pour la moisson, des faux pour la fenaison; des hoyaux, des loups, c'est-à-dire de petites scies à manche, dont les plus grandes n'aient qu'une coudée, qu'on peut facilement introduire au milieu des arbres ou des vignes pour les couper, ce qui est impraticable avec une scie commune; des plantoirs pour fixer les sarments dans les terres façonnées; des faux en forme de croissant affilées par le dos; des serpettes courbes pour détacher plus aisément des jeunes arbres les pousses sèches ou trop saillantes; des faucilles dentelées pour couper la fougère; de petites scies, des sarcloirs et des outils pour se débarrasser des ronces; des haches simples ou à pic; des pioches simples ou fourchues; des haches dont le dos ressemble à une herse; des cautères, des instruments pour la castration et pour la tonte, ou pour le pansement des animaux; des tuniques de peau avec des capuchons, des guêtres et des gants de peau qui puissent servir dans les forêts ou dans les buissons, tant aux ouvrages rustiques qu'à l'exercice de la chasse.

Après avoir achevé les préceptes généraux, nous allons détailler les travaux de chaque mois, en commençant par celui de janvier.

DE RE RUSTICA

LIBER II.

JANUARIUS.

De ablaqueandis vitibus.

I. JANUARIO mense locis temperatis ablaqueandæ sunt vites, quod Itali *excodicare* appellant, id est circa vitis codicem dolabra terram diligenter aperire, et purgatis omnibus velut lacus efficere, ut solis teporibus et imbribus provocentur.

De pratis curandis.

II. Apricis, aut macris, aut aridis locis prata jam purganda sunt, et a pecore vindicanda.

De proscindendis agris.

III. Pingues et sicci agri proscindi et apparari jam possunt. Sed boves melius collo quam capite junguntur; quos, ubi ad versuram venerint, arator retineat, et jugum propellat, ut eorum colla refrigerentur. Sulcus autem in arationibus longior, quam centum viginti pedum esse non debet; servandum vero est, ne inter

DE L'ÉCONOMIE RURALE

LIVRE II.

JANVIER.

Du déchaussement des vignes.

I. Au mois de janvier on déchausse les vignes dans les climats tempérés : c'est ce que les Latins appellent *excodicare*. Cette opération consiste à creuser avec soin la terre, à l'aide de la houe, autour de la souche, et à y pratiquer des espèces de fosses bien nettes, afin que la chaleur du soleil et la pluie excitent la sève.

Du soin qu'exigent les prairies.

II. Dans les lieux exposés au soleil, maigres ou arides, nettoyez déjà les prairies, et garantissez-les des troupeaux.

Du labourage.

III. Les terres grasses et sèches peuvent déjà recevoir le premier labour et les premiers apprêts. Attelez plutôt les bœufs par le cou que par la tête. Lorsqu'ils achèveront un sillon, le laboureur les retiendra et poussera le joug en avant pour soulager leurs cous. Les sillons ne doivent pas avoir plus de cent vingt pieds de long. Ayez soin de ne pas laisser entre eux de terre intacte. Vous briserez

sulcos non mota terra relinquatur. Glebæ omnes dolabris
dissipandæ sunt. Sed æqualiter terram motam esse co-
gnoscis, si transversam per sulcos perticam mittas : quæ
res sæpius facta, bubulcos ab hac negligentia submovebit.

Observandum est , ne lutosus ager aretur, aut, quod
sæpe fit, post longas siccitates levi imbre perfusus ; nam
terra , quæ lutosa tractatur in primordio , fertur toto
anno non posse tractari ; quæ autem supra leviter infusa
est, et subter sicca , si tunc aretur, asseritur per triennium sterilis fieri. Et ideo mediocriter infusus ager , ut
nec lutosus nec aridus sit, proscindi debet. Si collis est,
transversus per latera sulcetur. Quæ forma tunc servanda est , quum semen accipiet.

De hordeo Galatico.

IV. Si clemens fuerit hiems , hordeum Galaticum ,
quod grave et candidum est , circa idus januarias seramus locis temperatis. Octo modiis jugerum complebitur.

De cicercula.

V. Cicercula mense hoc seritur, loco læto, cœlo humido. Tres modii jugerum complent. Sed hoc genus seminis raro respondet, quia decipitur austro vel siccitate,
dum floret , quod tunc prope necesse est evenire.

De vicia.

VI. Hoc mense ultimo, colligendi seminis causa, non
pabuli secandi, vicia seritur. Jugerum sex modii occupant. Serenda est in terra proscissa post horam secundam vel tertiam , quum ros esse desierit, quem ferre
non potest ; sed statim cooperienda est ante noctem ;

toutes les mottes avec la houe. Pour reconnaître si la
terre a été également remuée partout, étendez sur les
sillons une perche transversale : cette épreuve souvent
répétée préviendra la négligence des bouviers.

Gardez-vous de labourer un champ bourbeux, ou,
ce qui arrive souvent, un champ humecté d'une pluie
légère après de longues sécheresses ; car une terre bourbeuse, remuée au commencement de ce mois, ne peut
plus, dit-on, être travaillée de toute l'année ; et l'on assure qu'un terrain, légèrement imbibé à la surface et sec à
l'intérieur, ne produit rien de trois ans, si on le laboure
à cette époque. Labourez donc une terre modérément humectée, qui ne soit ni bourbeuse ni aride. Si vous cultivez
une colline, les sillons couperont horizontalement le terrain, et ils devront être ainsi disposés lorsque vous leur
confierez la semence.

De l'orge de Galatie.

IV. Si l'hiver a été doux, semez, dans les climats
tempérés, vers les ides de janvier, de l'orge de Galatie.
C'est un grain blanc et lourd. Il en faut huit boisseaux
pour un arpent.

De la gesse.

V. Semez, dans ce mois, de la gesse dans un terrain
gras, sous un ciel humide. Il en faut trois boisseaux
pour un arpent. Mais cette semence réussit rarement,
parce que le vent du sud ou la sécheresse lui est presque
toujours funeste à l'époque de la floraison.

De la vesce.

VI. On sème, à la fin de ce mois, la vesce qu'on ne
veut pas couper en fourrage, mais récolter en graine.
Six boisseaux couvrent un arpent. On la sèmera dans
une terre labourée, après la seconde ou troisième heure
du jour, quand la rosée, qui lui est essentiellement nuisible, aura disparu ; mais il faudra la couvrir avant la

nam si nuda manserit, noctis humore corrumpitur. Observandum est, ne ante vicesimam quintam lunam seratur, quia sic satam limaces persequuntur.

De fœno Græco.

VII. Fœnum Græcum in Italia, colligendi seminis causa, mense januario ultimo, circa februarias kalendas scrimus. Sex modii jugero sufficiunt. Arandum est spisse, sed non alte; nam si plus quam quatuor digitis obruatur, difficile nascitur. Idcirco quidam minimis aratris proscissa prius terra seminant, et sarculis statim sata cooperiunt.

De ervo.

VIII. Ervum seri et hoc mense novissimo potest, loco sicco et macro. In jugero quinque modii seruntur.

De sarriendis frumentis et leguminibus.

IX. Hoc mense serenis et siccis diebus, dum gelicidium non est, sunt sarculanda frumenta. Quod opus plerique negant fieri debere, quia radices eorum detegantur aut incidantur, et necentur frigore subsequuto; mihi autem videtur herbosis locis tantum esse faciendum. Sed triticum et far sarritur quatuor foliorum; hordeum quinque; faba et legumina, quum supra terram quatuor digitis fuerint. Lupinus vero, qui unam radicem habet, si sarculetur, exstinguitur; quod nec desiderat, quia herbas præter auxilium cultoris affligit. Faba autem si bis sarculetur, proficiet, et multum fructum et maximum afferet, ut ad mensuram modii complendi fresa propemodum sicut integra respondeat. Si siccas segetes sar-

nuit. Si elle restait découverte, l'humidité de la nuit la pourrirait. Vous prendrez garde de ne pas la semer avant le vingt-cinquième jour de la lune, car alors les limaçons lui font la guerre.

Du fenugrec.

VII. Nous semons en Italie le fenugrec pour le récolter en graine, à la fin du mois de janvier, vers les calendes de février. Six boisseaux suffisent pour un arpent. Les sillons doivent être plus larges que profonds ; car, s'ils ont plus de quatre doigts de profondeur, le fenugrec vient difficilement. Aussi quelques-uns ne le sèment qu'après avoir labouré avec les plus petites charrues, et le couvrent aussitôt avec des sarcloirs.

De l'ers.

VIII. On peut aussi semer l'ers, à la fin de ce mois, dans un terrain sec et maigre. Il faut cinq boisseaux de semence par arpent.

Du sarclage des blés et des légumes.

IX. Profitez, pendant ce mois, des jours secs et sereins où il n'y a point de gelée blanche, pour sarcler les blés. La plupart des auteurs prétendent que c'est une opération dont il faut s'abstenir, parce qu'elle découvre ou coupe les racines des blés, et qu'ils périssent aux premiers froids ; pour moi, il me semble qu'on ne doit l'appliquer qu'aux terrains couverts de mauvaises herbes. On sarcle le blé et le froment quand ils ont quatre feuilles ; l'orge, quand elle en a cinq ; les fèves et les légumes, lorsqu'ils s'élèvent de quatre doigts au-dessus du sol. Le lupin, qui n'a qu'une racine, périt si on le sarcle ; au reste, il n'exige pas ce soin, parce qu'il fait mourir les herbes sans le secours du cultivateur. Sarclée deux fois, la fève profite et donne en abondance des fruits d'une grosseur telle, que, lorsqu'ils sont concassés, il n'en faut guère plus pour remplir un boisseau que lorsqu'ils sont entiers.

culaveris, aliquid contra rubiginem præstitisti; maxime
hordeum siccum sarrietur.

De diversis pastinandi generibus.

X. Pastinum fieri nunc tempus est : quod fit tribus
generibus, aut terra in totum fossa, aut sulcis, aut scrobibus. Terra tota debet effodi, ubi ager immundus est,
ut silvestribus truncis et radicibus filicis, vel herbarum
noxiarum spatia liberentur; ubi autem mundæ sunt novales, scrobibus pastinemus aut sulcis : sed sulcis melius erit, quia humorem in tota spatia pastinata transmittunt. Fiunt ergo sulci tanta longitudine, quantam
destinaveris tabulæ : latitudine pedum duorum et semis,
vel trium, ita ut juncti duo fossores designatum linea
spatium bidentibus persequantur altitudine trium vel
duorum et semis pedum. Deinde si per homines vinea
colenda est, tantum crudi soli relinquimus, et sic alter
sulcus imprimitur; si vero arandæ sunt vineæ, quinque
vel sex pedum spatia, quæ non sunt fodienda, in medio
relinquemus.

Quod si scrobes fieri placeat, faciemus tribus pedibus
altas, duobus semis latas, tribus longas. Sive fossoribus
colantur vineta, seu bubus, eadem spatia, quæ inter
sulcos sunt dicta, servemus. Ultra tres vero pedes altius
fodiendæ scrobes non sunt, ne laborent frigore sarmenta quæ pangimus. Latera scrobibus æqualiter incisa
sint, ne obliqua vitis saucietur alte nitentibus ferramentis, quum fossor incumbet.

Pastini vero, quod omne versabitur, trium vel duorum semis pedum altitudine terra universa fodietur; in

En sarclant les céréales, l'orge surtout, quand elles sont sèches, on les préserve un peu de la rouille.

Des diverses façons à donner aux terres.

X. C'est à présent l'époque où l'on façonne la terre. On s'y prend de trois manières différentes : ou l'on remue le sol entier, ou on le sillonne de tranchées, ou l'on y creuse des fosses. Si le terrain est en friche, remuez-le tout entier, afin de le débarrasser des troncs d'arbres sauvages et des racines de fougère, ou des mauvaises herbes ; s'il est libre, façonnez-le à l'aide de fosses ou de tranchées : préférez pourtant les tranchées, parce qu'elles transmettent l'humidité à tout le terrain remué. Elles auront la longueur que vous donnerez aux planches, deux pieds et demi ou trois pieds de largeur. Deux journaliers y travailleront parallèlement avec des hoyaux, en se réglant sur un cordeau, et les creuseront à la profondeur de trois pieds ou de deux pieds et demi. Si le vignoble est cultivé à main d'homme, on laisse intact un espace égal à celui qu'on laboure, et l'on fait une autre tranchée ; mais s'il est sillonné par la charrue, on laisse entre chaque tranchée un intervalle de cinq ou six pieds sans le remuer.

Si vous aimez mieux pratiquer des fosses, elles devront avoir trois pieds de profondeur, deux pieds et demi de largeur, et trois pieds de longueur. Que les vignobles soient cultivés à main d'homme ou avec des bœufs, observez entre les fosses la même distance que nous avons prescrite pour les tranchées Mais afin que les ceps ne souffrent point du froid, ne donnez pas aux fosses plus de trois pieds de profondeur. Les côtés en seront égaux, parce que si la souche croissait obliquement, l'ouvrier pourrait la blesser en poussant ses outils trop avant dans la terre.

Le sol que vous remuerez en entier, sera partout creusé à la profondeur de trois pieds ou de deux pieds et demi.

quo erit diligentia, ne crudum solum fraude occulta fossor includat. Quam rem subinde custos virga, in qua prædictæ altitudinis modus designatus est, per spatia, quæ fodiuntur, exploret. Radices omnes et purgamenta, maxime rubi et filicis, in summum regeri faciat. Quæ cura in omni positionis genere et ubique servanda est.

De tabulis vinearum.

XI. Tabulas autem pro domini voluntate, vel loci ratione faciemus, sive integrum jugerum continentes, seu medium; seu quartanariam tabulam, quæ quartam jugeri partem quadrata conficiet.

De mensura pastini.

XII. Mensura vero pastini hæc est, ut in tabula quadrata jugerali, centeni octogeni pedes per singula latera dirigantur, qui in se multiplicati trecentas vigintiquatuor decempedas quadratas per spatium omne complebunt. Secundum hunc numerum omnia, quæ volueris pastinare, discuties. Decem et octo enim decempedæ, decies et octies supputatæ, trecentas vigintiquatuor explebunt. Quo exemplo doceberis in majore agro vel minore mensuram.

De solo pangendis vineis congruenti.

XIII. Sed solum vineis ponendis nec spissum sit nimis, nec resolutum; propius tamen resoluto : nec exile, nec lætissimum; tamen læto proximum : nec campestre, nec præceps; sed potius edito campo : nec siccum, nec uliginosum; modice tamen rosidum : nec salsum, nec amarum, quod vitium sapore corrupto vina contristat. Cœ-

Vous prendrez garde que l'ouvrier n'en dérobe à vos yeux, par une fraude secrète, une partie non cultivée. En conséquence un surveillant sondera de temps en temps le terrain avec une baguette où sera marquée la profondeur prescrite. Il fera reporter à la surface toutes les racines, tous les détritus, particulièrement des ronces et des fougères. Ces soins regardent toutes les expositions et tous les climats.

Des planches de vignes.

XI. Quant aux planches, le propriétaire consultera son goût ou la nature du terrain. Elles auront un arpent entier, ou un demi-arpent, ou seront quartaines, c'est-à-dire que leur carré fera un quart d'arpent.

De la mesure des terres façonnées.

XII. Voici la mesure de terre façonnée que contiendra la planche carrée d'un arpent entier. Chacun de ses côtés aura cent quatre-vingts pieds de longueur, qui, multipliés l'un par l'autre, donneront une superficie de trois cent vingt-quatre perches carrées de dix pieds chacune. Vous estimerez, d'après ce calcul, tous les terrains que vous voudrez façonner, puisque dix-huit perches de dix pieds chacune, multipliées par dix-huit, en donneront trois cent vingt-quatre. Cet exemple vous apprendra à mesurer une surface plus ou moins grande.

De la nature du sol qu'on doit planter en vignes.

XIII. Un terrain destiné aux vignes doit être plutôt léger que compacte, et plutôt gras que maigre; il ne sera ni plat, ni escarpé, ni sec, ni marécageux; ce sera plutôt une plaine élevée et un peu humide; il n'aura ni sel ni amertume, ce qui pourrait donner au vin un goût désagréable. Il lui faut une température moyenne, plus chaude cependant que froide, et plutôt sèche

lum mediocris qualitatis, tepidum tamen magis, quam frigidum; siccum potius, quam nimis imbridum. Sed ante omnia vitis procellas ventosque formidat.

Ad pastinandum rudes agros potius eligamus, vel maxime silvestres. Ultima conditio est ejus loci, in quo fuerunt vetusta vineta. Quod si necessitas coegerit, prius multis arationibus exerceatur, ut abolitis radicibus prioris vineæ, et omni earum carie et squalore depulso, novella vitis tutius possit induci. Tofus et alia duriora, ubi gelu relaxantur et solibus, pulcherrimas vineas ferunt, refrigeratis æstate radicibus, et humore detento. Sed et soluta glarea, et calculosus ager, et mobiles lapides (si tamen hæc omnia glebis se pinguibus miscuere) et silex, cui terra superposita est, quia frigidus est et humoris tenax, radices æstate sitire non patitur. Item loca, ad quæ de cacuminibus terra decurrit, vel valles quas fluminum saturabit aggestio; sed hoc in iis locis, quæ gelu et nebulis infesta esse non possunt.

Argillosa terra commoda est; argilla autem sola graviter inimica, et cetera quæ in generalibus dixi. Nam locus qui misera virgulta produxerit, vel uliginosus, vel salsus, vel amarus, vel siticulosus et aridus approbatur. Niger sabulo et rubeus utilis est, sed cui fortis terra permixta est. Carbunculus, nisi stercoretur, macras vineas reddit. In rubrica difficilius comprehendunt, quamvis postea nutriantur; sed hoc genus terræ operibus inimicum est, quia parvo vel humore vel sole nimis madescit aut dura est. At maxime utile solum est, quod inter omnes nimietates temperamentum tenebit, et raro proximum quam denso fuerit.

que pluvieuse. La vigne redoute avant tout les vents et les orages.

Choisissez, pour le façonner, un terrain inculte ou hérissé de broussailles. Le pire de tous est celui d'un vieux vignoble. Si vous êtes réduit à cultiver un sol de cette espèce, travaillez-le d'abord par de nombreux labours, afin d'extirper les racines des vieilles souches, et d'enlever les détritus et les débris qu'elles y auront déposés : vous pourrez alors, avec plus de sûreté, y planter de jeunes ceps. Ramollis par la gelée et par le soleil, le tuf et les autres parties dures produisent de très-belles vignes, parce qu'en été ils en rafraîchissent les racines et retiennent l'humidité. Un terrain sablonneux, rocailleux ou pierreux (pourvu qu'il soit entremêlé de mottes grasses), ou bien un terrain siliceux, toujours frais et toujours humide, garantit en été les racines de la sécheresse. J'en dirai autant des lieux où la terre s'éboule des hauteurs voisines, ou des vallées engraissées par les dépôts des rivières, pourvu toutefois qu'ils ne puissent être endommagés ni par la gelée ni par les brouillards.

La terre argileuse convient à la vigne, mais l'argile pure lui est très-nuisible, ainsi que les autres choses que j'ai indiquées dans les préceptes généraux. Il y est dit que les terrains qui produisent de misérables ceps sont les terrains marécageux, salés, amers, desséchés et arides. Le sable noir et le sable rouge sont bons, pourvu qu'ils soient mêlés de terre forte. Le carboncle, à moins d'être fumé, rend les vignes maigres. Elles prennent plus difficilement dans la terre rouge, quoique, par la suite, elles y trouvent des aliments; mais ce sol n'aime pas qu'on le travaille, parce que la moindre humidité le ramollit, ou qu'il se durcit au soleil. Le meilleur terrain est celui qui tient un juste milieu entre tous les excès, et qui est plutôt léger que compacte.

Plagam cœli vinea spectare debet locis frigidis meridianam; calidis septentrionalem; tepidis orientem, si tamen austros vel euros regio non habeat inimicos; quod si hoc est vitium, melius in aquilonem vel favonium vineta dirigimus.

Sed locus, qui pastinandus est, prius impedimentis et omnibus elisis liberetur arboribus, ne post calcatu assiduo terra effossa solidetur. Si campus est, duobus semis pedibus pastinetur; si clivus, tribus; collis præruptus quatuor, ne citius terra decurrat; vallis vero duobus pedibus. Sed ager uliginosus, qui humores altius fossus eructat, sicut Ravennatis soli, non amplius quam in pedem semis effodiatur. Illud experimentis assiduis comprehendi, vites melius provenire, si vel statim fossæ terræ, vel non longe ante, pangantur, quum tumor pastini nondum repetita soliditate subsedit. Hæc quoque in faciendis sulcis et scrobibus approbavi, maxime ubi mediocris est terra.

De lactuca, nasturtio, eruca, caulibus et allio.

XIV. Mense januario lactuca serenda est, vel decembri, ut planta ejus februario transferatur; itemque februario seritur, ut possit aprili mense transferri. Sed certum est, eam toto anno bene seri, si locus sit lætus, stercoratus, irriguus. Antequam pangatur, radices ejus resecemus æqualiter, et liquido fimo linamus; vel quæ jam pactæ sunt, nudatæ lætamen accipiant. Amant solum subactum, pingue, humidum, stercoratum. Inter has herba manu evellenda est, non sarculo. Latior fit, si rara ponatur, vel quum producere incipiet caulem, eo leviter inciso, gleba prematur aut testa. Candidæ

Dans les pays froids, exposez vos vignes au midi ; dans les pays chauds, au nord ; dans les pays tempérés, au levant, pourvu que le canton ne soit point battu par les vents d'est ou du sud ; car, dans ce dernier cas, il vaut mieux les exposer au nord ou à l'ouest.

Dégagez d'abord de tout embarras, de tout débris d'arbres, le terrain que vous voulez façonner, de peur qu'après le labour il ne se raffermisse par de fréquentes allées et venues. S'il est plat, vous le remuerez à la profondeur de deux pieds et demi ; s'il est en pente, à trois pieds ; si c'est une colline escarpée, à quatre pieds, pour prévenir les éboulements subits ; si c'est un vallon, deux pieds suffiront. Un sol marécageux, tel que celui de Ravenne, d'où l'eau jaillit si on le creuse à une trop grande profondeur, ne demande qu'un pied et demi de défoncement. Une longue expérience m'a appris que la vigne réussit mieux lorsqu'on la plante immédiatement après le labour, ou peu de temps avant que la terre ait repris son niveau et sa dureté. J'ai fait la même remarque à l'égard des tranchées et des fosses, surtout dans les terrains médiocres.

De la laitue, du cresson, de la roquette, des choux et de l'ail.

XIV. Semez la laitue au mois de janvier ou de décembre, pour la transplanter au mois de février. On la sème aussi en février, afin de pouvoir la transplanter en avril. Il est certain qu'on peut très-bien la semer dans tout le cours de l'année, si le terrain est gras, fumé et entrecoupé d'eaux vives. Avant de la planter, coupez-en les racines également, et enduisez-les de fumier liquide. Quant à celle qui est déjà plantée, mettez les racines à nu pour les couvrir de fumier. Cette plante aime un terrain bêché, gras, humide et fumé. Arrachez avec la main, et non avec le sarcloir, les herbes qui croissent entre les laitues. Ces dernières acquièrent plus de volume lorsqu'on

fieri putantur, si fluminis arena vel litoris frequenter
spargatur in medias, et collectis ipsæ foliis alligentur.
Si vitio loci, vel temporis, vel seminis cito lactuca dure-
scit, planta ejus avulsa, et denuo posita teneritudinem
consequetur.

Item multis seminibus condita nascetur, si caprini
stercoris baccam subula subtiliter excavaveris, et in ea
semen lactucæ, nasturtii, ocimi, erucæ, radicis immi-
seris, et tunc involutam fimo baccam, terra optime
culta, brevi scrobe demerseris. Raphanus nititur in radicem; cetera semina in summo, lactuca pariter mer-
gente, prosiliunt, singulorum sapore servato. Alii hoc
ita assequuntur : avulsæ lactucæ folia carpunt quæ radicibus juncta sunt, et in eisdem gradibus surculo pun-
ctis, præter raphanum, semina supradicta deponunt,
ac fimo adlinunt. Sic obruta iterum lactuca prædicto-
rum seminum caulibus ambietur. [Lactuca dicta est,
quod abundantia lactis exuberet.]

Hoc mense nasturtium constat et omni tempore esse
ponendum, loco, quali placebit, et cœlo. Fimum non
desiderat; humorem quamvis diligat, tamen deesse non
curat. Si cum lactuca seratur, nasci fertur egregie. Et
nunc, et mensibus, quibus volueris, et locis, erucam
serere nil moreris. Hoc etiam mense caules, et toto anno
seri possunt, sed melius aliis, quibus adscriptum est. Hoc
etiam mense allium et ulpicum bene seritur; sed allio
alba terra proficiet.

les espace suffisamment, ou qu'après en avoir rasé la tige, dès qu'elles commencent à s'élever, on les charge d'une motte ou d'une tuile. On les fait blanchir, dit-on, en jetant souvent dans leur cœur du sable de rivière ou de mer, et en liant leurs feuilles. Si, par un vice du sol, de la température ou de la graine, les laitues durcissent promptement, transplantez-les, et elles deviendront tendres.

La laitue vient au milieu de plusieurs semences. Percez légèrement avec une alène une crotte de chèvre; mettez-y de la graine de laitue, de cresson, de basilic, de roquette et de raifort; enveloppez cette crotte de fumier, et déposez-la, au fond d'un trou, dans un terrain bien cultivé. Le raifort se portera vers la racine; les autres semences s'élanceront en haut, et la laitue, suivant la direction du raifort, conservera le goût de chacune d'elles. D'autres arrivent au même résultat de la manière suivante : ils arrachent une laitue, enlèvent les feuilles adhérentes à ses racines, puis la piquent avec un scion à l'endroit que les feuilles occupaient, y déposent les graines désignées, excepté celle du raifort, et les enduisent de fumier. Ils replantent alors la laitue, et les tiges que produisent les graines l'enveloppent de toutes parts. [La laitue est ainsi appelée parce qu'elle contient une grande quantité de lait.]

On sème le cresson dans ce mois comme en tout autre temps, n'importe en quel endroit et dans quel climat. Il n'a pas besoin de fumier; quoiqu'il aime l'eau, il peut s'en passer. Semé avec la laitue, il vient, dit-on, parfaitement. Maintenant, comme en tout autre mois et en quelque lieu que ce soit, n'oubliez pas de semer la roquette. Vous pouvez aussi semer les choux dans ce mois et pendant toute l'année; mais il vaut mieux le faire dans les mois que nous avons désignés. On sème également bien, ce mois-ci, l'ail ordinaire et l'ail d'Afrique; mais l'ail ordinaire réussit mieux dans une terre blanche.

De arboribus pomiferis.

XV. Mense januario, februario, et martio, locis frigidis, calidis vero octobri et novembri, sorba seruntur egregie, ita ut matura in seminario ipsa poma pangantur. Ego expertus sum multas arbores, ex pomis sponte progenitas, et in crescendo et in ferendo exstitisse felices. Plantas etiam si quis ponere voluerit, habebit arbitrium, dummodo calidis locis mense novembri, temperatis januario vel februario, frigidis martio inclinante disponat. Amat loca humida, montana, et frigidis proxima, et solum pinguissimum : cujus indicium certissimum facit, si frequens ubicumque nascatur. Planta est transferenda robustior, scrobem desiderat altiorem, et spatia largiora, ut (quod illi maxime prodest) a ventis frequentibus agitata grandescat.

Si vermes patietur infestos, qui in ea rufi ac pilosi solent medullæ interna sectari, aliquos ex his sine arboris injuria detractos, vicino crememus incendio; creduntur hoc genere vel fugere, vel perire. Si minus ferre cœperit, tædæ cuneus ejus radicibus inseratur, vel circa partem ultimam fossa facta, cumulo ingesti cineris adæquetur. Mense aprili sorba inseruntur in se, in cydoneo, in spina alba, vel trunco, vel cortice.

Sorba servantur hoc genere. Lecta duriora ac posita, ubi mitescere cœperint, fictilibus usque ad plenum clauduntur urceolis, gypso desuper tectis, et bipedanea scrobe, loco sicco sub sole, merguntur ore perverso, et desuper spissius terra calcatur. Item secta per partes siccantur in sole, et servantur in vasculis in hibernum.

Des arbres fruitiers.

XV. On sème très-bien les cormes aux mois de janvier, de février et de mars dans les pays froids, et aux mois d'octobre et de novembre dans les pays chauds; elles viennent si heureusement, que les fruits mûrissent d'eux-mêmes dans la pépinière. Je me suis assuré qu'un grand nombre d'arbres, sans avoir été plantés par la main de l'homme, sont devenus très-gros et ont produit beaucoup de fruits. On peut planter les cormiers en pied dans les pays chauds au mois de novembre, dans les pays tempérés au mois de janvier ou de février, et dans les pays froids vers la fin de mars. Ils aiment un sol montagneux, très-gras, humide et presque froid. Le terrain sera infailliblement bon s'ils y naissent en foule. Transportez-les en pied quand ils sont forts. Ils veulent des fosses profondes, et doivent être séparés par de larges intervalles, pour grandir au souffle réitéré des vents, qui leur sont très-favorables.

Le cormier est-il infesté par des vermisseaux roux et velus qui en veulent ordinairement à la moelle, enlevez-en quelques-uns de l'arbre sans l'endommager, et faites-les brûler dans le voisinage : cette opération, dit-on, les chasse ou les tue. Commence-t-il à devenir stérile, enfoncez dans ses racines un coin de sapin, ou creusez à l'entour une fosse que vous comblerez de cendres. C'est au mois d'avril qu'on le greffe sur le tronc ou entre l'écorce, sur lui-même, sur le cognassier et sur l'aubépine.

Voici la manière de conserver les cormes. On les cueille dures, et on les serre; quand elles commencent à mûrir, on en remplit des cruchons d'argile que l'on coiffe de plâtre; on les enfouit, l'orifice en bas, dans une fosse de deux pieds, en un lieu sec et exposé au soleil, et l'on presse fortement la terre par-dessus. On les fait également sécher au soleil, coupées par quartiers, et on les

Quum voluerimus uti, aqua ferventi macerata revirescunt sapore jucundo. Aliqui cum pediculis suis viridia lecta suspendunt locis opacis et siccis. Item ex sorbis maturis, sicut ex piris, vinum fieri traditur et acetum. Alii sorba in sapa asserunt diu posse servari.

Amygdalus seritur januario et februario, item locis calidis octobri et novembri, semine et plantis, quæ de majoris radice tolluntur; sed in hoc genere arboris nihil utilius est quam seminarium facere. Fodiemus ergo altam pede uno semis aream, in qua obruemus amygdala, non amplius quatuor digitis, ita ut acumina figamus in terra, spatio inter se binorum pedum separata. Amant agrum durum, siccum, calculosum, cœlum calidissimum, quia mature florere consueverunt. Ita statuendæ sunt arbores, ut ad meridiem spectent. Quum in seminario adoleverint, relictis ibi, quæ spatio sufficiant, plantis, alias transferemus mense februario. Sed ipsa amygdala ad ponendum, et nova legamus et grandia, quæ antequam ponamus, pridie mulsa aqua, ita ut ne nimis, maceremus, ne germen exstinguat ex multo melle mordacitas. Alii prius fimo liquido per triduum nuces eas macerant; deinde die et nocte esse patiuntur in mulsa, sed quæ suspicionem tantum possit habere dulcedinis.

Quum in seminario amygdala disponimus, si siccitas intercesserit, ter in mense rigemus, et herbis nascentibus circumfodiendo sæpe purgemus. Terra seminarii lætamen habere debet admixtum. Spatia inter arbores viginti aut vigintiquinque pedum dedisse sufficiat. Pu-

conserve dans des bocaux pour l'hiver. Lorsqu'on veut les manger, on les attendrit dans l'eau bouillante, où elles reprennent leur fraîcheur et leur goût agréable. Quelques-uns les cueillent vertes avec leurs queues, et les suspendent à l'ombre dans un lieu sec. On obtient aussi, dit-on, du vin et du vinaigre des cormes mûres, comme des poires. D'autres assurent que l'on peut conserver long-temps des cormes dans du *sapa*.

L'amande se sème aux mois de janvier et de février, et, dans les pays chauds, aux mois d'octobre et de novembre, tant en nature qu'en rejetons pris à la racine d'un grand amandier ; mais le mieux, pour cette espèce d'arbre, est d'en faire des pépinières. On creuse donc le sol d'un pied et demi, et l'on y dépose des amandes, en les couvrant tout au plus de quatre doigts de terre ; elles devront avoir la pointe en bas, et être séparées de deux pieds l'une de l'autre. Les amandiers aiment un terrain dur, sec, pierreux, et un climat très-chaud, parce qu'ils fleurissent de bonne heure. Ils doivent être placés de manière à regarder le midi. Lorsqu'ils auront crû dans la pépinière, on y laissera le nombre de pieds suffisant pour le terrain, et on transplantera les autres au mois de février. On choisira, pour les mettre en terre, des amandes nouvelles et d'une belle grosseur ; avant de les y déposer, on les fera tremper, la veille, dans un léger hydromel, de peur que l'âcreté causée par la trop grande quantité de miel ne tue le germe. D'autres les attendrissent dans du fumier liquide pendant trois jours ; ensuite ils les laissent un jour et une nuit dans de l'eau tant soit peu miellée.

Quand vous aurez disposé des amandes dans une pépinière, s'il survient une sécheresse, arrosez-les trois fois par mois, et débarrassez-les souvent des herbes qui poussent en creusant à l'entour. La terre de la pépinière doit être mêlée de fumier. Il suffira de laisser vingt ou vingt-cinq pieds entre les arbres. On les taille

tandæ sunt novembri mense, ut superflua, et arida, et densa tollamus. Servandæ sunt a pecore; quia, si rodantur, amarescunt. Circumfodi non debent, quoties florent, quia inde flos ejus excutitur. In vetustate plus affert. Si ferax non est, tædæ cuneum terebrata radice mergamus, vel silicem sic inseramus, ut libro tegente claudatur.

Locis frigidis, ubi metus est de pruina, Martialis dicit hoc remedio subveniri. Antequam floreant, radices nudantur, et albi lapides minutissimi, mixti arenis, congeruntur, et ubi jam tempus videbitur ut debeant germinare, effossi iterum lapides submoventur. Teneras nuces amygdalus creabit, ut dicit, si, ante florem radicibus ablaqueatis, per dies aliquot calida aqua ingeratur. Ex amaris dulces fiunt, si, circumfosso stipite, tribus digitis a radice fiat caverna, per quam noxium desudet humorem, vel medius truncus terebretur, et cuneus ligni melle oblitus imprimatur, vel si circa radices suillum stercus affundas.

Amygdala ad legendum maturitatem fatentur, quum fuerint spoliata corticibus. Hæc sine cura hominis servantur in longum. Si difficulter corium dimittent, paleis obruta continuo relaxabunt. Item decoriata, si aqua marina lavemus, aut salsa et candida fiunt, et plurimum durant.

Mense decembri, vel januario, circa idus, amygdalus inseritur; locis vero frigidis, et februario, si tamen surculos condias, antequam germinent. Utiles sunt qui de summitate sumuntur. Inseruntur et sub cortice et in trunco. Inseruntur in se et in persico. Græci asserunt

au mois de novembre pour les débarrasser des branches superflues, sèches et drues. Garantissez-les des troupeaux; leurs morsures rendent les fruits amers. Ne les bêchez point quand ils fleurissent; vous en feriez tomber la fleur. Vieux, ils rapportent davantage. S'ils ne sont pas fertiles, percez la racine, et plantez-y un coin de sapin, ou enfoncez-y un caillou que l'écorce puisse recouvrir.

Voici, suivant Martialis, la manière de les préserver des gelées blanches dans les pays froids. On en découvre les racines avant la floraison; on entasse à l'entour de très-petites pierres blanches, mêlées de sable, que l'on déterre vers l'époque de la germination. Suivant cet auteur, l'amandier donnera des fruits tendres, si l'on en déchausse les racines avant la floraison, pour les arroser d'eau chaude pendant quelques jours. On rend douces les amandes amères, soit en bêchant au pied de l'arbre, et en pratiquant à la racine une ouverture de trois doigts par laquelle filtreront les humeurs nuisibles, soit en perçant le milieu du tronc, et en y enfonçant un coin de bois enduit de miel, soit en répandant de la fiente de porc autour des racines.

Les amandes avertissent du moment où il faut les cueillir; c'est lorsqu'elles s'écalent. Elles se conservent longtemps sans aucun soin. Si leur écale se détache difficilement, elle se relâchera aussitôt dans la paille. Quand elles sont écalées, si on les lave dans de l'eau de mer ou dans de l'eau salée, elles blanchissent et se conservent très-longtemps.

On greffe les amandiers vers le mois de décembre ou les ides de janvier, et, dans les pays froids, même au mois de février, pourvu qu'ils soient entés avant la germination. Les meilleurs scions se prennent à la cime. On les greffe et sous l'écorce et sur le tronc, tant sur l'arbre même que sur les pêchers. Suivant les Grecs, pour avoir des

nasci amygdala scripta, si aperta testa nucleum sanum tollas, et in eo quodlibet scribas, et iterum luto et porcino stercore involutum reponas.

Nucem juglandem seremus extremo januario, vel februario. Amat loca montana, humida et frigida, plerumque lapidosa; potest tamen et locis temperatis, juvante humore, nutriri. Serenda est nucibus suis eo more quo et amygdala seruntur, et iisdem mensibus; sed quas novembri mense disponis, aliquatenus in sole siccabis, ut exsiccetur noxium virus humoris. Quas vero mense januario vel februario positurus es, aqua simplici pridie macerabis. Ponemus autem transversas, ut latus, id est carina ipsa, figatur in terra; cacumen ipsum, quum ponimus nucem, in aquilonis partem dirigemus. .Lapis subter vel testa ponenda est, ut radicem non simplicet, sed repercussa respergat.

Lætior fiet, si sæpius transferatur. In frigidis locis bima, in calidis trima transferri debet. Radices plantarum, sicut in aliis arboribus solemus, in hoc genere resecare non debes. Fimo bubulo ima planta tingenda est; sed melius cinis spargetur in scrobibus, ne calore stercoris aduratur : nam cinis creditur vel corticis teneritudinem procurare, vel fructuum densitatem afferre. Altis scrobibus delectatur pro arboris magnitudine, et desiderat intervalla majora, quia stillicidiis foliorum suorum proximis, vel sui generis nocebit arboribus. Debet aliquando circumfodi, ne cava fiat vitio senectutis. Quæ si vitietur, canalis longus a summo trunco ad imum debet excudi : sic beneficio solis et venti durescunt, quæ in putredinem transibant.

amandes qui portent des caractères, on ouvre la co-
quille, on enlève l'amande intacte, et l'on écrit dessus
ce qu'on veut; puis on la remet à sa place, enduite de
boue et de fiente de porc.

On sème les noix à la fin de janvier ou en février. Les
noyers aiment les pays montagneux, humides, froids et
surtout pierreux; on peut néanmoins, avec le secours de
l'eau, en élever aussi dans les climats tempérés. La noix
se sème comme l'amande, et dans les mêmes mois. Mais,
quand on veut la semer en novembre, on la fait sécher
quelque temps au soleil, pour la délivrer de l'humidité
qui lui nuirait. On trempera, la veille, dans de l'eau pure
celles qu'on devra semer en janvier ou en février. On
les placera en travers, de sorte que leur flanc, c'est-à-
dire l'arête, soit engagée dans la terre, et l'on dirigera la
pointe vers le nord. On mettra dessous une pierre ou une
tuile, afin que la racine, au lieu d'être simple, s'épa-
nouisse en se repliant.

Transplanté souvent, le noyer devient plus beau. Dans
les pays froids, on le transplante à l'âge de deux ans,
et, dans les pays chauds, à l'âge de trois ans. On ne doit
pas couper les racines des rejetons comme on le fait aux
autres arbres. Il est bon de frotter le pied de bouse; mais
il vaut mieux répandre des cendres dans les fosses pour
empêcher la chaleur du fumier de le brûler, parce que
les cendres attendrissent, dit-on, l'écorce du noyer, et lui
font donner plus de fruits. Cet arbre se plaît dans les fosses
profondes à cause de sa hauteur, et doit être planté à
de grandes distances, parce que l'eau qui dégoutte de ses
feuilles nuit à ceux qui l'avoisinent, même à ceux de son
espèce. Il faut de temps en temps remuer la terre autour
du tronc pour qu'il ne se creuse pas en vieillissant. S'il
vient à se pourrir, vous pratiquerez, du haut du tronc
jusqu'en bas, une longue gouttière : le soleil et le vent
durciront ainsi les parties qui commençaient à se carier.

Si dura nux erit vel nodosa, cortex circumcidendus erit, ut vitium mali deducat humoris. Alii radicum summa præcidunt; alii terebratæ radici palum de buxo imprimunt, vel cuprinum clavum, vel ferreum.

Si Tarentinam facere volueris, solam nucis carnem, lana propter formicas obvolutam, in seminario debebis obruere. Si ferentem jam in hoc genus velis mutare, lixivo per annum continuum ter rigabis in mense.

Cortex in nuce dimissus maturitatis indicium est, qualis debet et poni. Nuces servantur vel paleis obrutæ, vel arena, vel foliis suis aridis, vel arca ex ligno suo facta inclusæ, vel cœpis mixtæ, quibus hanc vicissitudinem reddunt, ut eis acredinem tollant. Martialis asserit, et expertum se ait, virides nuces tantum liberas putaminibus suis melle demergi, et post annum virides esse, et ipsum mel ita medicabile fieri, ut ex eo facta potio arterias curet et fauces. Inseritur, ut plerique asserunt, mense februario in arbuto, sed melius in trunco, ut aliqui, et in pruno, vel in se.

Hoc mense tuberes inseruntur cydoneo. Nunc locis temperatis Persicorum ossa ponuntur. Et inseritur eadem Persicus in se, in amygdalo, in pruno; sed pruno Armenia inseremus et præcoqua. Nunc etiam prunus inserenda est, antequam gumminet, in se et in persico. Et cerasus opportune inseretur agrestis.

Un noyer est-il dur ou noueux, pour détourner l'humeur vicieuse, coupez-en l'écorce tout autour. Quelques-uns rasent l'extrémité des racines; d'autres percent la racine et y enfoncent, soit une cheville de buis, soit un clou de cuivre ou de fer.

Voulez-vous faire des noyers de Tarente, n'enterrez dans votre pépinière que la chair de la noix, enveloppée de laine à cause des fourmis. Pour changer en un arbre de cette espèce un noyer qui porte déjà des fruits, arrosez-le toute une année, trois fois par mois, avec de l'eau de lessive.

Quand le brou se détache, c'est une preuve que la noix est mûre et bonne à être semée. On conserve les noix dans la paille, dans le sable, dans des feuilles sèches de noyer, dans une caisse de bois provenant du même arbre, ou en les mêlant avec des oignons, que par compensation elles dépouillent de leur âcreté. Martialis assure et prétend avoir éprouvé lui-même que, si l'on plonge dans le miel des noix vertes sans écales, elles sont encore vertes au bout d'un an, et que ce miel acquiert des vertus médicinales, au point que, pris en potion, il guérit les affections des artères et de la gorge. Suivant un grand nombre d'auteurs, le noyer se greffe au mois de février sur l'arbousier; mais, selon d'autres, on réussit mieux lorsqu'on le greffe sur lui-même ou sur le prunier, et qu'on opère sur le tronc.

C'est dans ce mois qu'on greffe le jujubier sur le coguassier. C'est maintenant aussi qu'on sème les noyaux de pêches dans les climats tempérés. Le pêcher se greffe sur lui-même, sur l'amandier et sur le prunier. Le prunier reçoit la greffe de l'abricotier et des autres arbres précoces. C'est de même à présent qu'il faut greffer le prunier, avant qu'il jette sa gomme, sur lui-même ou sur le pêcher. Il est également à propos de greffer le cerisier sauvage.

De quibusdam usibus.

XVI. Hoc mense, sicut Columella dicit, maturi agni, et animalia omnia minora atque majora charactere signentur. Hoc tempore lardi, echini salsi, raporum condiendorum et pernarum justa confectio est.

De oleo myrtino.

XVII. Hoc mense ex baccis myrti oleum conficies hoc modo. Unciam foliorum per olei libram unam mittes, et per uncias x vini veteris styptici heminam, et cum oleo bullire facies. Idcirco autem vino respergentur folia, ne frigantur, antequam decoquantur.

De vino myrtite.

XVIII. Item eisdem baccis vinum myrtite sic facies. In vini veteris sextariis urbicis x mittis grana myrti confracta sextarios urbicos III, quæ sint decem et novem diebus infusa. Postea expressis myrti granis colabis, et in eo vino medium croci scrupulum, et folii unum scrupulum mittis, et ex mellis optimi decem libris omnia temperabis.

De oleo laurino.

XIX. Item ex lauri baccis oleum conficietur hoc modo. Lauri baccas quam plurimas et maturitate turgentes in aqua calida bullire facies; et ubi diu ferbuerint, olei, quod ex se dimiserint, supernatantis undam pennis leviter cogentibus in vasa transfundes.

De oleo lentiscino.

XX. Lentiscini etiam olei matura confectio est, quæ fit taliter. Grana matura lentisci quamplurima colliges, et una die ac nocte supra se acervata esse patieris; deinde

De quelques usages.

XVI. C'est dans ce mois, comme le dit Columelle, qu'il convient de marquer les agneaux assez forts, ainsi que tous les bestiaux, grands et petits, de saler les hérissons, de confire les raves, de faire le lard et les jambons.

De l'huile de myrte.

XVII. Vous ferez ce mois-ci de l'huile avec des baies de myrte de la manière suivante. Mettez, par livre d'huile, une once de feuilles de myrte, et, par dix onces de ces dernières, une hémine de vieux vin astringent. Faites bouillir les feuilles avec l'huile, en ayant soin de les arroser de vin pour qu'elles ne grillent pas avant d'être cuites.

Du vin de myrte.

XVIII. Vous ferez encore, de la manière suivante, du vin de myrte avec les mêmes baies. Mettez sur dix setiers de vin vieux (mesure de ville) trois setiers de graine de myrte concassée (même mesure), et laissez-les infuser pendant dix-neuf jours. Ensuite passez cette graine en l'exprimant, et jetez dans le vin un demi-scrupule de safran avec un scrupule de feuilles de cette plante ; puis adoucissez le tout avec dix livres d'excellent miel.

De l'huile de laurier.

XIX. Vous obtiendrez également de l'huile avec des baies de laurier de la manière suivante. Faites bouillir dans l'eau une grande quantité de baies de laurier bien mûres ; et, quand elles auront bouilli longtemps, vous transvaserez légèrement avec des plumes la couche d'huile qui surnagera.

De l'huile de lentisque.

XX. C'est aussi le temps de faire de l'huile de lentisque ; voici comment. Ramassez une grande quantité de graines de lentisques mûres, et laissez-les entassées

sportam granis eisdem plenam cuicumque vasculo super-
pones, et calida adjecta calcabis, et exprimes; tunc ex
eo humore qui defluxerit, supernatans oleum lentisci-
num sicut laurinum colligetur. Memento autem, ne ri-
gore possit adstringi, aquam calidam sæpe suffundere.

De gallinarum partu.

XXI. Gallinarum partus fecunditatem repetit hoc
mense post brumalem quietem, et incipiunt ad edu-
candos pullos ova supponi.

De cædenda materie.

XXII. Hoc etiam mense cædenda materies est ad fabricam, quum luna decrescit, et ridicæ vel pali faciendi.

De horis.

XXIII. Hic mensis in horarum spatio cum decembri
mense convenit, quarum sic mensura colligitur.

Hora	i et xi	pedes	xxix
Hora	ii et x	pedes	xix
Hora	iii et ix	pedes	xv
Hora	iv et viii	pedes	xii
Hora	v et vii	pedes	x
Hora	vi	pedes	ix.

pendant un jour et une nuit; ensuite posez sur un vase
quelconque une corbeille remplie de cette graine, et,
après y avoir répandu de l'eau chaude, pressez-la ; puis
recueillez l'huile de lentisque qui surnagera, comme on le
fait pour l'huile de laurier. Souvenez-vous de verser fréquemment de l'eau chaude pour que l'huile ne se fige pas.

De la ponte des poules.

XXI. Les poules reprennent leur fécondité ce mois-ci,
après s'être reposées pendant l'hiver, et l'on commence
à leur faire couver des œufs pour avoir des poussins à
élever.

De la coupe des bois.

XXII. Coupez encore dans ce mois-ci le bois de construction, au déclin de la lune, et faites des échalas ou
des pieux.

Des heures.

XXIII. Ce mois s'accorde avec le mois de décembre
pour la durée des heures. Voici le tableau de leurs me-
sures.

I^e et XIe heures	XXIX	pieds
IIe et X^e heures	XIX	pieds
IIIe et IXe heures	XV	pieds
IVe et VIIIe heures	XII	pieds
V^e et VIIe heures	X	pieds
VIe heure	IX	pieds.

DE RE RUSTICA

LIBER III.

—

FEBRUARIUS.

—

De pratis servandis et lætamine saturandis.

I. Februario mense locis temperatis prata incipient custodiri, quæ prius, si macra sunt, sparso lætamine saturentur, quod ejiciendum est luna crescente. Quanto recentius fuerit, tanto plus nutriendis herbis valebit, quod a superiori parte fundatur, ut succus ejus per totum possit elabi.

De proscindendis collibus.

II. Locis tepidis, aut si clemens tempus et siccum fuerit, colles pingues vel hoc mense proscinde.

De satione trimestri.

III. Hoc mense serendum omne trimestrium genus.

De lenticula et cicercula.

IV. Hoc etiam mense lenticulam seres solo tenui et resoluto, vel etiam pingui, sed sicco maxime, quia luxuria et humore corrumpitur. Usque ad duodecimam lu-

DE L'ÉCONOMIE RURALE

LIVRE III.

FÉVRIER.

Il faut garder et fumer les prairies.

1. Au mois de février on commence à garder les prairies dans les climats tempérés, après les avoir saturées, si elles sont maigres, d'un engrais dont il faut les couvrir au premier quartier de la lune. Plus le fumier sera nouveau, plus il fournira d'aliment aux herbes. On l'étendra sur l'endroit le plus élevé du sol, afin que les sucs se répandent dans toutes les parties.

Il faut labourer les collines.

II. Dans les pays chauds, ou lorsque le temps est doux et sec, labourez, même à cette époque, les collines grasses.

De l'ensemencement trimestriel.

III. Tout ensemencement trimestriel a lieu ce mois-ci.

Des lentilles et de la gesse.

IV. Semez à cette époque les lentilles dans un terrain maigre et léger, ou même gras, mais très-sec, parce qu'un excès de végétation et l'humidité leur sont funestes. On les sème à propos jusqu'au douzième jour de la

nam bene seminatur. Quæ ut cito exeat atque grandescat, prius cum fimi ariditate miscenda est, atque ubi ita requieverit quatuor aut quinque diebus, tunc spargitur. Jugerum modii unius semen implebit. Hoc etiam mense cicercula seritur loco et modo quo ante descripsi.

De cannabo.

V. Hoc mense ultimo cannabum seres terra pingui, stercorata, rigua, vel plana, atque humida, et altius subacta. In uno pede quadrato sex ejusdem seminis grana ponuntur.

De medica.

VI. Nunc ager, qui accepturus est medicam (de cujus natura, quum erit serenda, dicemus) iterandus est, et, purgatis lapidibus, diligenter occandus. Et circa martias kalendas subacto sicut in hortis solo, formandæ sunt areæ latæ pedibus x, longæ pedibus l, ita ut eis aqua ministretur, et facile possint ex utraque parte runcari. Tunc, injecto antiquo stercore, in aprilem mensem reserventur paratæ.

De ervo.

VII. Hoc mense toto ervum adhuc seri potest, quia martio serendum non est, ne pastu suo pecoribus noceat, et boves reddat insanos.

De curandis vitibus et arboribus pomiferis, et hordeo galatico.

VIII. Nunc pomis et vitibus vetus urina si affundatur, et numero fructuum præstat et formæ. Cui proderit ut amurcam misceamus insulsam, maxime in oleis; sed hoc frigidioribus diebus, antequam fervor incipiat. Etiam

lune. Si on veut qu'elles poussent et grandissent promptement, il faut d'abord les mêler avec du fumier sec. Ce n'est
qu'après les avoir ainsi laissées reposer quatre ou cinq
jours, qu'il faut les confier à la terre. Un seul boisseau
de lentilles suffit pour un arpent. Semez aussi en février
la gesse, en vous conformant à la nature du sol et à la
méthode que j'ai indiquée.

Du chanvre.

V. C'est à la fin de ce mois que vous sèmerez le chanvre dans un terrain gras, fumé, entrecoupé d'eaux vives,
ou dans une plaine humide et profondément défoncée.
On en met six grains dans un pied carré.

De la luzerne.

VI. Nous parlerons des qualités de la luzerne, quand
il sera question de la semer. Maintenant il convient de labourer, d'épierrer et de herser avec soin le champ qui
doit la recevoir. Après l'avoir bêché, vers les calendes
de mars, comme la terre d'un jardin, vous y ferez des
planches longues de cinquante pieds sur dix de large,
afin qu'on puisse aisément les arroser, et en arracher, de
chaque côté, les mauvaises herbes. Alors vous y répandrez du terreau, et vous les tiendrez ainsi prêtes pour le
mois d'avril.

De l'ers.

VII. On peut encore semer l'ers dans tout le courant
de ce mois. Semé en mars, il serait pour le menu bétail
un aliment nuisible et rendrait les bœufs furieux.

Des soins qu'exigent la vigne et les arbres fruitiers, et de l'orge de Galatie.

VIII. Si l'on verse à présent de la vieille urine au pied
des arbres fruitiers et des vignes, ils se couvriront de superbes fruits. Il est bon, surtout pour les oliviers, d'y
mêler du marc d'huile sans sel quand les jours sont encore
froids, et avant que la chaleur ne commence. Dans les pays

nunc hordeum Galaticum, quod grave et candidum est,
seretur locis frigidis circa martias kalendas.

IX. Hoc mense omnia genera pastinati soli, seu sulci,
seu scrobes, vitibus compleantur. Natura autem vitis
cœlum omne solumque sustentat, si genera convenienter
aptentur. Plano igitur loco statues vitem, cujus genus
nebulas sustinet et pruinas; collibus, quod siccitatem
durat et ventos; pingui agro graciles atque infecundas;
macro feraces et solidas; denso validas atque frondosas;
frigido et nebuloso, quæ hiemem celeri maturitate præ-
veniunt, aut quæ duris acinis inter caligines securius
florent; ventoso stabiles et tenaces; calido grani tenerioris et humidi; sicco eas quæ pluvias ferre non possunt; et, ne multa dicamus, eligenda sunt genera quæ,
professione vitiorum suorum, contraria loca diligunt iis
in quibus durare non poterunt.

Placida sane regio et serena tuto genus omne suscipiet.
Vitium genera numerare non attinet; sed notum est,
majores uvas pulchræ speciei, grani callosi et siccioris,
ad mensam; feracissimas vero et cutis tenerioris, et sapore nobiles, et maxime quæ citius deflorescunt, vinde-
miis esse servandas.

Loca naturam plerisque vitibus mutant. Solæ Amineæ,
ubicumque sint, vinum pulcherrimum reddunt. Calidum statum potius quam frigidum sustinebunt. De

froids, on sème aussi à cette époque, vers les calendes de
mars, l'orge de Galatie, qui est un grain lourd et blanc.

De la plantation des vignes.

IX. A cette époque on couvre toute espèce de sol façonné de vignes, qu'on plante dans les tranchées ou dans
les fosses. Bien appropriée à la nature des climats et
des terrains, la vigne les supporte tous. En conséquence,
plantez en rase campagne l'espèce qui résiste aux gelées et aux brouillards; sur les coteaux, celle qui brave
la sécheresse et les vents; dans une terre grasse, les
vignes grêles et peu fécondes; dans une terre maigre,
les vignes fertiles et robustes; dans une terre compacte,
les vignes fortes et feuillues; dans une terre froide et su-
jette aux brouillards, celles qui, par une prompte maturité, préviennent les mauvais temps, ou celles qui, ayant
le grain dur, fleurissent même sous un ciel nébuleux;
dans une terre exposée aux vents, les vignes fermes et
solides; dans une terre chaude, celles dont le grain est
tendre et humide; dans une terre sèche, celles qui ne
peuvent supporter la pluie; en un mot, choisissez les
espèces dont les défauts vous avertissent qu'elles se
plaisent dans des lieux opposés à ceux où elles ne pourraient résister.

Un ciel doux et serein fait sûrement prospérer toute
espèce de vignes. Il n'est pas nécessaire de les détailler
toutes. On sait que les raisins qui se distinguent par leur
grosseur et leur beauté, et qui ont le grain dur et sec,
sont réservés pour la table, et que les vignes fécondes,
dont les grappes ont la peau tendre et le goût fin, surtout celles qui perdent promptement leurs fleurs, doivent
être gardées pour la vendange.

Le sol change la nature de presque toutes les vignes.
Il n'y a que les Aminées qui donnent partout d'excellent
vin. Elles supportent une exposition plutôt chaude que

pingui ad macrum transire non possunt, nisi stercus adjuverit. Harum duo genera sunt, major et minor; sed
minor melius deflorescit et citius, internodiis minoribus
et grano breviore. Si arbori applicetur, pinguem terram;
si colatur in ordines, mediocrem desiderat. Imbres con-
temnit et ventos; nam major sæpe vitiatur in flore. Sunt
et Apianæ præcipuæ. Satis est genera ista dixisse. In-
dustrius vir probata deligat, et terris talibus mandet
quæ imitari eas possint unde sumuntur : sic merita sua
quæque servabit. Sed vitem vel arborem melius erit de
exili ad pinguem transferre; nam si a pingui terra ad
solum exile transierint, utiles esse non poterunt.

Eligenda sunt sarmenta quæ pangimus de vite media,
neque de summa, neque de infima, quinque vel sex gemmarum spatio a veteri procedentia, quia non facile degenerant, quæ de locis talibus transferuntur. Sumantur
autem de vite fecunda. Neque pùtemus brachia esse fer-
tilia, quæ uvas singulas aut binas producunt, sed quæ
multa ubertate curvantur; nam potest ferax vitis feraciores in se habere materias. Erit et hoc signum fertili-
tatis, si de duro aliquo loco fructum citabit, si fœtu
impleverit ramulos ex ima parte surgentes. Sed hoc signis
positis per vindemias est notandum.

Ad pangendum novellus palmes debet eligi, duri in
se nihil habens et veteris sarmenti, quia hoc putrescente
sæpe corrumpitur. Summa flagella repudiemus ac surculos, qui, licet bono loco nati sint, tamen feracitate
caruerunt. Pampinarius, qui de duro nascitur, etiamsi

froide, et ne peuvent passer d'un sol gras dans un terrain maigre, sans le secours du fumier. Il y en a de deux
espèces, la grande et la petite. Celle-ci perd mieux et
plus promptement sa fleur ; elle a aussi les entre-nœuds
moins longs et le grain plus petit. Jointe à un arbre, elle
veut une terre grasse ; alignée, elle en demande une médiocre. Elle brave les pluies et les vents qui nuisent souvent à la grande, lorsqu'elle est en fleur. Le raisin mus-
cat est également distingué. Il suffit de citer ces espèces.
Un agronome intelligent choisira les meilleures vignes,
et, pour conserver à chacune sa qualité, ne les confiera
qu'à des terres qui aient un certain rapport avec celles
d'où le plant a été tiré. Mais il vaut mieux transplanter
un cep ou un arbuste d'un sol maigre dans un terrain gras;
la méthode contraire ne peut produire d'heureux résultats.

Les ceps qu'on doit planter seront choisis dans le milieu de la souche, et non dans le haut ni dans le bas. On
les tirera du bois vieux, à partir du cinquième ou du
sixième bourgeon. Pris à cet endroit, ceux qu'on transplante ne dégénèrent pas facilement. Ils seront coupés
sur une vigne féconde. Ne regardez pas comme fertiles
des branches qui ont porté une ou deux grappes, mais
celles qui plient sous le poids de leur fécondité; car sur
une souche fertile, il peut se trouver des branches plus
productives que d'autres. On reconnaît encore là fertilité
d'une souche quand elle porte des fruits sur quelque endroit de son bois dur, et quand les surgeons de la partie
inférieure en sont couverts. C'est une chose à signaler par
une marque dans le temps des vendanges.

On choisira, pour la planter, une jeune branche dont
le bois ne soit ni vieux ni dur; car l'un, en se pourris-
sant, gâte souvent l'autre. On dédaignera le bout des
fouets et les pousses qui n'auront pas donné quoique venues en bon lieu. Un rejeton feuillu qui provient du bois
dur, eût-il même porté des fruits, ne doit pas être re-

attulerit fructus, pro frugifero non est ponendus; in suo
enim loco fecundatur a matre; translatus vero tenet ste-
rilitatis vitium quod nascendi conditione suscepit. Caput
sarmenti quum deponitur, torquendum non est, nec aliquo modo vexandum, ne demersa penitus fecundiore
parte, quod sterili proximum est, supra terram relinquatur; deinde quoniam ipsa tortura vexatio est; et pars
ea, de qua radix futura præsumitur, injuriæ nulli sub-
jicienda est, cum qua contendere cogatur, antequam
teneat. Ponendæ sunt vites placidis diebus ac tepidis,
curandumque ne sarmenta sole urantur aut vento, sed
vel statim ponantur, vel obruta reserventur.

Hoc mense, ac deinceps toto vere, vinea ponenda est
regionibus frigidis, pruinosis, pinguibus campis, et humidis provinciis. Sit autem mensura sarmenti cubitus
unus. Ubi pinguis est natura terrarum, majora inter
vites spatia relinquemus; ubi exilis, angusta. Nonnulli
itaque in iis vitibus, quas toto solo pastinato disponunt,
ternos pedes inter singulas vites quoquoversus dimittunt.
Sed hoc genere divisionis in jugerali tabula pangentur
tria millia sexcenta sarmenta. Quod si duos semis pedes
inter vites relinqui placuerit, in eadem tabula ponentur
vites quatuor millia septingentæ quinquaginta tres.

Sed ad ponendum utemur hoc ordine. Lineam, servatis iis spatiis quæ placuerit custodire, candidis signis vel
quibuscumque notabimus. Tunc, tensa per tabulam linea,
in eis locis surculos vel calamos figemus, ubi unaquæque
vitis ventura est. Ita spatium totius tabulæ surculis complebitur ad numerum vitium futurarum, atque is qui
pancturus est, projecta circa surculos sarmenta sine ullo
errore deponet.

gardé comme productif; car sa mère le féconde dans la place qu'il occupe : mais si on le transplante, il conservera la stérilité qui tient à sa nature. Il ne faut ni tordre ni tourmenter d'aucune manière la tête du cep en le plantant, de peur que si la partie féconde était tout enterrée, il ne restât plus hors du sol que ce qui avoisine la partie stérile. On ne pourrait même le tordre sans préjudice, et la partie dont on attend des racines ne doit être exposée à aucune injure dont elle soit obligée de se défendre avant qu'elle ait pris dans le sol. On plantera les vignes par un jour calme et tempéré, et l'on prendra garde que les sarments ne soient desséchés ni par le soleil ni par le vent. On les plantera sur-le-champ, ou on les recouvrira de terre pour les planter plus tard. •

C'est dans ce mois et dans tout le cours du printemps qu'on plante la vigne dans les pays froids et brumeux, dans les plaines grasses et dans les cantons humides. Les ceps auront une coudée de long. Quand la terre est grasse, on laisse de grands intervalles entre eux, et de petits espaces quand elle est maigre. C'est pour cela que, en alignant des ceps sur la surface entière d'un terrain façonné, quelques-uns laissent entre eux trois pieds dans tous les sens. D'après cette méthode, on plantera par arpent trois mille six cents ceps. Si l'on veut mettre un intervalle de deux pieds et demi entre chaque cep, on en plantera quatre mille sept cent cinquante-trois dans la même étendue.

Voici la manière dont on s'y prend pour les planter. Afin d'observer les distances qu'il convient de leur donner, on indique une ligne avec des marques blanches ou de toute autre couleur. Ensuite, après l'avoir prolongée jusqu'au bout du terrain, on fiche en terre des baguettes ou des roseaux à l'endroit de chaque rejeton. La surface sera ainsi couverte d'un nombre de jalons égal à celui des ceps, et le planteur placera, sans se tromper, les ceps déposés près des jalons.

Præterea non est uno genere vitium omne pastinum conserendum, ne annus iniquus generi spem vindemiæ totius exstinguat; et ideo quatuor aut quinque eximii generis sarmenta pangemus; sed maxime expediet genera tabulatim disponi, et decimanis dividi, nisi deterreat operis difficultas. Quod si est vetus vinea singulorum generum surculis tabulatim poterimus inserere, et facile hoc genus colendi, quod est pulchrum atque utile, consequemur. Ita et maturitatis et floris tempora, quæ in vite diversa sunt, suis temporibus opportunius obtinere poterimus. Nec parvo constabit, si legatur maturitas cum acerbitate, dispendium, quum unius tempestivam vindemiam sequi, sit permixta cruditate vitiosum, et alterius seras maturitates exspectare damnificum. Huic commodo adjicitur, quod, pro generum diversitate per gradus accedente vindemia, minor operarum numerus eam poterit expedire, et generatim condere, ac melius puros sapores, sine luctamine alterius generis, unaquæque vina servare. Hoc si difficile videbitur, non alias simul conseras, quam quæ et sapore, et flore, et maturitate conveniunt.

Sed hæc in pastinis vel sulcis ratio erit; in scrobibus vero per angulos iv sarmenta deponis. Sed, ut asserit Columella, vinaceam stercori mixtam simul sparges; et, si exile solum fuerit, pinguem terram scrobi inferes, vel aliunde portatam. Quum vero plantam vel malleolum disponimus, modice humido solo, sed potius arido quam lutoso, duabus gemmis supra terram relictis, sarmenta ponemus obliqua, et sic facilius comprehendent.

Outre cela, ne couvrez pas tout terrain façonné d'une seule espèce de vignes, de peur qu'une mauvaise année n'anéantisse tout espoir de vendange. Plantez donc quatre ou cinq ceps d'excellente qualité, en ayant soin surtout de ranger les espèces par planches et de les disposer en échiquier, à moins que vous ne reculiez devant la difficulté du travail. Si le vignoble est vieux, vous pourrez l'entrecouper par planches de ceps de chaque espèce, et vous pratiquerez facilement ce genre de culture qui est beau et utile. Ainsi la maturité et la floraison, qui, pour chaque espèce, ont lieu à des époques différentes, arriveront plus sûrement au temps qui leur est propre. Il serait d'ailleurs onéreux de faire cueillir le raisin mûr au milieu de celui qui ne l'est pas; et si, d'un côté, il est mauvais de mêler la vendange à son point à celle qui est encore verte, de l'autre il est préjudiciable d'attendre que cette dernière soit mûre pour attaquer la première. Joignez à cet avantage que les vendanges se succédant par degrés, selon la différence du plant, il faudra moins d'ouvriers pour faire la récolte et serrer les raisins par espèces, et qu'on pourra conserver son goût à chaque vin, dont la nature ne sera ainsi combattue par aucune autre. Si cette pratique vous paraît difficile, au moins ne plantez pas ensemble d'autres vignes que celles dont le goût, la floraison et la maturité s'accordent entre eux.

Cette méthode convient aux terrains renouvelés et aux tranchées; quant aux fosses, vous y planterez un cep à chaque coin. Suivant Columelle, vous y étendrez alors du marc de raisin mêlé avec du fumier, et, si le sol est maigre, vous y mettrez de la terre grasse ou de la terre rapportée. Quand vous planterez des ceps ou des marcottes dans un terrain moite, mais plutôt sec que bourbeux, plantez-les obliquement, en laissant deux bourgeons à fleur de terre : ils prendront ainsi plus aisément.

Quomodo jungantur arboribus vites.

X. Quod si arbustum te habere delectat, plantam generosæ vitis prius in seminario nutrire debebis, ut inde radicata transferatur ad scrobem cui arbor injuncta est. Seminarium vero dicimus æque fossam tabulam pedum duorum semis altitudine. In hac, quam pro numero ponendarum vitium vel qualiumcumque plantarum protendis aut contrahis, brevissimo spatio distantia inter se sarmenta depones. Si vallis aut humectus est campus, trium gemmarum, exceptis minutis, quas habebit inferius; et, ubi convaluerint, hinc post biennium radicatas vites vel arbusculas transferas. Quas quum depones in scrobe, ad singulas materias rediges, putatis omnibus quæ scabra sunt, curtatis etiam radicibus, si quas potueris invenire vexatas.

In scrobe autem ad arbustum faciendum duas radicatas vites deponis, hoc servans, ne se in radice contingant; sed lapides quinum prope librarum medios inter utramque constitues, et ipsas vites ad scrobis latera discreta conjunges. Mago asserit scrobem non primo anno esse complendam, sed subinde coæquandam; quæ res vitem faciet altius fundare radices. Sed hoc aridis provinciis forte conveniet; humidis autem sata putrefient recepto humore, nisi statim terra cumuletur.

Sed arbusta qui faciet, plantas-arborum de his generibus ponat, si agro suppetit abundantia, populo, ulmo; fraxino in montanis et asperis, in quibus ulmus minus læta est. Has etiam Columella dicit seminario debere nutriri. Mihi videtur, quod nulla provincia est quæ non ex his quamcumque sponte producat, plantas etiam ma-

Comment on marie les vignes aux arbres.

X. Aimez-vous à marier les vignes aux arbres, élevez des ceps féconds que vous transférerez, avec leurs racines, dans des fosses creusées près des arbres. Nous appelons pépinière, une planche labourée uniformément à la profondeur de deux pieds et demi. Dans cette planche, dont l'étendue sera proportionnée au nombre de vignes ou de tout autre plant, placez les ceps à très-peu de distance les uns des autres. Si elle est dans une vallée ou dans une plaine humide, laissez aux ceps trois bourgeons, indépendamment des petits qui se trouvent au bas. Dès qu'ils seront forts, transplantez, au bout de deux ans, les jeunes ceps ou les jeunes arbres garnis de racines. Quand vous les mettrez dans leur fosse, vous les réduirez à un seul jet, en retranchant toutes les parties galeuses, et en écourtant même les racines qui pourraient être endommagées.

Pour marier les vignes aux arbres, déposez dans une fosse deux ceps garnis de racines, et pour éviter que les racines ne se touchent, séparez-les avec des pierres d'environ cinq livres pesant. Magon prétend que, la première année, il ne faut pas combler la fosse, mais la remplir par degrés, afin que les racines de la vigne se fixent plus avant. Cette méthode convient peut-être aux pays secs; mais, dans les cantons humides, le plant pourrirait dans l'eau, si l'on ne comblait sur-le-champ la fosse.

Faites-vous un plant de vignes unies aux arbres, cultivez l'orme et le peuplier, si vous pouvez en couvrir la plaine, et le frêne, dans les terrains âpres et montagneux, où l'orme ne réussit point. Columelle recommande d'élever aussi ces arbres dans une pépinière; mais, comme il n'y a point de canton qui ne produise naturellement quelqu'une de ces espèces, il me semble qu'il faut, à cette

jores de locis quibuscumque translatas, vel eorum generum truncos radicatos, hoc tempore circa scrobem vitis
oportere constitui.

Sed si ager frumentarius fuerit, ubi arbusta disponis,
quadragenos pedes inter arbores relinque, ut seri possit; in exili autem vicenos. In scrobe vero vitis ab arbore sua sesquipedis spatio distare debebit; nam vitis,
multum subjecta arbori, incremento arboris opprime-
tur. Caveis etiam munienda est adversum pecoris appetentis injurias, et arbori suæ protinus alliganda.

Est et aliud de transferenda ex arbusto vite compen-
dium. Fit ex vimine parva corbicula, quæ mensuram
pedis vel aliquanto minus circini spatio possit amplecti.
Hæc ad arborem, cui vitis inhæret, fertur, et in fundi
media parte pertunditur, quo sarmenti virgam possit
admittere. Inducto itaque sarmento vitis ejus de qua
transferre disponis, corbicula ipsa ex aliqua arboris
parte suspenditur, et viva terra repletur, ut sarmentum
terra possit includi; quod sarmentum prius intorque-
tur. Ita exacto annui temporis spatio, sarmentum quod
clausum est radices creabit intra prædictam corbiculam.
Tunc sub fundo corbis incisum radicatum sarmentum
cum ipsa corbe portabitur ad locum quem vitibus arbu-
stivis destinabis implere, ibique obruetur circa arboris
maritandæ radices. Hoc genere quantum volueris numerum vitium transferes sine ambiguitate prehendendi.

De vineis provincialibus.

XI. Vineæ in provinciis multis generibus fiunt; sed
optimum genus est, ubi vitis, velut arbuscula stat brevi

époque, déposer, près de la fosse destinée aux ceps, ces arbres même grands, transportés de quelque lieu que ce soit, ou leurs troncs garnis de racines.

Le sol où vous disposez votre plant est-il fertile en blé, laissez, pour qu'on puisse l'ensemencer, quarante pieds entre les arbres, ou la moitié, s'il est maigre. Dans la fosse, le cep sera éloigné d'un pied et demi de son arbre; s'il en était trop voisin, l'arbre l'étoufferait en grossissant. Environnez-le aussi de tuteurs pour le protéger contre les attaques des troupeaux avides, et attachez-le de bonne heure à son arbre.

Voici encore une autre méthode facile pour transplanter les vignes mariées. Faites une corbeille d'osier qui ait un pied ou un peu moins de circonférence. Portez-la près de l'arbre auquel la vigne est unie, et percez-la au milieu du fond pour donner passage à un cep. Après y avoir introduit le cep de la vigne dont vous voulez tirer des plants, suspendez-la à quelque endroit de l'arbre, et remplissez-la de terre végétale, afin que le cep, que vous aurez tordu auparavant, soit entièrement enfoui. Ainsi renfermé, il poussera des racines au bout d'un an. Alors vous le couperez au-dessous de la corbeille pour le porter, garni de racines, dans la corbeille même, à l'endroit que vous voulez remplir de vignes à marier, et vous l'y enterrerez près des racines de l'arbre auquel il doit s'unir. Par ce moyen vous transplanterez autant de ceps qu'il vous plaira, sans avoir à craindre qu'ils ne prennent point.

Des vignobles de province.

XI. En province on fait les vignes de beaucoup de manières; mais la meilleure consiste à dresser les ceps sur une

crure fundata. Hæc primo calamo juvatur, donec solidetur; sed altior sesquipede esse non debet. Ubi robusta fuerit, sola consistet. Aliud genus est, in quo
cannis pluribus circa dispositis, ipsa vitis per cannas
sarmentis ligatis in orbiculos flectitur se sequentes. Ul-
timæ positionis vitis est, quæ per terram projecta dis-
cumbit. Hæ omnes et scrobibus ponuntur et sulcis.

De putandis vineis.

XII. Hoc mense locis frigidis aliquatenus et temperatis vitium justa putatio est. Sed, ubi multæ sunt vineæ, dividantur, et pars earum, quæ septentrionem
respiciet, verno putetur; alia pars adversa clementioribus plagis, recidatur autumno. Sed in putatione semper nitamur, ut vitis fiat in crure robustior, neve de-
bili viticulæ duo duramenta servemus. Auferenda sunt
lata, intorta, debilia, malis locis nata sarmenta. Foca-
neus etiam, qui inter duo brachia medius nascitur, debet abradi : qui si pinguitudine sua brachium quodcumque proximum debilitaverit, illi deciso ipse succedat.
Erit tamen optimi putatoris, inferius sarmentum quod
bono loco natum fuerit, reparandæ vitis causa, semper
tueri, et ad unam vel duas gemmas relinquere. In locis
clementioribus altius vitem licebit expandere; in exilibus, aut æstuosis, aut declivibus, aut procellosis, hu-
milior est habenda; locis pinguibus, singulis brachiis
vitium bina flagella dimitte.

Sed erit sapientis æstimare vim vitis; nam quæ altius colitur, et fecunda est, plus quam octo palmites
habere non debet, ita ut conservemus semper in inferiore parte custodem. Circa crus quidquid nascitur am-

jambe courte, comme des arbustes. Un roseau leur sert
d'appui jusqu'à ce qu'ils se soient affermis. Ils ne doivent
pas avoir plus d'un pied et demi de haut. Quand ils sont
forts, ils se tiennent seuls. Suivant une autre méthode, on
entoure la vigne de roseaux auxquels on attache les sarments pour les arrondir en cercles continus. La pire des
positions pour la vigne, est d'être renversée et couchée
par terre. Toutes ces différentes espèces se plantent dans
des fosses et dans des tranchées.

De la taille des vignes.

XII. Il est à propos, dans ce mois, de tailler la vigne
dans les lieux un peu froids et dans les pays tempérés.
Quand il y a beaucoup de vignes, on taille au printemps celles qui sont au nord, et en automne, celles
dont l'exposition est plus favorable. Attachez-vous toujours, dans la taille, à fortifier le pied de la vigne, et
ne laissez jamais deux bois durs à un jeune cep, tant
qu'il est faible. Élaguez les rameaux errants, tortus,
débiles, nés dans un mauvais endroit. Retranchez également celui qui naît au milieu d'une branche bifurquée.
Mais s'il a pris du développement aux dépens d'une des
jumelles, coupez-en une pour qu'il la remplace. Un habile émondeur, pour renouveler la vigne, ménagera
toujours le sarment inférieur qui sera né dans un bon endroit, et le laissera sur le cep, en le taillant jusqu'au
premier ou au second bourgeon. Dans un terrain bien
exposé, on permet à la vigne de s'élancer plus haut; on
la tient plus basse dans un sol maigre, brûlant, incliné,
ou sujet aux orages; dans un sol gras, on laisse deux
fouets à chaque branche.

Un agronome doit connaître la force d'un vignoble. Si
vous faites monter la vigne dans un terrain fécond, elle
n'aura pas plus de huit branches à fruits, sans compter
le courson que l'on conserve toujours à la partie infé-

putandum est, si non desideret vinea revocari. Quod si
truncus vitis sole, aut pluviis, aut noxiis animalibus
est cavatus, purgamus quidquid est mortuum, plagas-
que eas amurca linimus et terra : quod proderit adversum prædicta. Cortex etiam recisus et pendens a vite
tollatur : quæ res minorem fæcem reddit in vino.
Muscus radatur ubicumque repertus.

Sed plagæ, quas in duro vitis accipiet, obliquæ et
rotundæ esse debebunt. Decisis, sicut supra dixi, male
natis omnibus, et veteribus, novellos et fructuarios serva.
Ungues etiam custodum siccos, et annotinos recide, et
omnia, quæ vetera vel scabra reperies. Illæ quæ altius
coluntur, ut in jugo vel pergula, ubi quatuor pedibus
supra terram levatæ steterint, quaterna brachia habeant. Si macra vitis erit, in singulis brachiis singula
flagella dimittimus ; si pinguis, bina. Sed providendum,
ne in una parte sint sarmenta quæ servas : quod quum
fit, vitis, tanquam si fulgure tangatur, arescit. Relinquenda sunt sarmenta neque circa durum, neque in
summo, quia hæc, velut pampinaria, minus afferunt,
illa vitem nimietate fœtus onerant, et longius ducunt.
Quare in medio loco servanda sunt quæ tuemur. Plaga'
non juxta gemmam, sed aliquanto superius fiat, et avertatur a gemma propter lacrymam defluentem.

De putatione arbusti.

XIII. Vitis, quæ in arbore collocatur. Prima ejus materia ad secundam vel tertiam gemmam præcidatur ;

rieure. Coupez tout ce qui croît autour d'elle, à moins qu'elle n'ait besoin d'être renouvelée. Si le tronc est creusé par le soleil, par les pluies ou par des animaux nuisibles, enlevez tout le bois mort, et enduisez la plaie de marc d'huile et de terre : cette précaution obviera aux accidents dont j'ai parlé. Faites aussi disparaître l'écorce qu'on a coupée et qui reste suspendue au cep : par là vous diminuerez la lie du vin. Ratissez la mousse partout où il s'en trouve.

Les incisions faites à la vigne sur son bois dur seront obliques et rondes. Coupez, comme je l'ai dit, tous les sarments vieux ou de mauvaise venue, conservez les jeunes et ceux qui portent du fruit. Retranchez aussi les ergots secs des coursons, ceux qui ont un an, et tout ce que vous trouverez de vieux ou de galeux. Les vignes que vous voulez arrondir en berceau ou faire monter le long d'une perche, dès qu'elles seront élevées de quatre pieds au-dessus du sol, doivent avoir quatre branches. Si la vigne est maigre, laissez-lui un fouet par branche, et deux si elle est grasse. Veillez à ce que les sarments que vous conservez ne soient pas tous du même côté ; dans ce cas, la vigne se dessèche, comme si elle était frappée par la foudre. Ne laissez de sarments ni sur le bois dur ni sur la cime, parce que les premiers, tels que les ceps feuillus, produisent moins de fruits, tandis que les seconds chargent la vigne d'une fécondité excessive, et la font monter trop haut. Laissez donc au milieu de la souche les sarments de réserve. Ne faites pas l'incision près d'un bourgeon, mais un peu au-dessus et du côté opposé, à cause de la larme qui en découle.

De la taille de la vigne unie aux arbres.

XIII. Quand une vigne est mariée à un arbre, coupez le premier bois jusqu'au second ou au troisième bour-

deinde omnibus annis aliquid per ramos crescere subinde patiamur, unam materiam semper ad cacumen arboris dirigentes. Sed qui fructum volunt maximum, materias plures per ramos submittunt; qui vinum melius, sarmenta in cacumen extendunt. Fortioribus ramis arborum plures materiæ, debilioribus imponendæ sunt pauciores.

Putandi autem ratio talis est, ut et vetera sarmenta, quibus primi anni fructus pependit, omnia recidantur, et nova circumcisis capreolis et ramulis inutilibus dimittantur. Sed providendum est omnibus annis vitem resolvi ac religari, quia refrigeratur. Ita formandi sunt rami arborum vitiferarum, ne alter sub alterius linea dirigatur; sed loco pingui ulmus a terra octo pedibus, gracili vero septem sine ramo relinquenda est. In solo rosido et nebuloso, rami arboris vitiferæ in orientem et occidentem putatione dirigantur, ut latera vacua solis radiis membra totius vitis ostendant.

Agendum est autem ut vitis spissa non sit in arbore, et deficientibus primis arboribus substituendæ sunt aliæ. In loco clivoso humilius rami arborum servandi sunt; in plano et uliginoso, altius. Palmites ad arborem non duro vimine ligentur, ne eos vinculum recidat aut atterat. Hoc autem noveris, quia palmes, quod extra ligaturam pendens habuerit, fructu induet; quod infra ligaturam, materiæ sequentis anni deputabit.

De provincialibus vineis putandis.

XIV. Vites, quas provinciali more velut arbusculas stare dixi, si instituere velis, ramos a quatuor partibus his relinques, et in eis brachiis sarmenta pro vitis pos-

geon. Ensuite, chaque année, laissez croître un peu
de bois à travers les branches qui élancent toujours un
fouet vers la cime de l'arbre. Ceux qui visent à la quantité du vin, dirigent plusieurs fouets à travers les branches; ceux qui songent à la qualité, font courir les sarments vers la cime. Couvrez de sarments les grosses
branches; mettez-en peu sur les petites.

Voici comment on taille la vigne unie aux arbres.
Coupez tous les anciens sarments auxquels a été sus-
pendu le fruit de la première année, et laissez les nouveaux, après avoir élagué les tendrons et les surgeons
inutiles. Mais ayez soin de délier et de relier annuelle-
ment la vigne pour la rafraîchir. Disposez les branches
des arbres tuteurs de manière que l'une ne suive pas la
direction de l'autre. Dans un terrain gras, choisissez un
ormeau de huit pieds de haut; dans un terrain maigre,
un ormeau sans branches qui ait sept pieds. Dans un sol
exposé à la rosée et aux brouillards, les branches de l'arbre tuteur seront dirigées par la taille au levant et au
couchant, afin que ses flancs nus étalent toutes les parties de la vigne aux rayons du soleil.

Faites en sorte que les vignes ne soient pas trop fournies sur les arbres. Quand ceux-ci viendront à manquer,
remplacez-les par d'autres. Maintenez les branches plus
bas dans un terrain en pente, plus haut dans un sol plat
et marécageux. N'attachez pas à l'arbre les rameaux fertiles avec un osier dur, de peur que ce lien ne les coupe
ou ne les use. Sachez bien que le sarment ne revêt de fruits
que la partie qui dépasse la ligature, et qu'il réserve la
partie inférieure pour donner du bois l'année suivante.

De la taille des vignes en province.

XIV. Voulez-vous, comme dans les provinces, élever
des vignes qui se tiennent droites comme des arbustes,
ainsi que je l'ai dit, laissez-leur des branches des quatre cô-

sibilitate servabis. Vites autem quæ cannis in orbem
coguntur, sic putentur quemadmodum eæ quæ nituntur ridicis aut palis. Illæ vero quæ sine adminiculis ja-
cent, quod pro sola indigentia faciendum est, vel neces-
sitate provinciæ, primo anno duas gemmas, deinde
plures habebunt. Sed hujus generis vinea strictius est
putanda.

De novella putatione.

XV. Novellam vitem Columella dicit a primo anno
ad unam materiam esse formandam, nec recidendam
totam, sicut Italiæ consuetudo est, anno secundo ex-
pleto, quia vel intereant vites in totum recisæ, vel in-
fecunda sarmenta producant, quæ amputato capite
velut pampinaria de duro coguntur exire. Quare juxta
ipsam commissuram veteris sarmenti, unam vel duas
gemmas censemus relinquendas. Quod est merito in vi-
ticula fortiore servandum, et sane excipiendam calamis
novellam vel exiguis palis, ut tertio anno robustiores
possit accipere. Nam quadrima novella, ubi lætum solum est, tres materias merito nutrire cogetur. Statim
post putationem sarmenta decisa a vineis, et rubi et im-
pedimentum fossoris omne tollatur.

De propaginibus.

XVI. Hoc etiam mense propagandæ sunt vites. Sed
vetus et exesa vinea, cujus duramenta longe processe-
runt, ut Columella dicit, mergis melius reparabitur,
quam si infossione totius corporis obruatur; quod agri-
colis certum est displicere. Mergum dicimus, quoties

tés, et conservez à celles-ci le plus de sarments que la vigne pourra comporter. Les vignes qu'on arrondit à l'aide de roseaux, se tailleront comme celles qui s'appuient sur des pieux ou sur des échalas. Celles qui rampent sans soutien, ce qu'il ne faut souffrir qu'en raison de dépenses qu'on ne peut faire ou des exigences des localités, auront deux bourgeons la première année, et ensuite un plus grand nombre. Les vignes de cette espèce doivent être taillées de près.

De la taille des jeunes vignes.

XV. Suivant Columelle, dès la première année on ne doit laisser aux jeunes vignes qu'un seul jet, et il ne faut pas, comme en Italie, les tailler entièrement au bout de la seconde année. Ainsi taillées, elles périssent ou produisent des sarments stériles qui, étant écimés, sont forcés de sortir d'une partie du bois dur, à la manière des rameaux feuillus. Aussi nous pensons qu'il faut laisser un ou deux bourgeons auprès de la commissure même du vieux sarment. C'est justement la méthode qu'on doit suivre à l'égard d'une jeune vigne un peu forte, en l'aidant avec des roseaux ou de petits pieux, afin qu'elle puisse en recevoir de plus gros la troisième année. A quatre ans, si le terrain est gras, on devra la contraindre à nourrir trois rejetons. Aussitôt après la taille, on retirera des vignobles les sarments coupés, les ronces et tout ce qui embarrasse l'ouvrier.

Des provins.

XVI. Faites aussi des provins ce mois-ci. Il sera mieux, comme le dit Columelle, de renouveler avec des sautelles les vignes vieilles et cariées, dont le bois dur s'est trop étendu, que de les enterrer tout entières. Cette dernière méthode déplaît aux cultivateurs. On nomme sautelle une espèce d'arc qui reste hors de terre quand on

velut arcus supra terram relinquitur, alia parte vitis
infossa. Nam, ut ait Columella, quum totæ stratæ sunt,
plurimis radicibus totius corporis fatigantur. Mergi
vero post biennium reciduntur in ea parte quæ supra
est, et in loco justas vites relinquunt. Sed, ut agricolæ
asserunt, post biennium si recidas, plerumque infirmas
habent radices et repente simul pereunt.

De Insitionibus.

XVII. Hoc mense calidis et apricis locis optime celebratur insitio, quæ fit tribus generibus. Sed ex his duo
nunc fieri possunt; tertium reservatur æstati. Sunt autem genera inserendi hæc : aut sub cortice, aut in
trunco, aut emplastro. Inseremus ergo sic. Arborem
vel ramum, in loco qui nitidus est et sine cicatrice,
serra recidemus non læso cortice; post serraturam,
plagam ferramentis acutis incidamus. Inde, quasi cuneum tenuem ferreum vel osseum, maxime leoninum,
inter corticem et lignum tribus prope digitis conside-
ranter deponimus, ne corticis fascia dissipetur; et in
eum modum subducto cuneo, statim surculum mer-
gimus, una parte decisum, salva medulla et cortice
partis alterius, qui supra arborem sex vel octo digitis
emineat.

Duos, vel tres, vel plures surculos pro trunci qualitate constituimus. Quaternis digitis vel amplius inter
eos spatium relinquemus. Tunc junco, aut ulmo, aut
vimine stringemus, et super lutum musco tectum ponemus, ac ligabimus, ut quatuor digitis supra lutum
possit surculus eminere. Plerosque delectat strictum
primo sectæ arboris truncum vinculis actioribus in me-

a enfoui une partie du cep. En effet, comme l'observe Columelle, lorsque les vignes sont entièrement couchées, les nombreuses racines qui sortent de tout leur corps les fatiguent. Au bout de deux ans, on coupe les sautelles juste au milieu de l'endroit qui est hors de terre, sans déranger les ceps. Mais, suivant les cultivateurs, si l'on fait cette opération au bout de deux ans, ils poussent ordinairement de faibles racines et périssent immédiatement après.

Des différentes sortes de greffe.

XVII. Ce mois est très-favorable à la greffe dans les terrains chauds et exposés au soleil. Elle se fait de trois manières. Deux seulement sont praticables à cette époque; la troisième est réservée pour l'été. On greffe sous l'écorce, sur le tronc et en écusson. Pour greffer sous l'écorce, on scie le tronc d'un arbre ou l'une de ses branches, sans enlever l'écorce, à un endroit qui soit lisse et sans cicatrice; ensuite on polit la plaie avec un instrument tranchant; puis, de peur que la ligature de l'écorce n'éclate, on enfonce avec précaution, à la profondeur d'environ trois doigts, entre le bois et l'écorce, une espèce de coin mince de fer ou d'os, surtout d'os de lion. Après l'avoir retiré avec le même soin, on insère aussitôt dans la fente un scion qu'on a taillé d'un côté sans attaquer la moelle, ni endommager du côté opposé l'écorce, qui doit s'élever de six ou huit doigts au-dessus de l'arbre.

Suivant sa qualité, un arbre reçoit deux, trois, ou un plus grand nombre de greffes, séparées de quatre doigts ou davantage. Alors on les resserre avec du jonc, de l'ormeau ou de l'osier, on les enveloppe de boue couverte de mousse, et on lie le tout, en sorte que le rejeton puisse s'élever de quatre doigts au-dessus. La plupart aiment mieux fendre l'arbre par le milieu, le serrer étroitement, et y enfoncer, sans toucher à la moelle, des scions

dio findere, et ibi surculos ex utraque parte rasos in modum cunei, ut integra sit medulla, demergere, præmisso ante cuneolo, quo subducto, depositus surculus redeunte in plagam materia possit adstringi. Sed hoc utrumque genus vernum est, et fit crescente luna, ubi incipit gemma arborum turgescere.

Surculi autem qui inserendi sunt, sint novelli, fertiles, nodosi, de novo nati, ab orientali arboris parte decisi, crassitudine digiti minoris, bifurci vel trifurci, gemmis pluribus uberati. Si arborem minorem desiderabis inserere, in qua sine dubio meliora incrementa proveniunt, circa terram secato, et, quod melius est, surculos inter lignum corticemque depone; tunc stringe. Quidam rasum ex utraque parte surculum, convenientem soliditati arboris inserendæ, sic in medio deponunt, ut cortex surculi undique cortici arboris reddatur æqualis. Sed in novella arbore terra mota usque ad ipsum insitum colligatur: quæ eam res a vento et calore defendet.

Mihi asseruit diligens agricola omne insitum sine dubio comprehendere, si, depositis surculis, viscum non temperatum in ipsa plaga pariter mergamus, quasi glutino quodam succos materiæ utriusque mixturum. De emplastratione suo mense dicemus. Quartum genus Columella sic retulit: Gallica terebra usque ad medullam arborem perforandam, plaga interius leviter inclinata; ibi, educto omni scrobe, vitem vel ramum, ad modum foraminis impressi delibratum, succidum tamen et humentem, stricte imprimi, una aut duabus gemmis foris relictis; tunc argilla et musco locum diligenter operiri: ita et vites in ulmo inseri posse commissas.

sphénoïdes, à l'aide d'un petit coin, afin que, lorsqu'on le retire, la greffe puisse être resserrée par le bois qui revient sur la plaie. On emploie les deux méthodes au printemps, lorsque la lune est dans son croissant et que les arbres commencent à bourgeonner.

Les scions qu'on doit greffer seront jeunes, féconds, noueux, tirés d'un sarment nouveau, coupé, sur le côté de l'arbre qui regarde le levant, de la grosseur du petit doigt, à deux ou trois fouets, et couverts de nombreux bourgeons. Voulez-vous greffer un petit arbre évidemment susceptible d'un beau développement, coupezle près de terre, et, suivant la meilleure méthode, insérez les scions entre le bois et l'écorce ; puis liez-les. Quelques-uns implantent au milieu de l'arbre un scion sphénoïde proportionné à sa grosseur, de manière que l'écorce de l'un s'adapte également partout à celle de l'autre. Si l'arbre est jeune, on remue la terre et on l'entasse jusqu'à la greffe : par là on le garantit du vent et de la chaleur.

Un cultivateur habile m'a assuré que toute greffe prend sans difficulté, lorsqu'après avoir déposé les scions, on garnit uniformément la plaie de glu non détrempée, comme d'une espèce de colle qui amalgame les sucs de l'un et de l'autre bois. Nous parlerons de la greffe en écusson dans le mois qui lui convient. Columelle donne une quatrième manière de greffer, que voici : Percez un arbre jusqu'à la moelle avec une tarière gauloise, en obliquant un peu en dedans ; nettoyez bien le trou, et enfoncez-y solidement un cep ou un sarment sans écorce, proportionné à la grandeur de l'ouverture, humide et plein de sève, montrant au dehors un ou deux bourgeons ; puis recouvrez soigneusement d'argile et de mousse la place de la greffe. On peut greffer ainsi la vigne sur l'ormeau.

Hispanus quidam mihi hoc genus novæ insitionis ostendit, quod ex persico se asserebat expertum. Salicis ramum, brachii crassitudine solidum, longum cubitis duobus aut amplius, terebrari jussit in medio, et plantam persici in eodem loco, in quo consistit, spoliatam ramis omnibus, solo capite relicto, per ipsum saligni manubrii foramen induci; tunc eumdem salicis ramum, terræ capite utroque demerso, in arcus similitudinem debere curvari, foramen luto, musco, vinculis stringi; anno deinde exempto, ubi infra medullam salicis caput plantæ sic cohæserit, ut unitas sit ex duobus mixta corporibus, plantam subter incidi atque transferri, et aggerari terram, quæ arcum salicis cum persici cacumine possit operire: hinc persici poma sine ossibus nasci; sed hoc locis humidis convenire vel riguis, et salices aquationibus adjuvandas, ut et natura ligni vigeat, quæ delectatur humore, et superfluentem copiam succi germinibus ministret alienis.

De instituendis olivetis.

XVIII. Hoc mense locis temperatis instituemus oliveta, quæ vel pastinis conserenda sunt, ut extremas circa decimanum tabulas cingant, vel suum locum tenebunt. Si ponuntur in pastino, radicatæ plantæ, decisis capitibus et brachiis, et in truncum redactæ, usque ad mensuram cubiti unius et palmi, in fermento terræ, fossæ defigantur, locum palo antea deprimente. Hordei grana subterjaciantur, et amputetur iis, quidquid putridi inventum fuerit aut arentis; et tunc amputata capita luto velentur et musco, ulmeis vinculis vel tenacibus quibuscumque constricta. Sed maximum beneficium est ut proficiat incremento, si rubrica par-

Un Espagnol m'a enseigné le nouveau genre de greffe
qui suit, en m'assurant qu'il en avait fait l'essai sur un
pêcher. Percez avec une tarière le milieu d'une branche
de saule grosse comme le bras, longue de deux coudées
ou plus; dépouillez de tous ses rameaux un jeune pêcher
à l'endroit même où il est planté, en ne lui laissant que la
tête, et faites-le passer à travers le trou du saule; cour-
bez la branche de saule en forme d'arc, enfoncez-la en
terre par ses deux extrémités, et bouchez le trou de chaque
côté avec de la boue et de la mousse que vous serrerez
bien; ensuite, au bout d'un an, quand la tête du pêcher
sera tellement unie à la moelle du saule, que les deux corps
n'en feront plus qu'un, vous couperez le pêcher en dessous, vous le transplanterez, et vous couvrirez de terre
l'arc du saule et la tête du pêcher: cette opération donnera
au pêcher des fruits sans noyaux; mais elle ne réussit que
dans les terrains humides ou entrecoupés d'eaux vives: on
doit même aider le saule par des irrigations, afin que son
bois, qui aime l'humidité, se fortifie et communique l'exu-
bérance de sa sève à des bourgeons qui ne sont pas les siens.

Des plants d'oliviers.

XVIII. C'est à cette époque qu'on forme les plants
d'olivier dans les pays tempérés. On les placera autour
des quinconces, dans un terrain renouvelé, ou bien on
leur affectera un terrain particulier. Si on les plante dans
une terre renouvelée, on battra d'abord le sol avec une
pièce de bois; puis on coupera la tête et les branches aux
oliviers. Ainsi réduits à un tronc de la hauteur d'une coudée et d'un palme, ils seront déposés avec leurs racines
dans une fosse où on aura répandu du fumier. On mettra
dessous une couche de grains d'orge, et, après en avoir
retranché toutes les parties sèches ou pourries, on couvrira
de boue et de mousse leurs têtes coupées, et on les serrera
avec des liens d'ormeau ou avec quelque autre attache

tes notentur quibus obversæ steterunt, et contra eas simili ratione ponantur. Sint a se discretæ pedibus quindecim vel viginti. Omnis subinde circa eas herba vellatur; et, quoties se imber infuderit, brevissimis ac frequentissimis fossionibus sollicitentur, et subinde ducta a trunco terra atque permixta in aliquanto altiores cumulos congeratur.

Quod si olivetum suo loco facere volueris, hæc genera terrarum sequeris : terram cui mixta sit glarea, aut cretam sabulonis conjunctione resolutam, aut pinguem sabulonem, aut terram naturæ densioris et humidæ. Creta figuli omnino repudianda est, et uliginosa et in qua semper humor assistit, et sabulo macer, et nuda glarea; quamvis enim comprehendat, non convalescit. Potest seri et ubi arbutus aut ilex steterat; nam cerrus et æsculus excisa radices noxias relinquit, quarum virus oleam necat. Locis æstuosis septentrionali colle; frigidis, meridiano gaudet; mediis, clivis delectatur. Neque imum locum, neque arduum patitur, magis modicos clivos diligit, sicut est regio Sabina vel Bœtica.

Baccarum genus numerosum est, et plurium vocabulorum, sicut Pausia, Orchis, Radius, Sergia, Licinia, Cominia, et ceteræ quas nominare non attinet. Pausia tamen oleum quod reddit, dum viride est, optimum est, sed cito vetustate corrumpitur. Optimum Licinia dat, plurimum Sergia. Sed de his hæc generaliter præcepisse sufficiet, majores baccas cibo, minores oleo profuturas.

Si frumentarius ager est, quem conserimus oliveto,

solide. Mais on favorise surtout leur développement si , au moyen de marques faites avec de la sanguine , on les maintient dans la même exposition qu'ils avaient avant d'être transplantés. Ils seront à quinze pieds de distance les uns des autres. On arrachera de temps en temps les herbes qui croissent autour d'eux , et , quand il aura plu , on excitera la sève en remuant souvent le sol à peu de profondeur ; quelquefois aussi on retirera la terre du tronc, on la mêlera et on l'entassera jusqu'à une certaine hauteur.

Désirez-vous faire une plantation d'oliviers dans un endroit à part , choisissez un terrain graveleux ou argileux ramolli par le sable, ou un sablon gras , ou un sol compacte et humide. Rejetez absolument la terre argileuse du potier, la terre marécageuse et celle où l'eau séjourne , le sable maigre et le gravier pur ; quoique l'olivier y vienne , jamais il n'acquiert de vigueur. Vous pouvez aussi le planter dans un sol qui aura porté des arbousiers ou des yeuses, mais le cerris et le petit chêne coupés laissent dans la terre des racines funestes dont le suc tue l'olivier. Dans les climats brûlants , il se plaît sur des coteaux au nord; dans les climats froids, au midi ; dans les climats tempérés, sur un sol en pente. Il ne s'accommode ni des terrains bas, ni des terrains escarpés ; il préfère de petites collines , comme celles du pays des Sabins ou de la Bétique.

On compte beaucoup d'espèces d'olives. Elles ont plusieurs noms, tels que Pausia, Orchis, Radius, Sergia, Licinia, Cominia, et d'autres qu'il est inutile d'indiquer. L'huile de la Pausia est excellente, tant qu'elle est verte; mais elle ne tarde pas à se gâter. Celle de la Licinia est exquise ; celle de la Sergia est abondante. Il suffira de dire , en général, au sujet de toutes ces espèces d'olives , que les grosses sont bonnes à manger, et les petites propres à faire de l'huile.

Si le terrain destiné aux oliviers est fertile en blé ,

quadragenis inter se pedibus distent; si macer, vicenis quinis. Melius faciemus, si ordines in favonium dirigamus. Quum deponentur, in scrobes siccas constituantur quaternis pedibus fossas. Glarea etiam, ubi lapides defuerint, misceatur et stercus. Si clausus locus est, modice supra terram, quæ ponuntur, emineant. Si pecora formidantur, altiores trunci esse debebunt. In siccis vero provinciis quum pluviæ desunt, rigare conveniet.

Si provincia indiget olivetis, et non est unde planta sumatur, seminarium faciendum est, id est tabula effossa, sicut superius dixi, ut ibi, sicut Columella dicit, rami serra incisi in modum sesquipedalem deponantur; inde post quinquennium poterit valida planta transferri, et locis frigidis hoc mense plantari. Scio plerosque, quod facilius atque utilius est, radices olearum, quæ in silvis plerumque sunt aut in locis desertis, in cubitalem mensuram recisas, aut in seminario, si placuerit, aut in oliveto solere disponere, et admixtione stercoris adjuvare. Qua re proveniet ut ex unius arboris radicibus numerosa planta nascatur.

De spatio pomiferis arboribus idoneo.

XIX. Etiam pomiferas arbores possumus in pastinis a septentrionali regione disponere, de quibus sigillatim dicemus, quæ specialiter sunt tenenda. Nam pomis cadem convenit terra, quæ vitibus; scrobes autem majores facies, ut materiæ prosis et fructui. Si pomarium facies, inter ordines tricenos pedes relinques. Plantas statues radicatas, quod est melius; sed servabis ne cacumina aut manu fracta aut erosa non crescant. Unum-

éloignez les arbres de quarante pieds les uns des autres,
et de vingt-cinq, si le sol est maigre. La meilleure exposition est celle du couchant. Quand vous les planterez,
mettez-les dans des fosses sèches de quatre pieds de profondeur, où vous mêlerez du gravier, à défaut de pierres,
et du fumier. Si le lieu est clos, les cimes seront à fleur
de terre. Si vous craignez les troupeaux, vous élèverez
davantage les tiges. Il sera bon de les arroser dans les
pays secs, quand la pluie viendra à manquer.

S'il n'y a pas d'oliviers dans le canton, et si l'on ne sait
où trouver des rejetons, on fera une pépinière, c'est-à-dire
qu'on creusera une planche, comme je l'ai dit plus haut,
pour y planter, d'après l'avis de Columelle, des branches
d'un pied et demi coupées avec une scie ; au bout de cinq
ans, on pourra en transférer de forts rejetons et les planter ce mois-ci dans les pays froids. La plupart, je le sais,
suivant une méthode plus facile et plus avantageuse, ont
coutume de mettre dans une pépinière, ou dans un plant
d'oliviers, suivant leur goût, après les avoir réduites à une
coudée, des racines d'oliviers qu'on trouve communément dans les forêts ou dans les lieux déserts, et d'en aider
le développement en mêlant du fumier à la terre. Ainsi,
des racines d'un seul arbre naît une foule de rejetons.

Du terrain propre aux arbres fruitiers.

XIX. On peut aussi, dans les **terrains** renouvelés, disposer au nord les arbres fruitiers sur lesquels nous don-
nerons des préceptes particuliers qu'il faudra spéciale-
ment retenir. Le même sol convient aux arbres fruitiers et aux vignes ; mais donnez aux premiers des fosses
plus grandes pour favoriser l'arbre et les fruits. Si vous
faites un verger, laissez trente pieds d'intervalle entre les
rangées d'arbres. Les rejetons seront plantés avec leurs
racines : cette méthode est la meilleure. Empêchez que

quemque ordinem suo generi deputabis, ne infirmæ a valentioribus opprimantur. Plantas similiter notabimus, ut ipsis, quibus steterant, cardinibus opponamus. De clivo sicco et exili, in planum, pinguem et humidum transferemus.

Si truncos ponere volueris, supra terram prope tribus pedibus erigantur. Ubi duas in una scrobe plantas deponis, cavendum est ne se contingant; nam vermibus interibunt. Sed, ut Columella dicit, feraciores sunt, quæ seminibus, hoc est nucibus suis, quam quæ plantis ponuntur aut ramis. Ubi regio siccior est, aquationibus adjuventur.

De curandis vineis et arboribus.

XX. Nunc locis maritimis et calidis fodiendæ sunt vites; vel, si hæc provinciæ consuetudo est, exarandæ, et in eisdem locis palandæ aut ligandæ sunt vineæ priusquam gemma procedat, cujus concussione vel attritu incurritur grande dispendium. Nunc oleæ ceteræque arbores lætamen accipiunt, decrescente luna; sufficiet autem majori arbori vehes una, minori media; ita ut subducta a radicibus terra, et fimo permixta, revocetur. Tempore hoc, si quæ sunt in seminariis plantæ, circumfodiendæ sunt, et amputandi eis rami superflui vel radiculæ quas circa in superiore parte miserunt.

De rosis, liliis, croco et violis.

XXI. Hoc mense rosaria conseremus, quæ sulco brevissimo aut scrobibus ponenda sunt, vel virgultis vel etiam semine. Semina autem rosarum non putemus

la main des hommes et la dent des animaux ne nuisent
à leur développement. Assignez un ordre à chaque espèce
d'arbres, pour que les plus faibles ne soient pas étouffés
par les plus forts. Marquez-les aussi, afin de leur conserver l'exposition qu'ils avaient avant le transfert. D'une
pente aride et maigre, transportez-les dans un terrain
uni, gras et humide.

Si vous voulez planter des arbres faits, élevez-les de
trois pieds environ au-dessus du sol. En mettant deux
tiges dans une seule fosse, prenez garde qu'elles ne se
touchent; car les vers les feraient périr. Mais, comme
le dit Columelle, les arbres qui proviennent de graine,
c'est-à-dire des noyaux, produisent plus que ceux obtenus
par des rejetons ou de boutures. Dans les pays secs, aidez-
les à croître en les arrosant.

Des soins qu'exigent la vigne et les arbres.

XX. Il faut à présent fouir les vignobles dans les pays
chauds et voisins de la mer, ou les labourer, si c'est l'usage
du canton. Il faut aussi échalasser la vigne et la lier avant
que les bourgeons ne paraissent; car si on les secoue ou si
on les brise, il en résulte un grand dommage. C'est maintenant qu'on fume les oliviers et les autres arbres, au décours de la lune. Une charretée de fumier suffira pour un
grand arbre, et une demie pour un petit. On enlève d'abord
la terre du pied de l'arbre et on la mêle avec le fumier,
puis on en recouvre les racines. On fouit encore dans ce
mois les plants d'arbres qui se trouvent dans les pépinières, et l'on en coupe les branches superflues ou les petites
racines qui ont poussé hors de terre autour des troncs.

Des roses, des lis, du safran et des violettes.

XXI. Faites, dans ce mois, des plants de rosiers, soit
par la bouture, soit au moyen de la graine, dans une
petite tranchée ou dans des fosses. Mais ne pensez pas que

medios flosculos esse aurei coloris, quæ rosæ fuerunt,
sed baccas nutriunt, quas in brevissimi piri similitudinem plenas seminibus post vindemiam reddunt maturas,
quarum tamen maturitas ex colore fusco et mollitie
poterit æstimari. Si qua etiam sunt antiqua rosaria, hoc
tempore circumfodiuntur sarculis vel dolabris, et ari-
ditas universa reciditur. Nunc et quæ rara sunt, possunt ducta virgarum propagine reparari. Si rosam temperius habere volueris, duobus palmis ab ea in gyrum
fodies, et aqua calida bis rigabis in die. Nunc et lilio-
rum bulbos ponemus, vel lilia ante habita sarriemus
summa diligentia, ne oculos circa radicem nascentes et
minores bulbulos sauciemus, qui a matre subtracti atque in alios digesti ordines, nova lilieta formabunt.
Item violarum plantæ et croci bulbi serendi sunt, vel
subtiliter, si fuerant ante, fodiendi.

De lino.

XXII. Hoc mense aliqui lini semen læto solo in jugerum x modios spargunt, et lina consequuntur exilia.

De cannetis et asparagis.

XXIII. Tempore hoc canneta ponenda sunt factis brevissimis scrobibus, et oculis cannarum per singulas scrobes obrutis, qui semipedis spatio inter se distare debebunt. Si calidæ et siccæ provinciæ studemus, valles
humidas vel irriguas opus est deputare cannetis; si frigida regio est, locis mediis instituantur, sed succo vil-
larum subditis. Inter hæc asparagorum etiam semina
spargere possumus, ut mixta nascantur, quia et asparagi coluntur et incenduntur eo more quo cannæ. Sed,

les graines de roses soient ces étamines de couleur d'or
qui occupent le milieu de la fleur ; la rose donne des baies
semblables à une petite poire et remplies de graines qui
mûrissent après la vendange. Leur maturité se reconnaît
à leur mollesse et à leur couleur foncée. Si vous avez d'anciens plants, remuez la terre à l'entour avec le sarcloir ou
le hoyau, et coupez tout ce qui est sec. Renouvelez aussi,
avec de jeunes branches que vous coucherez en terre, les
rosiers qui sont trop clair-semés. Si vous voulez avoir des
roses hâtives, faites une fosse circulaire à deux palmes des
rosiers, et arrosez-les d'eau chaude deux fois par jour. Plantez aussi à présent des oignons de lis, ou sarclez avec le
plus grand soin les lis que vous aurez eus précédemment,
afin de ne pas endommager les boutons nés autour de leurs
racines, ni leurs petits caïeux qui, séparés de leur mère
et disposés sur d'autres rangées, formeront de nouveaux
plants. Plantez encore des pieds de violettes et des bulbes
de safran, ou remuez légèrement la terre autour de ceux
qui existent.

Du lin.

XXII. Pendant ce mois, quelques-uns répandent, dans
un terrain gras, dix boisseaux de graine de lin par un
arpent, et récoltent un lin très-fin.

Des plants de cannes et d'asperges.

XXIII. Faites dans ce temps-ci des plants de cannes
en creusant de petites fosses, et en mettant dans chacune
des boutons de cannes que vous espacerez d'un demi-pied
les uns des autres. Si le pays est chaud et sec, disposez les
plants dans des vallées humides ou entrecoupées d'eaux
vives ; s'il est froid, exposez-les à une douce température,
dans des lieux engraissés par le fumier des métairies. On
peut aussi semer de la graine d'asperges entre les cannes,
afin qu'elles viennent ensemble, parce que les premières
se cultivent et se brûlent comme les secondes. Mais si les

si sunt antiqua canneta, hoc tempore sarrientur, recisis quæ in radice purganda sunt, id est putribus, male porrectis, et si qua gignendi oculos non habebunt.

Nunc salicis plantas et omnium generum quæ arbusto applicandæ sunt, vel genestæ, ubi deerit, obruemus. Ex baccis etiam myrti et lauri seminaria faciemus, vel, si fuerant, excolemus.

De hortis.

XXIV. Circa idus februarias sæpes hortorum ex congesto in funibus spinarum semine faciendæ sunt, sicut dictum est, quum de munimine loqueremur hortorum. Item Græci dicunt de crassa rubi virga fieri debere particulas, et palmaribus scrobibus obrui, et quotidie, donec frondeant, fossione et rigatione nutriri.

Hoc mense lactuca seritur, ut possit aprili mense transferri. Item carduus seritur, et nasturtium, et coriandrum, et papaver, sicut mense novembri, et allium et ulpicum. Nunc satureia seritur pingui agro, non stercorato, sed aprico, vel melius mari proximo, et cum cepullis mixta seminatur. Hoc etiam mense cepullas seres; sed constat et vere et autumno esse seminandas. Si semen ejus severis, in caput crescit, et minus reddit in semine; si capitulum ponas, ipsum macescit, et multum semen educit.

Terram cepæ desiderant pinguem, vehementer subactam, irriguam, stercoratam. Ibi areas faciemus omnibus herbis et radice purgatas; seremus placido et sereno die, maxime austro vel euro flantibus. Si minuente luna serantur, tenues et acriores proveniunt; si crescente, robustæ et saporis humecti. Rarius sunt po-

plants de cannes sont vieux, ce sera le moment de les sarcler, après avoir purgé les racines en coupant ce qui est
pourri, étriqué, improductif.

On plante à présent les saules et tous les arbres qui servent d'appui aux vignes mariées, ou, à leur défaut, des
genêts. On fait aussi des pépinières avec des baies de myrte
et de laurier, ou bien on cultive celles qui existent.

Des jardins.

XXIV. Vers les ides de février, faites des haies de
jardin avec de la graine de prunellier semée sur des cordes, comme je l'ai dit en parlant de la manière de clore
les jardins [1]. Les Grecs conseillent aussi de couper une
grosse branche de ronce en petits morceaux, de les enterrer dans des fosses d'un palme, et de les entretenir
chaque jour en creusant la terre et en les arrosant jusqu'à ce que le feuillage paraisse.

On sème la laitue dans ce mois-ci, afin de pouvoir la
transplanter au mois d'avril. On sème aussi le cardon,
le cresson, la coriandre, le pavot, comme au mois de
novembre, ainsi que l'ail ordinaire et l'ail d'Afrique. On
sème la sarriette dans un terrain gras, non fumé, mais
exposé au soleil, ou, ce qui est encore mieux, voisin de
la mer, et on l'entremêle de ciboules. On sème également la
ciboule ce mois-ci; mais on la sème en automne comme au
printemps. La semence confiée à la terre donne une grosse
bulbe, mais peu de graines; la bulbe plantée compense
l'amaigrissement de la racine par une graine abondante.

Les oignons demandent une terre grasse, bien travaillée
entrecoupée d'eaux vives et fumée. On leur fera des planches purgées de toutes sortes d'herbes et de racines. On
les sèmera par un temps calme et serein, surtout par un
vent d'est et de sud. Ceux qu'on sème au décours de la lune
sont plus petits et plus âcres, tandis qu'au premier quar-

(1) Liv. 1, ch. 34.

nendæ, runcandæ ac sarculandæ sunt sæpius. Si capita voluerimus his esse majora, folia omnia debemus auferre, et sic succus ad inferiora cogetur. De quibus vero semina colligenda sunt, juventur adminiculis, ubi caulem cœperint excitáre. Quum niger color seminis fuerit, præferunt maturitatis indicia. Vellendi sunt thalli adhuc semisicci cum semine, et sic in sole siccandi.

Hoc mense anethum seres locis frigidis. Omnem cœli statum patitur, sed tepidiore lætatur. Rigetur, si se imber abstineat. Seratur rarius. Aliqui semen ejus non obruunt, opinantes quod a nulla ave tangatur.

Nunc et sinapi serere possumus.

Hoc etiam mense caules seremus, qui et toto anno seri possunt. Solum pingue et satis subactum diligunt; argillam et glaream timent. Sabulone et arenis non delectantur, nisi perennis unda succurrat. Omnem cœli statum caulis patitur, frigidum magis. Contra austrum positi citius ferunt; contra septentrionem, serius. Sed hic et sapore caulis vincit et robore. Clivis delectatur, et ideo ponendæ sunt plantæ per pulvinos arearum. Gaudet stercore et sarculatione. Rarius positus convalescit. Celerius coquitur virore servato, si, dum est trium vel quatuor foliorum, nitrum tritum cribello desuper spargas, ut speciem prunæ candentis imitetur. Columella dicit plantarum radices alga marina involvendas, servandæ viriditatis causa, fimo simul adhærente. Ponendæ sunt plantæ majoris incrementi, quia, licet serius comprehendant, fortiores fient. Si hiems est, tepido jam die; si æstas, quum sol in vesperam declinatur, planta pangenda est. Vastior fiet, si terra

tier ils sont plus gros et plus doux. Il faut les semer clair, les dégager et les sarcler souvent. Si l'on veut qu'ils aient de grosses bulbes, on leur enlèvera les feuilles : tous les sucs se porteront alors en bas. On soutiendra sur des appuis les oignons dont on doit recueillir la graine, dès que leur tige commencera à monter. Lorsque la graine deviendra noire, ce sera l'indice de sa maturité. On arrachera les tiges à demi sèches avec la graine, et on les fera sécher ainsi au soleil.

C'est dans ce mois-ci que l'on sème l'aneth dans les pays froids. Il supporte tous les climats; mais il préfère un pays chaud. On l'arrose quand il ne pleut pas. On le sème clair. Quelques jardiniers n'enterrent pas la graine, s'imaginant qu'aucun oiseau n'y touche.

On peut aussi semer à présent la moutarde.

On sèmera encore, dans ce mois, les choux, que l'on peut également semer dans tout le cours de l'année. Ils aiment un sol gras et suffisamment travaillé; ils craignent l'argile et le gravier. Ils ne se plaisent ni dans le sablon ni dans le sable, à moins qu'il ne s'y trouve de l'eau courante. Ils supportent tous les climats, mais préfèrent les pays froids. Exposés au sud, ils produisent plus tôt; au nord, plus tard. Le chou, venu au nord, a plus de goût et de vigueur. Ce légume affectionne les pentes; aussi faut-il le planter sur l'ados des planches. Il aime à être fumé et sarclé. Quand il est clair-semé, il acquiert de la force. Il cuit plus tôt sans rien perdre de sa verdeur, lorsqu'à l'époque où il a trois ou quatre feuilles, on le saupoudre, avec un petit crible, de nitre broyé, afin de lui donner ainsi la couleur d'un charbon ardent. Il faut, dit Columelle, pour lui conserver sa verdeur, envelopper les racines d'algue marine, et les couvrir en même temps de fumier. Les choux que l'on transplante doivent être assez forts; alors ils prennent plus tard, mais acquièrent plus de vigueur. On les plante en hiver, à la chaleur du jour; en été, vers le coucher du soleil. Ils deviennent énormes, s'ils restent constamment

operiatur assidue. Semen brassicæ vetustum mutatur in rapa.

Hoc mense post idus spongias asparagorum vel novas formare incipiemus ex semine, vel antiquas ponemus. Mihi etiam illud utile videtur ac diligens, ut asparagi agrestis radices plurimas in unum locum congeramus cultum, vel certe saxosum, quæ statim fructum dent ex loco qui aliud nil alebat, et has annis omnibus incendamus in scopis, ut fructus frequentior surgat et fortior. Hoc autem genus est sapore jucundius.

Nunc etiam malva seri potest.

Mentham quoque sere plantis vel radicibus, loco humido vel circa aquas; apricum solum, nec pingue, nec stercoratum desiderat.

Hoc mense fœniculum seres loco aprico et modice saxoso.

Seritur primo vere pastinaca, et semine ponetur et plantis, loco pingui, soluto, altius pastinato; raram statues, ut robur accipiat.

Cunela etiam nunc seritur, et colitur eo more quo allium vel cepulla.

Nunc cærefolium locis frigidis post idus seratur; desiderat agrum lætum, humidum, stercoratum.

Hoc mense betam seremus, quamvis possit et tota æstate seminari; amat agrum putrem, humidum, lætum; transferenda est quatuor aut quinque foliorum, radicibus fimo recenti oblitis; amat frequenter effodi, et multo stercore saturari.

Hoc mense porrus serendus. Quem si sectilem velis, post duos menses quam satus est, poteris desecare manentem in areis suis : quamvis asserat Columella, etiam

enterrés. La graine de chou, quand elle est vieille, produit des raves.

On commencera, après les ides de ce mois, à former de nouvelles griffes d'asperges avec la graine de ce légume, ou à en planter d'anciennes. Une autre méthode, qui me paraît également utile et prompte, consiste à entasser dans un terrain cultivé ou pierreux, un grand nombre de racines d'asperges sauvages. Elles donneront aussitôt du fruit sur ce terrain vierge, et l'on en brûlera les rafles, chaque année, pour rendre les pousses plus fortes et plus abondantes. Cette espèce est la plus savoureuse.

On peut aussi semer à présent la mauve.

On plantera de même la menthe, en pied ou en racines, dans un sol humide ou le long des eaux. Elle veut un terrain exposé au soleil, qui ne soit ni gras ni fumé.

On sèmera, ce mois-ci, le fenouil dans un terrain exposé au soleil et légèrement pierreux.

Dans les premiers jours du printemps, on sème le panais en graine, ou on le plante en pied, dans un terrain gras, léger et remué profondément. Il faut lui laisser beaucoup d'emplacement pour qu'il prenne des forces.

On sème encore à cette époque l'origan, et on le cultive de la même manière que l'ail ou la ciboule.

A présent aussi on sème le cerfeuil dans les pays froids, après les ides. Il exige un sol fertile, humide et fumé.

On sème la poirée dans ce mois-ci, quoiqu'on puisse également la semer dans tout le courant de l'été. Elle aime un terrain léger, humide et fertile. On la transplante quand elle a quatre ou cinq feuilles, après avoir frotté les racines de fumier nouveau. Elle demande à être fréquemment bêchée et abondamment fumée.

Il faut semer le poireau ce mois-ci. Si vous voulez qu'il soit sectile, deux mois après qu'il aura été semé, vous pourrez le couper sur sa planche. Columelle assure que le poireau sectile est plus vivace et meilleur, si on le

sectivum diutius duraturum, melioremque, si transferatur, et quoties secabitur, aqua juvetur et stercore. Si
capitatum facere velis, quod vere severis, octobri mense
transferre debebis. Serendus est loco læto, et maxime
campestri, area plana, pastinata alte, et diu subacta
et stercorata. Si sectivum velis, spissius; si capitatum,
rarius seres. Sarculo frequentandus est, et herbis liberandus. Quum digiti crassitudinem habuerit, a media
parte præcisis foliis et truncatis radicibus, transferatur.
Oblitus fimo liquido, quaternis vel quinis digitis separe-
tur. Quum radices agit, modice comprehendendus et
allevandus est sarculo, ut suspensus a terra, quod spatii
vacuum subter invenerit, capitis vastitate cogatur implere. Item plura semina in unum ligata si deposueris,
grandis porrus nascetur ex omnibus. Item si capiti ejus
rapæ semen immittas sine ferro, et pangas, multum fertur increscere; melius, si frequenter hoc facias.

Hoc mense inula seritur quo canneta ponuntur. Seritur oculis, sicut calami, quos abscindere et terra leviter debemus obruere, terra fossa et subacta, excitatis
ad lineam pulvinis quibus ejus oculos oportet infodere.
Trium pedum inter se spatio separantur.

Hoc mense colocasiæ bulbos ponemus. Amant humidum locum, pinguem, maxime irriguum. Circa fontes
lætantur et rivos, nec de soli qualitate curant, si per-
petuo foveantur humore. Frondere prope semper possunt, si, tanquam citreta, tegumentis defendantur a
frigore.

transplante, et si, après l'avoir tondu, on l'arrose et on
le fume. Si vous voulez qu'il soit bulbeux, vous le sèmerez
au printemps, et le transplanterez au mois d'octobre. Il
doit être semé dans un terrain fertile, surtout plat, sur une
planche unie, remuée profondément, depuis longtemps
préparée et fumée. On le sème dru, si l'on désire qu'il soit
sectile, et plus clair, pour qu'il soit bulbeux. Les poireaux
demandent à être sarclés souvent et purgés de mauvaises
herbes. Lorsqu'ils ont un doigt d'épaisseur, on en coupe
d'abord les feuilles par le milieu et on raccourcit les racines ; puis on les transplante. Après les avoir garnis de
fumier liquide, on les espace de quatre ou cinq doigts.
Lorsqu'ils prennent racine, on les saisit, et on les soulève
légèrement avec le sarcloir, afin que cette suspension les
force à remplir par la grosseur de leur bulbe le vide qui
se trouve au-dessous d'eux. Pareillement, si l'on sème
plusieurs graines liées ensemble, il naît de ce tout un
énorme poireau. De même encore si, avant de le planter,
on insère dans sa bulbe de la graine de raves sans employer d'instrument de fer, il acquiert, dit-on, un développement considérable. Il croît davantage si l'on répète
plusieurs fois cette opération.

On sème l'aunée dans ce mois où l'on forme des plants
de cannes. Ainsi que les roseaux, on la propage au moyen
d'yeux, qu'il faut couper et couvrir légèrement de terre
dans un sol bêché et bien remué, après les avoir alignés
sur des planches tirées au cordeau. On les espace de trois
pieds entre eux.

On plante, ce mois-ci, les bulbes de colocasie. Elles
aiment un sol humide, gras et surtout entrecoupé de
ruisseaux. Elles se plaisent autour des fontaines, et s'in-
quiètent peu de la qualité du sol, pourvu qu'elles ne
manquent jamais d'humidité. Elles peuvent presque toujours donner des feuilles, si on les abrite contre le froid,
comme on le fait pour les plants de citronniers.

Hoc mense cyminum et anisum seritur loco bene subacto, et cui lætamen admisceas. Quod satum est, herbis purgetur assidue.

De arboribus pomiferis.

XXV. Plantas pirorum, mense februario, locis frigidis ponemus; calidis vero novembri. Sed mense novembri pira locis tepidis conserenda sunt, ut solo juventur irriguo : ita et florem plurimum proferent, et magnitudinem pomi turgentis acquirent. Nasci tamen tali solo maxime diligunt, quale vinetis diximus convenire; sed læto solo et validas arbores et fructus plurimos consequemur. Lapidosi generis pira vitium mutare creduntur, si terris mollibus conserantur.

Sed pirum plantis serere prope tardus eventus est. Tamen quibus hoc placuit, ut semina generosa nihil sibi de agresti asperitate permisceant, plantas bimas aut trimas, eo more quo oleæ ponuntur, radicatas, magnis scrobibus ponant, supra terram tribus altas vel quatuor pedibus, quarum decisa cacumina argilla mixta muscus debet operire. Nam si quis pirorum semen aspergat, nasci quidem necesse est, originem suam refovente natura, cujus æternitati nulla tarditas potest afferre fastidium; sed homini hoc exspectare longinquum est, quum et sero veniant, et de generis nobilitate decedant. Melius ergo hoc mense novembri fiet, ut pirorum plantas radicatas seramus agrestium, subactis bene scrobibus, ut, quum prehenderint, inserantur.

Hoc autem interest, quod, quæ plantis suis seruntur, dulcedinem ac teneritatem servant, diu tamen servata

On sème encore à présent le cumin et l'anis dans une
terre bien remuée et mêlée de fumier. Une fois semés, il
faut les débarrasser sans cesse des mauvaises herbes.

Des arbres fruitiers.

XXV. On plante le poirier en pied, dans les pays froids,
au mois de février, et dans les pays chauds, au mois de
novembre. Mais, au mois de novembre, il faut en semer
les pépins dans les pays tempérés, afin qu'ils trouvent un
terrain arrosé d'eaux vives : les arbres qui en proviennent
se couvrent d'une grande quantité de fleurs et portent
des fruits énormes. Malgré leur prédilection pour le sol
que nous avons assigné aux plants de vigne, un terrain
gras les rend plus vigoureux et en multiplie les fruits.
Semées dans une terre molle, les poires pierreuses perdent, dit-on, leur défaut.

Les poiriers qu'on plante en pied tardent un peu à
venir. Mais ceux qui préfèrent cette méthode, afin que
des plants d'excellente qualité ne contractent aucune
âpreté sauvage, planteront dans de grandes fosses, comme
on le fait pour les oliviers, des poiriers de deux ou trois
ans, garnis de leurs racines, en laissant dépasser la tige
de trois ou quatre pieds au-dessus du sol, après en avoir
coupé la cime, et l'avoir recouverte d'argile et de mousse.
Si l'on sème des pépins de poires, ils viendront sans doute,
parce que la nature ranime les principes de ses produits,
et qu'aucun retard ne peut la rebuter dans sa multiplica-
tion éternelle ; mais l'homme se lasserait à les attendre, à
cause de leur croissance tardive et de leur abâtardissement.
Il vaudra donc mieux planter en novembre des pieds de
poirier sauvage, garnis de leurs racines, dans des fosses
bien remuées, afin de les greffer ensuite quand il y
auront pris.

Les poiriers venus de plant conservent aux fruits leur
douceur et leur tendreté ; mais ils durent peu, tandis

non durant; insita vero, moram temporis sustinebunt.
Spatia inter piros triginta pedum mensura discernat.
Genus hoc arboris, ut proficiat, frequenti humore et
assiduis fossionibus est colendum, usque adeo ut tempore quo florere consuevit, nihil perditura credatur de
flore prolato, si eam tunc fossor adjuverit. Multum pro-
ficis si, interjecto anno, quale libet lætamen adjungas;
sed bubulum spissa et gravia poma generare fertur.
Aliqui cinerem miscent, credentes hinc contrahi pomis
argutos sapores.

Generum varietates exsequi supervacuum puto,
quum in ponendis vel excolendis nulla sit distantia. Si
languida arbor est piri, vel ablaqueatæ radicem tere-
bras, et ibi ligneum palum deprimis, vel in trunco similiter terebrato ex tæda cuneum figis, vel, si hoc desit,
ex quercu. Vermes ejus arboris et nati necantur, et
nasci prohibentur radicibus felle taurino frequenter in-
fusis. Item fæces vini veteris recentes, si radicibus affun-
dantur per triduum, diutius arbores in floribus labo-
rare non faciunt. Si lapidosa pirus est, ab extremis
radicibus terram priorem levabis, et secernes omnes
lapillos; quibus diligenter remotis, alteram terram cribro cretam in loco ejus infundes. Sed hoc proderit, si
rigare non cesses.

Mense februario et martio pirus inseritur, more quo
dictum est quum de insitione loqueremur, sub cortice
et in trunco. Inseritur autem piro agresti, malo; ut
nonnulli, amygdalo et spino; ut Virgilius, orno, et
fraxino, et cydonio; ut aliqui, et punico, sed fisso
ligno. Surculus piri, qui inseritur ante solstitium, anniculus esse debet, et, priusquam figatur, foliis et omni

que les poiriers greffés vivent longtemps. On laissera
entre eux trente pieds d'intervalle. Pour qu'ils profitent,
il faut souvent les arroser, et travailler sans cesse la terre
à leurs pieds. Aussi croit-on que si on leur prodigue ces
soins à l'époque de la floraison ils ne perdent pas une seule
des fleurs venues. Il est très-avantageux, après un an, de
leur donner du fumier, peu importe de quelle espèce. On
prétend néanmoins que celui de bœuf fait grossir et multiplie les fruits. Quelques-uns y mêlent de la cendre dans la
persuasion qu'elle donne aux poires un goût délicat.

Je crois qu'il est inutile de détailler toutes les variétés
de poires, puisqu'elles ne diffèrent en rien quant à la plantation et à la culture. Lorsqu'un poirier languit, déchaus-
sez-le, percez sa racine avec une tarière, et enfoncez-y
une cheville de bois; ou bien introduisez dans le tronc,
après l'avoir pareillement percé, un coin de pin, ou, à
son défaut, un coin de chêne. On tue les vers qui s'attachent à cet arbre, et on·les empêche d'y naître, en répandant souvent sur les racines du fiel de taureau. De même,
en arrosant les racines pendant trois jours de lie fraîche
de vin vieux, à l'époque de la floraison, on évite à l'arbre
un long travail. Lorsque les poires sont pierreuses, retirez avec soin la terre qui se trouve en contact avec l'extrémité des racines; enlevez en même-temps toutes les
petites pierres; puis substituez-leur une autre terre passée
au crible et prise dans le même sol. Mais ce remède n'est
efficace qu'autant que l'arbre est constamment arrosé.

C'est aux mois de janvier et de février qu'on greffe le
poirier, sous l'écorce et sur le tronc, de la manière que
j'ai indiquée en parlant de la greffe. Il se greffe sur le
poirier sauvage et sur le pommier; suivant quelques-uns,
sur l'amandier et le prunellier; selon Virgile, sur l'orne,
le frêne et le cognassier; selon d'autres, sur le grenadier,
mais en fente. Le scion du poirier, que l'on greffe avant
le solstice, doit avoir un an, et, avant de l'insérer, on

tenera parte privari; post solstitium vero eum figis, qui
summum germen inclusit. Pirus omni genere inseritur.

Condienda sunt pira ita die placido, decrescente
luna, a vicesima secunda usque in octavam. Eadem
poma sicca, et manu lecta ab hora secunda in quintam,
vel a septima in decimam, a caducis diligenter electa
integra, et prope dura, et aliquanto viridia, in picato
vase clauduntur, quod operculo tegitur, et deorsum os
ejus inclinatur, atque brevi scrobe obruitur in eo loco,
circa quem perennis aqua decurrit. Item quæ dura sunt
in carne et cute, prius in acervo posita, ubi se mollire
cœperint, in vas fictile bene coctum picatumque ponuntur, et operculo superveniente gypsantur; vas brevi
scrobe demergitur in eo loco, qui quotidie sole tangatur.

Plurimi pira obruta inter paleas aut frumenta servarunt. Alii statim lecta cum tenacibus suis picatis urceis
condiderunt, et oribus vasculorum gypso vel pice clausis, ipsa sub divo obruta sabulone texerunt. Alii pira,
quæ se non contingerent, in melle servarunt. Item pira
divisa et purgata granis, in sole siccantur. Aliqui aquam
salsam, quum cœperit undare calefacta, dispumant, et
ei post jam frigidæ pira servanda demergunt; tunc
exempta post tempus exiguum condunt urceo, et ejus
ore lito conservant; vel nocte et die in frigida salsa
manere patiuntur, post in aqua pura biduo macerant,
deinde in sapa, vel passo, vel dulci vino mersa custodiunt.

le dépouille de ses feuilles et de son bois tendre; mais si on le greffe après le solstice, on y insère un scion qui porte les derniers bourgeons. Le poirier se greffe de toute manière.

Il faut confire les poires par un temps calme, au décours de la lune, depuis son vingt-deuxième jour jusqu'au vingt-huitième. On les fera sécher après les avoir cueillies de deux heures à cinq ou de sept à dix; puis on séparera soigneusement celles qui seront tombées de celles qui sont saines, presque dures et un peu vertes; ensuite on les renfermera dans un vase poissé qu'on recouvrira et qu'on enterrera, l'orifice en bas, dans une petite fosse près de laquelle coulera une source d'eau vive. De même, après avoir entassé des poires qui ont la pulpe et la peau dures, on les mettra, dès qu'elles commenceront à s'amollir, dans un vase de terre bien cuite et bien poissée, dont on enduira le couvercle de plâtre, et qu'on enterrera dans une petite fosse creusée en un lieu où le soleil donnera tous les jours.

Beaucoup de gens conservent les poires dans de la paille ou dans du blé. Les uns, aussitôt après les avoir cueillies avec leurs queues, les renferment dans des cruches poissées qu'ils bouchent avec du plâtre ou de la poix, et les enfouissent en plein air dans du sablon. Les autres les conservent dans du miel sans qu'elles se touchent. On fait aussi sécher au soleil des quartiers de poires auxquelles on a ôté les pépins. Quelques-uns écument de l'eau salée qui commence à bouillir sur le feu, et, quand elle est refroidie, y plongent les poires qu'ils veulent conserver. Bientôt après, ils les retirent pour les renfermer dans une cruche bien bouchée, où ils les conservent; ou bien ils les plongent, un jour et une nuit, dans de l'eau salée, les laissent tremper deux jours dans de l'eau pure, et les gardent ensuite dans du *sapa*, dans du *passum* ou dans du vin doux.

Vinum de piris fit, si contusa et sacco rarissimo condita ponderibus comprimantur aut prelo. Hieme durat, sed prima acescit æstate.

Acetum sic fit de piris : Pira silvestria, vel asperi generis matura in cumulo reservantur per triduum ; deinde mittuntur in vasculo, cui fontana aut pluvialis aqua miscetur, et opertum vas per triginta dies relinquitur, ac subinde quantum sublatum fuerit aceti ad usum, tantum redditur aquæ ad reparationem.

Liquamen de piris castimoniale sic fiet : Pira maturissima cum sale calcantur integra. Ubi carnes eorum fuerint resolutæ, vel in cupellis vel in vasculis fictilibus picatis condiuntur. Post mensem tertium, suspensæ eæ carnes liquorem dimittunt saporis jucundi, sed coloris albiduli. Contra hoc, illud proderit, ut tempore quo saliuntur, pro aliqua parte vina nigella permisceas.

Mense februario et martio mala seramus; si calida et sicca regio est, octobri et novembri. Eorum plura sunt genera, quæ numerare superfluum est. Amant pingue ac lætum solum, et cui humorem non tam rigatio quam natura suppeditet; et si in arena vel argilla sit, rigationibus adjuvetur. Montanis locis debent ad meridiem versa constitui. Et frigido solo proveniunt, si cœli tepor adjuverit; nec in asperis et humectis sedem recusant. Macrum et aridum solum poma vermiculosa efficit et caduca. Seruntur omni genere, sicut piri. Neque exarari neque effodi desiderant : idcirco eis magis prata conveniunt. Stercus ovillum tantum non exigunt quidem, sed libenter assumunt, vel si cineris pulveres misceantur. Amant modestas rigationes. Putatio illis apta est, sed

Pour faire du vin de poires, écrasez ces fruits, mettez-les dans un sac à mailles serrées, et comprimez-les avec des poids ou à l'aide du pressoir. Cette boisson se conserve en hiver, mais s'aigrit au printemps.

Le vinaigre de poires se fait ainsi : Laissez en tas, pendant trois jours, des poires sauvages ou âcres qui soient mûres, et mettez-les dans un vase avec de l'eau de source ou de pluie; ce vase restera couvert pendant trente jours. Remplacez successivement par autant d'eau le vinaigre que vous tirerez pour votre usage.

Voici la manière d'obtenir avec les poires une liqueur rafraîchissante : Écrasez tout entières avec du sel des poires très-mûres. Dès qu'elles seront broyées, renfermez-les dans des bassins ou dans des vases de terre poissés. Au bout de trois mois, au moyen d'une légère pression, elles rendront une liqueur savoureuse, mais blanchâtre. Pour lui donner de la couleur, vous mêlerez un peu de vin noir aux fruits quand vous les salerez.

On plante les pommiers en février et en mars, et, si le climat est chaud et sec, en octobre et en novembre. Il est inutile d'en énumérer les nombreuses espèces. Ils aiment un sol gras et fertile, humecté plutôt naturellement que par des irrigations. S'ils sont plantés dans l'argile ou dans le sable, ils ont besoin d'être arrosés. Dans les pays montagneux, ils doivent être exposés au midi. Ils croissent aussi dans les pays froids, si on les garantit de la rigueur du climat; ils ne refusent même pas de venir dans les lieux âpres et humides. Un sol maigre et aride rend les pommes véreuses et les fait tomber. On les plante de toute manière, comme les poiriers. Ils n'ont besoin ni de la charrue ni de la houe : aussi les prés leur conviennent-ils plus que tout autre terrain. Ils n'exigent pas le fumier de brebis, mais ils s'en accommodent volontiers, même lorsqu'il est mêlé de cendres. Ils aiment à être arrosés

maxime ut arida aut male nata tollantur. Citius senescit
hæc arbor, et in senectute degenerat. Si caduca sunt
poma, fissæ radici lapis injectus poma retinebit. Lacertæ
viridis felle si tangantur cacumina, non putrescit. Vermes ejus suillo stercore mixto humanæ urinæ aut felle
bubulo exstinguuntur. Qui si plures circa arborem sunt,
æreo scalpro semel rasi non ultra nascentur, si ea loca,
unde rasi sunt, bubulum stercus obducat.

Si spissa poma ramos onerabunt, interlegenda sunt
quæque vitiosa, ut alimentum ceteris succus æquiparet,
et generosis abundantiam ministret quam numerosa
vilitate perdebat. Malus omni generi inseri potest quo
pirus. Mense februario, martio et aliis, quibus pirus,
inseritur in malo, in piro, in spino, pruno, sorbo, persico, platano, populo, salice.

Diligenter legenda sunt mala quæ volumus custodire.
Ea in locis obscuris, ubi ventus non sit, stramentis prius
in crate subjectis, in cumulos secreta disponimus; qui
cumuli frequenti divisione separentur. Aliqui diversa
dixerunt, vel singula in vasculis fictilibus picatis atque
oblitis claudi, vel argilla involvi, vel solos pediculos
creta adlini, vel in tabulis substrata palea disponi, et
stramentis de superiore parte cooperiri. Mala rotunda,
quæ *orbiculata* dicuntur, sine cura toto anno servari
possunt. Alii in puteo vel in cisterna mergunt vasa fictilia, quibus diligenter picatis et clausis mala commit-
tuntur. Alii ex arbore mala illæsa sumpserunt, et pediculis eorum pice ferventi mersis supra tabulatum per

modérément. Il est bon de les tailler, surtout pour les débarrasser des branches sèches ou de mauvaise venue. Cet arbre vieillit de bonne heure, et dégénère dans sa vieillesse. Fendez-en la racine, et mettez-y une pierre pour retenir les fruits quand ils menacent de tomber. Frottez-en la cime de fiel de lézard vert, et il ne se pourrira point. On en tue les vers avec de la fiente de porc mêlée d'urine humaine, ou avec du fiel de bœuf. Y en eût-il des milliers autour de l'arbre, il ne s'en montrera plus, si on les racle avec un grattoir d'airain, et si l'on enduit de bouse de vache l'endroit d'où on les a fait tomber.

Les branches du pommier sont-elles surchargées de fruits, enlevez ceux qui sont gâtés pour répartir la sève aux autres, et reporter sur les bons fruits l'abondance des sucs que l'arbre distribuait en pure perte à une foule de mauvais. Le pommier se greffe sur les mêmes espèces que le poirier. Comme lui, on le greffe en février et en mars, ainsi que dans les autres mois, sur le pommier, le poirier, le prunellier, le prunier, le sorbier, le pêcher, le platane, le peuplier et le saule.

Choisissez avec soin les pommes que vous voulez garder. Couvrez de paille une claie, et rangez-les par tas séparés dans des lieux obscurs où l'air ne pénètre point. Ces tas devront être petits. On suit diverses méthodes pour conserver les pommes. Quelques-uns les enferment une à une dans des vases de terre poissés et bouchés, ou les enveloppent d'argile, ou en frottent seulement la queue de craie, ou les rangent sur des planches entre deux couches de paille. On peut, sans aucun soin, conserver toute l'année les pommes rondes qu'on appelle *orbiculaires.* D'autres renferment les pommes dans des vases de terre, poissés et bouchés hermétiquement, qu'ils plongent dans un puits ou dans une citerne. D'autres, après avoir cueilli des pommes intactes et en avoir trempé la queue dans de la poix bouillante, les rangent sur des

ordinem disponunt, nucum foliis subter expositis. Plerique scobem populi vel abietis inter mala diffundunt. Constat, mala sic ponenda, ut pediculorum partes deorsum facias, neque antequam usui necessaria videantur esse contingas. Vinum et acetum fit ex malis, sicut ex piris ante præcepi.

Cydoniis serendis plerique tempora diversa dixerunt. Tamen mihi usu compertum est, in Italia circa Urbem, mense februario vel inchoante martio, plantas cydoniorum radicatas in pastinato solo tenuisse adeo feliciter, ut sæpe sequentis anni fruge gauderent, si posita majoris status fuissent. Locis siccis et calidis, extremo octobri vel novembri inchoante ponantur. Amant cydonii locum frigidum, humectum. Si in tepido statuuntur, opus est illis rigatione succurri. Ferunt tamen statum mediocris situs inter naturam frigoris et caloris. Et in planis et in declivibus proveniunt; magis tamen inclinata et devexa desiderant.

Serunt aliqui cacuminibus et talea; sed tardus est in utroque proventus. Ita ponendæ sunt largæ arbores cydonii, ne alteram, quatiente vento, stillicidium tangat alterius. Dum minor est, vel quando ponitur, juvetur stercore; major vero cinere vel cretæ pulvere semel toto anno radicibus misso. Poma in his et cito matura et majoris incrementi assiduus humor efficiet. Rigandæ sunt, quoties cœlestis negatur infusio, et circumfodiendæ locis calidis, octobri mense et novembri; frigidis vero februario vel martio. Nisi enim circumfodiantur assidue, aut steriles efficiuntur, aut earum poma degenerant.

planches recouvertes de feuilles de noyer. La plupart répandent entre les pommes de la sciure de peuplier ou de sapin. Il faut les poser, la queue renversée, et n'y pas toucher avant qu'elles paraissent bonnes à manger. On fait du vin et du vinaigre avec les pommes, par les mêmes procédés que j'ai indiqués en parlant des poires.

Les auteurs ne s'accordent pas sur l'époque où l'on doit planter les cognassiers. Pour moi, je sais par expérience que des cognassiers, plantés avec leurs racines aux environs de Rome, au mois de février ou au commencement de mars, dans un terrain renouvelé, ont pris si heureusement, que souvent ils ont abondamment donné des fruits dès l'année suivante, quand ils avaient été plantés déjà grands. Plantez les cognassiers, dans les pays secs et chauds, à la fin d'octobre ou au commencement de novembre. Ils aiment un sol froid et humide. S'ils sont plantés dans un terrain chaud, il faut les aider par des arrosements. Ils supportent néanmoins une température moyenne. Ils viennent également dans un sol plat ou en pente; mais ils préfèrent un terrain qui s'incline et qui penche.

Quelques-uns plantent les cognassiers en cimes et en boutures; mais ils tardent à venir des deux manières. Il faut les espacer largement, afin que, si le vent les secoue, l'eau de l'un ne dégoutte pas sur l'autre. Quand ils sont petits, ou quand on les plante, ils ont besoin de fumier. Quand ils sont grands, on répand, une fois l'an, sur leurs racines de la cendre ou de la craie en poudre. L'humidité constante hâte la maturité des coings et les rend plus gros. On les arrose quand il ne pleut pas, et l'on en bêche le pied, dans les pays chauds, en octobre ou en novembre; dans les pays froids, en février ou en mars. Si l'on ne remue constamment le sol qu'ils recouvrent, ils deviennent stériles, ou leurs fruits dégénèrent.

Putandæ sunt, sicut probavi, et a vitiosis omnibus liberandæ. Si arbor ægra est, amurca aquæ æqualiter mixta radicibus debet affundi, aut calx viva temperata cum creta, vel resina locularis pici liquidæ mixta trunco arboris adlini, vel ablaqueatæ arbori circa radices imparis numeri poma cydonia, pro magnitudine ejus ponenda et obruenda, firmantur. Quod annis singulis factum, custodiet a vitiis, sed arboris longæ derogabit ætati.

Mense februario cydonia inseruntur, melius in trunco quam cortice. Recipiunt in se surculos prope omnis generis, punici, sorbi, omnium malorum quæ meliora producunt. Inseruntur autem novellæ arbores, quibus succus est, in cortice; si major est, circa radicem melius inseretur, ubi cortex et lignum beneficio soli adhærentis humescit.

Legenda sunt matura cydonia. Quæ hoc more servantur, vel inter binas tegulas posita, si luto ex omni parte claudantur, vel si defruto incoquantur aut passo. Alii quæ majora sunt, fici foliis involuta, custodiunt. Alii tantum locis siccis reponunt, a quibus ventus excluditur. Alii canna vel ebore in quatuor partes divisa, sublatis omnibus quæ in medio sunt, in vase fictili melle obruunt. Alii in melle sic integra dimittunt, in quo genere condiendi satis matura deliguntur. Alii milio obruunt, vel paleis separata demergunt. Alii plenis vino optimo vasculis mittunt, vel vini et defruti ad servanda cydonia æquum corpus efficiunt. Alii doliis musti mergunt, atque ita claudunt, quod odoratum reddit et vi-

Les cognassiers veulent être taillés (j'en ai fait l'expérience), et délivrés de tout ce qui peut leur être défavorable. Si vous en avez un de malade, versez sur ses racines du marc d'huile mêlé avec partie égale d'eau, ou enduisez le tronc, soit de chaux vive détrempée avec de la craie, soit de résine de larix mêlée avec de la poix liquide; ou bien, après l'avoir déchaussé, mettez autour de ses racines un nombre impair de coings proportionné à sa grandeur, et fixez-les en les couvrant de terre. Cette pratique, renouvelée chaque année, préserve l'arbre de maladie, mais nuit à sa durée.

On greffe les cognassiers au mois de février, plutôt sur le tronc que sous l'écorce. Ils reçoivent presque toutes sortes de greffes, celle du grenadier, du sorbier et de tous les pommiers qui donnent les meilleurs fruits. Jeunes et pleins de sève, on les greffe sous l'écorce; quand ils sont grands, il vaut mieux les greffer vers la racine, parce que la terre qui s'y attache rend leur écorce et leur bois humides.

Cueillez les coings quand ils sont mûrs. On les conserve, soit en les mettant entre deux tuiles unies de tous côtés avec de la boue, soit en les faisant bouillir dans du *defrutum* ou du *passum*. D'autres les conservent, quand ils sont gros, en les enveloppant dans des feuilles de figuier. D'autres les serrent simplement dans des endroits secs, où l'air ne pénètre point. D'autres, après les avoir coupés par quartiers avec un roseau ou un couteau d'ivoire, et en avoir ôté le cœur, les déposent dans un vase d'argile contenant du miel. D'autres les mettent aussi tout entiers dans le miel; mais alors, quand on veut les confire, on doit les choisir assez mûrs. D'autres les couvrent de millet, ou les placent séparément dans de la paille. D'autres les renferment dans des amphores remplies d'excellent vin, ou les conservent dans un mélange à parties égales de vin et de *defrutum*. D'autres les plongent dans

num. Alii in patina nova sicco gypso obruunt separata
cydonia.

Siliqua februario mense seritur et novembri, et semine
et plantis. Amat loca maritima, calida, sicca, campe-
stria; tamen, ut ego expertus sum, in locis calidis fe-
cundior fiet, si adjuvetur humore. Potest et taleis poni.
Scrobem desiderat largiorem. Inseri etiam posse mense
februario credunt aliqui in pruno vel amygdalo. Siliquæ
servantur diutissime, si expandantur in cratibus.

Amica est morus et vitis. Mori nascuntur ex semine,
sed et poma et virgulta degenerant. Serenda est taleis
vel cacuminibus, melius autem taleis sesquipedalibus, ex
utraque parte levigatis, ac fimo oblitis. Quum locum
palo ante fecerimus, immergimus ac tegimus, cinere
terris admixto; non amplius quam quatuor digitis ope-
rimus. Seremus a medio februario et toto martio; locis vero calidioribus, octobri postremo vel novembris
initio; sed verno maxime, die nono kalendarum aprilium.

Amant loca calida, sabulosa, et plerumque maritima.
In tofo vel argilla vix comprehendunt. Humor assiduus
moris prodesse non creditur. Fossionibus lætatur et stercore. Putria in his et arida post triennium sunt putanda.
Plantam, si robusta est, transferes mense octobri vel
novembri; si tenera, februario et martio. Scrobes desiderant altiores, intervalla majora, ne altera umbris
prematur alterius. Feracem altioremque mori arborem
fieri aliqui tradiderunt, si perforato hinc inde trunco singulos cuneos inseramus, terebinthi hinc, inde lentisci.

des vaisseaux contenant du moût et qu'ils bouchent ensuite, ce qui parfume le vin. D'autres enfin les rangent
à part sur un plat neuf qu'ils couvrent de plâtre sec.

On sème ou on plante le caroube aux mois de février
et de novembre. Le caroubier aime les pays voisins de la
mer, chauds, secs et plats ; mais, comme je l'ai éprouvé,
on augmente sa fécondité dans les pays chauds, si l'on
prend la peine de l'arroser. Il vient aussi de bouture.
Il demande une large fosse. Quelques-uns croient qu'on
peut le greffer, même au mois de février, sur le prunier ou
sur l'amandier. On en conserve très-longtemps les siliques
en les étalant sur des claies.

Le mûrier est ami de la vigne. Il vient de graine;
mais alors son fruit et son bois dégénèrent. Il faut le
planter en boutures ou en cimes, mais mieux en boutures
d'un pied et demi, aiguisées de chaque côté, et enduites
de fumier. Après avoir fait un trou avec un pieu, on y
met les boutures, et on les recouvre de cendres mêlées de
terre, qu'on ne doit pas entasser à plus de quatre doigts.
On les plante depuis le milieu de février jusqu'à la fin de
mars; dans les pays chauds, à la fin d'octobre, ou au
commencement de novembre, surtout au printemps, le
neuf des calendes d'avril.

Le mûrier se plaît dans les terrains chauds, sablonneux, et ordinairement voisins de la mer. Il prend difficilement dans le tuf et l'argile. On croit que l'humidité
continuelle lui est peu convenable. Il aime à être foui et
fumé. Après trois ans, il faut en élaguer les branches sèches
et pourries. On en transfère les plants, s'ils sont forts,
en octobre ou en novembre; s'ils sont jeunes, en février
et en mars. Ils exigent des fosses profondes, et beaucoup
d'emplacement, pour que l'ombrage de l'un n'incommode
pas l'autre. Ils deviennent plus fertiles et s'élèvent davantage, suivant quelques auteurs, lorsqu'on perce leur tronc
de part en part, et qu'on y insère d'un côté un coin de

Circa octobris kalendas morus ablaqueanda est, et radicibus ejus vini veteris recentissimæ fæces infundendæ. Inseritur autem in fico et in se tantum sub cortice. Ulmo insita comprehendit, sed parturit magnæ infelicitatis augmenta.

Avellanæ ponendæ sunt nucibus suis ; non amplius supra terra ducenda est, quam crassitudine digitorum duorum. Plantis tamen et sobole expertus sum melius provenire. Mense februario seu planta seu semen exponitur. Gaudent loco macro, humido, frigido et sabuloso. Mense julio circa nonas avellana matura est, locis tamen calidis.

Nunc seruntur myxa ex nucleis in aliquo vase positis. donec plantæ induant firmitatem, cœlo tepido, terra soluta, humore moderato. Inseruntur, mense martio, sorbis vel spinis.

Etiam nunc tuberes seruntur et inseruntur, et ossa duracinorum, vel plantæ ejusdem generis ponuntur et transferuntur, et inseri possunt. Et mespilus inseretur, et ossa ponentur prunorum.

Ficus etiam locis temperatis nunc poni potest, et sorbus hoc etiam mense seri, et amygdali semina in areis obrui, et locis temperatis nunc inseri mense inchoante, frigidis vero exeunte, conditis tamen surculis antequam germinent.

Et pistaciæ planta vel nunc statui aut inseri potest, et castanearum semina spargi. Nuces quoque juglandes etiam nunc seminariis recondi, et ipsum genus inseri, et frigidis et humectis locis nunc poterunt pineta seminari.

térébinthe, de l'autre un coin de lentisque. On doit les déchausser vers les calendes d'octobre, et verser sur leurs racines de la lie fraîche de vin vieux. On les greffe sur le figuier et sur eux-mêmes, seulement sous l'écorce. On peut le greffer sur l'orme, mais on n'obtient alors que de misérables rejetons.

On sème les avelines en nature, en observant de ne pas les recouvrir de plus de deux doigts de terre. J'ai cependant éprouvé qu'elles viennent mieux de plant et de rejetons. C'est au mois de février qu'on les plante ou qu'on les sème. Elles se plaisent dans un terrain maigre, humide, froid et sablonneux. Elles sont mûres vers les nones de juillet, au moins dans les pays chauds.

C'est à présent qu'on sème les noyaux de sébestes dans un vase; on les y laisse jusqu'à ce que la tige ait acquis de la force. Le sébestier exige un climat chaud, un sol léger et médiocrement humide. On le greffe au mois de mars, sur le sorbier ou le prunellier.

C'est maintenant aussi qu'on sème et qu'on greffe les pêches-noix, qu'on sème les noyaux de presses, qu'on plante et qu'on transplante les pieds d'arbres qui les produisent, et qu'on peut les greffer. On greffe également le néflier, et l'on met en terre les noyaux de prunes.

On peut encore planter à cette époque le figuier, dans les climats tempérés, semer la sorbe, enterrer les amandes dans des planches; greffer l'amandier, au commencement de ce mois, dans les climats tempérés, et, à la fin, dans les climats froids, pourvu qu'on le fasse avant la germination des greffes.

On peut de même planter le pistachier ou le greffer, semer les châtaignes, faire des pépinières de noyers, greffer le noyer lui-même, et former des plants de pins dans les pays froids et humides.

De educatione porcorum.

XXVI. Nunc verres maxime foeminas inire debebunt. Legendi sunt vasti et ampli corporis, sed rotundi potius quam longi, ventre et clunibus magnis, rostro brevi, cervice glandulis spissa, libidinosi, anniculi, qui usque ad quadrimos inire foeminas possunt. Scrofas vero longi lateris debemus eligere, et quibus ad sustinendum foeturæ onus magnus se venter effundat, cetera verribus similes. Sed in regionibus frigidis densi et nigri pili, in tepidis qualescumque provenerint. Foemina ad creandum, usque in annos septem partus onera gestare sufficiet; ad concipiendum, annicula debet incipere. Quarto exempto mense pariunt, ubi quintus incipiet. Incipiunt autem, sicut dixi, mense februario, ut solidioribus herbis nati et stipula succedente pascantur. Ubi facultas est transigendi, venditis qui subinde nati sunt, celerior matribus foetura reparatur.

Genus hoc omnibus locis haberi potest; melius tamen agris palustribus quam siccis, præcipue ubi arborum fructuosarum silva suppetit, quæ subinde maturis fructibus alterna per annum mutatione succurrat; maxime locis graminosis, et cannarum vel junci radice nutriuntur. Sed deficientibus alimentis per hiemem, nonnunquam præbenda sunt pabula glandis, castaneæ, vel frugum vilia excrementa ceterarum, verno magis, quum lactent novella virentia quæ porcis solent nocere.

Neque gregatim claudendæ sunt porcæ more aliarum pecudum, sed haras sub porticibus faciemus, quibus mater unaquæque claudatur, et alumnum gregem tutior ipsa defendat a frigore. Quæ haræ a superiori parte de-

Des porcs.

XXVI. C'est surtout à présent qu'il faut faire couvrir les truies. Choisissez à cet effet des verrats au corps vaste et bien développé, mais moins allongé qu'arrondi, au ventre et aux fesses larges, au groin court, au cou bien fourni de glandes, lascifs, âgés d'un an : ils peuvent saillir jusqu'à quatre. Que les truies aient les flancs allongés, et le ventre d'une ampleur capable de soutenir le fardeau de leur portée; pour le reste, qu'elles ressemblent aux verrats. Dans les pays froids, ces animaux doivent avoir les soies épaisses et noires; dans les pays chauds, la couleur est indifférente. On devra faire couvrir les femelles jusqu'à l'âge de sept ans, et pas avant la première année. Les truies mettent bas au bout de quatre mois, c'est-à-dire au commencement du cinquième. On leur donne le mâle, comme je l'ai dit, au mois de février, pour que leurs petits puissent se nourrir d'herbes déjà fortes et de la paille qui leur succèdera. Quand on peut s'en défaire en les vendant à mesure qu'ils naissent, les mères sont plus vite en état de donner une nouvelle portée.

On peut élever partout les porcs; néanmoins à une plaine aride on doit préférer un terrain marécageux, surtout s'il est couvert d'arbres fruitiers qui, par une maturité successive, leur fournissent une pâture dans chaque saison. Ils profitent beaucoup dans les herbages, en mangeant des racines de canne et de jonc. Quand la pâture leur manque en hiver, donnez-leur de temps en temps des glands, des châtaignes et des épluchures de toutes sortes de fruits, surtout au printemps, où les tiges laiteuses des herbes nouvelles les incommodent.

On ne renferme pas plusieurs truies ensemble, comme cela se pratique pour les bestiaux; mais on fait des loges sous des appentis où l'on met chaque mère à part, afin qu'étant elles-mêmes à l'abri, elles puissent garantir du

tectæ sint, ut libere numerum pastor exploret, et oppres-
sis a matre fœtibus sæpe subveniat subtrahendo. Curabit
autem ut fœtus proprios cum unaquaque procludat. Plus
vero quam octo, sicut Columella dicit, nutrire non debet. Mihi vero utilius probatur experto, porcam cui pabula suppetunt, ut plurimum sex nutrire debere, quia
licet plures possit educare, tamen frequentiore numero
sucta deficiet.

In porcis etiam illud est commodum, quod immissi
vineis necdum turgentibus, vel exacta vindemia, gramine
persequuto, diligentiam fossoris imitantur.

De vino myrtite aliter conficiendo.

XXVII. In hujus mensis initio aliter myrtite sic facies.
Mittes vini veteris x sextarios in lagena, et baccarum
myrti libras v miscebis. Quum xx et duorum dierum
spatium confusa transegerint, per quos vas quotidie convenit agitari, tunc palmea sporta colabis, et prædictis
decem sextariis mellis optimi fortiter triti pondo v miscebis.

De vite theriaca.

XXVIII. Theriacam vitem sic facies, cujus iste profe-
ctus est, ut vinum ejus, vel acetum, vel uva, vel sarmentorum cinis proficiat contra morsus omnium bestiarum.
Fit autem sic : Sarmentum quod pangendum est, trium
digitorum spatio in ima parte findatur, et sublata medulla ad ejus vicem theriacæ medicamen addatur; tunc
terræ mandetur vinculo diligenter adstrictum. Aliqui
eadem sarmenta jam medicamine satiata, intra scillæ bul-

froid leur portée. Ces loges seront découvertes dans le
haut, pour que le porcher surveille aisément les petits, et
vienne souvent à leur secours en les retirant de dessous leur
mère, qui pourrait les étouffer. Il aura soin de renfermer
les petits avec leur propre mère. Suivant Columelle, une
truie ne doit pas nourrir plus de huit petits. Pour moi, je
crois, d'après mon expérience, qu'il vaut mieux ne lui en
laisser que six au plus, quand la pâture est abondante.
En effet, quoiqu'elle puisse en élever davantage, elle dé-
périt, si elle en nourrit un plus grand nombre.

Il y a un autre profit à retirer des pourceaux. Envoyés
dans les vignes, avant qu'elles bourgeonnent, ou après la
vendange, ils font la guerre aux herbes, et jouent ainsi
le rôle d'un journalier diligent.

Autre manière de faire le vin de myrte.

XXVII. Au commencement de ce mois on fait autrement le vin de myrte. Voici comment : Mettez dans
une amphore dix setiers de vin vieux, et mêlez-y cinq
livres de baies de myrte. Au bout de vingt-deux jours,
durant lesquels vous aurez eu soin d'agiter journellement
le vase, vous passerez le tout à travers une corbeille
de palmier, et vous mêlerez, avec les dix setiers, cinq
livres d'excellent miel fortement battu.

De la vigne thériacale.

XXVIII. Voici, pour faire la vigne thériacale, une
recette si salutaire, que le vin, le vinaigre, le raisin ou
la cendre des sarments guérira de la morsure de toutes
les bêtes. Pratiquez, au bas du sarment que vous voulez
planter, une fente de trois doigts, et retirez-en la moelle
en y substituant de la thériaque; ensuite plantez-le en le
serrant soigneusement avec un lien. Quelques-uns, après
avoir saturé le sarment de thériaque, l'enfoncent dans
une scille, et le plantent comme on l'a dit. D'autres ver-

bum recondunt, et terris prædicta ratione committunt. Aliqui antidoti ejus affusione radices vitis infundunt. Sane sarmentum, si de hac vite sumatur ad transferendum, potentiam materni medicaminis non tenebit. Oportebit autem, theriacæ infusione assidua, vim succi senescentis iterare.

De uva sine granis.

XXIX. Est pulchra species uvæ, quæ granis interioribus caret. Hinc efficitur ut summa jucunditate sine impedimento sorberi possit, velut unum omnium corpus uvarum. Fit autem, Græcis auctoribus, hac ratione, per artem succedente natura : Sarmentum quod obruendum est, quantum latebit in terra, tantum findere debebimus, et medulla omni sublata ac diligenter exscalpta, membra iterum divisæ partis adunare, et vinculo constricta deponere. Vinculum tamen papyro asserunt esse faciendum, et sic in humida terra esse ponendum. Diligentius quidam sarmentum revinctum, quantum excisum est, intra scillæ bulbum demergunt, cujus beneficio asserunt sata omnia comprehendere posse facilius. Alii, tempore quo vites putant, sarmentum fructiferum putatæ vitis in ipsa vite, quam possunt de alto sublata medulla excavant non divisum, et calamo affixo alligant ne possit inverti. Tunc ὀπὸν κυρηναϊκὸν, quod Græci sic appellant, in excavata parte suffundunt, ex aqua prius ad sapæ pinguedinem resolutum, et hoc, transactis octonis diebus, semper renovant, donec vitis germina novella procedant. Et in granatis malis fieri hoc posse firmatur a Græcis, et in cerasis. Opus est experiri.

sent une infusion de l'antidote sur les racines de la vigne. Si vous prenez un sarment de cette vigne pour le transplanter, il perdra la propriété médicale de sa mère. Il faudra, pour rappeler cette vertu qui se dissipe, arroser assidûment le cep d'une infusion de thériaque.

Du raisin sans pépins.

XXIX. Il y a une belle espèce de raisin sans pépins. Aussi peut-on sans difficulté en avaler avec délice une grappe entière, comme si ce n'était qu'un fruit d'une seule pièce. Suivant les auteurs grecs, on l'obtient de la manière suivante, grâce à la nature qui vient au secours de l'art : Ne fendez du sarment que vous voulez planter que la partie qui doit être enterrée ; puis, après en avoir ôté toute la moelle et l'avoir gratté avec soin, rajustez les deux pièces du sarment, serrez-les avec un lien, et plantez-les. Selon ces auteurs, il faut que le lien soit de papyrus, et que le sarment soit déposé dans un sol humide. Quelques-uns, après avoir bien lié le sarment sur toute la longueur de la fente, l'enfoncent dans un oignon de scille, prétendant qu'avec son aide toutes les plantes prennent plus aisément. D'autres, à l'époque de la taille, creusent, en retirant la moelle, aussi profondément qu'ils le peuvent, un sarment à fruits, sans le fendre, sur la vigne même qu'ils ont taillée, et l'attachent à un roseau solide pour qu'il ne puisse être renversé. Ensuite ils introduisent dans la partie creusée une liqueur que les Grecs appellent suc de Cyrène, après l'avoir épaissi comme du *sapa*, et recommencent cette opération tous les huit jours, jusqu'à ce que les nouveaux bourgeons de la vigne paraissent. Les Grecs assurent qu'on peut également appliquer ce procédé aux grenadiers et aux cerisiers. Il faudrait en faire l'essai.

XXX. Vites quæ lacrymarum nimietate tabescunt, et deplorando vim roboris sui avertunt a fructu, trunco earum lacerato Græci sinum fieri jubent. Si hoc minus proderit, radicum robur pingue rescindi, ut afferat medicinam vulnus impressum. Tunc insulsa amurca ad medietatem decocta et refrigerata, plagæ excisio perlinetur, et sub hac acetum acre fundatur.

XXXI. Græci item myrtite sic præcipiunt temperari : Myrti baccas maturas in umbra siccatas, et postea tusas, uncias octo mittis in linteo, et suspendis in vino, et vas cooperies ac linibis; et quum plurimis diebus sic fuerit, auferes et uteris. Aliqui myrti baccas sine pluvia collectas maturas et locis siccioribus calcant vel exprimunt, et vino miscent viii cotularum mensuram per amphoram vini. Quod vinum medicinæ quoque proderit, ubi stypticis est utendum. Stomachum solidare titubantem solet, rejectiones sanguinis inhibere, fluorem ventris adstringere, limum dysentericæ passionis medicabiliter asperare.

XXXII. Conditum vel absinthiatum, vel rosatum, vel violatum procedere sponte fertur ex vitibus (ut natura suscipiat, quod procurare suevit industria) si sarmenta in vas aliquod semiplenum supradictis potionibus mersa serventur, et vivam terram simul resolvas ad lixivii modum, donec oculi sarmentorum nitantur exire; tunc eadem sarmenta gemmantia, in quo volueris loco, vitium ceterarum more deponas.

Des vignes pleureuses.

XXX. Lorsque les vignes se dessèchent à force de pleurer, et qu'elles privent ainsi leurs fruits de sève, les Grecs prescrivent d'en ouvrir le tronc pour y pratiquer un exutoire. Si ce moyen ne réussit pas, coupez-en la plus grosse racine pour trouver un remède dans cette plaie. Ensuite faites bouillir jusqu'à réduction de moitié du marc d'huile sans sel; lorsqu'il sera refroidi, frottez-en la plaie, et versez-y du vinaigre concentré.

Autre recette pour faire le vin de myrte.

XXXI. Voici la recette des Grecs pour faire le vin de myrte : Mettez dans un linge huit onces de baies de myrte mûres, et broyées après les avoir fait sécher à l'ombre; suspendez le sachet dans du vin, puis couvrez et lutez le vase. Quand les baies seront restées ainsi plusieurs jours, on les retirera du vin pour en faire usage. D'autres foulent ou expriment les baies de myrte après les avoir cueillies mûres, par un temps sec, dans un sol aride, et en mettant huit *cotules* de jus par amphore de vin. Ce vin s'emploie aussi en médecine comme astringent. Il fortifie les estomacs défaillants, arrête les crachements de sang, guérit la diarrhée, et durcit efficacement les matières dans la dyssenterie.

Des vins d'absinthe, de rose et de violette.

XXXII. On prétend que les vignes donnent d'elles-mêmes du vin d'absinthe, de rose ou de violette (la nature fournit ainsi ce qu'on doit ordinairement à l'art), si l'on plonge des sarments dans un vase à moitié rempli de ces sortes de vins, en y faisant dissoudre, comme dans une lessive, de la terre végétale, et si on les y laisse jusqu'à ce que les bourgeons commencent à poindre. Quand ils paraîtront, plantez les sarments, comme les autres vignes, où il vous plaira.

De botryonibus nigris et albis in eadem vite.

XXXIII. Ut vitis botryones et albos afferre possit et nigros, Græci sic fieri debere jusserunt : Si vicinæ sunt vites nigra et alba, quum putantur, sarmenta utriusque inter se divisa sic junges, ut medios utriusque generis oculos æquando reddere possis unitati; tunc papyro ligabis stricto et molli, atque humida terra curabis adlinire, et interjectis ternis diebus adaquare, donec germen novæ frondis erumpat. Hinc exempto tempore, si libuerit, genus efficies per plura sarmenta.

De horis.

XXXIV. Hic mensis in horarum mensura cum novembri mense concordat, quas hac numeri ratione colligimus :

Hora	i et ix	pedes xxvii
Hora	ii et x	pedes xvii
Hora	iii et ix	pedes xiii
Hora	iv et viii	pedes x
Hora	v et vii	pedes viii
Hora	vi	pedes vii.

Des raisins noirs et des raisins blancs sur une même tige.

XXXIII. Pour qu'une vigne puisse porter à la fois des raisins blancs et des raisins noirs, voici la méthode que prescrivent les Grecs : Si une vigne qui produit du raisin blanc et une vigne qui donne du raisin noir sont voisines, fendez, à l'époque de la taille, des sarments pris sur chacune d'elles, et ajustez-les de manière que les bourgeons de chaque espèce semblent n'appartenir qu'à un seul sarment; ensuite liez-les ensemble avec du papyrus souple et ferme, en ayant soin de les enduire de terre humide, et de les arroser tous les trois jours, jusqu'à ce que paraisse le germe de la feuille nouvelle. A la fin de ce mois, vous pourrez, s'il vous plaît, appliquer cette méthode à plusieurs sarments.

Des heures.

XXXIV. Ce mois s'accorde avec celui de novembre pour la durée des heures. Les voici réunies dans le tableau suivant :

I^e et XIe	heures	XXVII	pieds.
IIe et X^e	heures	XVII	pieds.
IIIe et IXe	heures	XIII	pieds.
IVe et VIIIe	heures	X	pieds.
V^e et VIIe	heures	VIII	pieds.
VIe	heure	VII	pieds.

DE RE RUSTICA

LIBER IV.

MARTIUS.

De putandis, et inserendis, et pangendis vitibus.

I. Martio mense locis frigidis putatio vinearum celebratur, de qua abunde februario mense loquuti sumus, usque quo incipit gemma esse suspecta. Nunc vineas oportet inserere, quum vites non aquato, sed spisso humore, lacrymabunt. Servabimus ergo ut truncus qui inseritur solidus sit, et alimento humoris exuberet, neque ulla vetustate aut injuria laceratus arescat. Tunc decisæ viti surculi qui inserendi sunt, sint solidi, rotundi, gemmis spissis, et pluribus oculati. Tres tamen oculi in insitione sufficient. Radendum est ergo sarmentum ad mensuram digitorum duorum, ut ab una parte sit cortex. Aliqui non patiuntur nudare medullam, sed leviter radunt, ut incisura sensim possit in acumen exire, et ut corticata pars cortici novæ matris aptetur. Infimus oculus ita infigendus est, ut trunco junctus adhæreat. Qui oculus exteriorem partem debet aspicere, vinculo salicis, infuso et palcato luto desuper, alligari; tegumento quoque aliquo a ventis et a sole defendi, ne

DE L'ÉCONOMIE RURALE

LIVRE IV.

MARS.

De la taille, de la greffe et de la plantation des vignes.

I. C'est au mois de mars, dans les pays froids, qu'on s'occupe généralement de la taille des vignes, dont nous avons amplement parlé au mois de février, jusqu'à ce que les bourgeons commencent à poindre. Maintenant il faut les greffer, tandis que leurs larmes forment plutôt une humeur épaisse qu'une goutte limpide. Vous prendrez donc garde que la souche que vous grefferez soit solide et fournisse d'abondantes larmes, qu'elle ne soit ni desséchée par la vieillesse, ni endommagée par quelque accident. Quand elle sera taillée, choisissez pour la greffe des scions fermes, ronds et garnis d'une épaisse rangée de bourgeons. Néanmoins trois bourgeons suffiront pour la greffe. Vous raclerez le sarment sur une longueur de deux doigts, en conservant l'écorce d'un côté. Quelques-uns ne permettent pas qu'on découvre la moelle, mais ils ratissent légèrement de manière que la partie grattée se termine graduellement en pointe, et que celle qui garde son écorce s'adapte à l'écorce de sa nouvelle mère. Le bourgeon le plus bas sera enfoncé dans la souche au point d'y être incorporé. Vous le tournerez en dehors, et vous l'attacherez

Palladius.

hi quatiant, hic adurat. Ubi calor temporis cœperit,
ligaturæ ipsi penicillo, circa vesperam, tenuis debet frequenter humor affundi, ut hoc alimento contra vim
cœli torrentis animetur. Quum ergo germen ruperit, et
aliquod ceperit incrementum, calami adjutorio debet
annecti, ne motus aliquis fragilem procedentis sarmenti
quasset ætatem. Ubi solidius quantumcumque proces-
serit, vincula oportet abscindi, ne adolescentia mollissimi germinis nodo duræ constrictionis angatur.

Aliqui infra terram semipedis spatio effossæ viti surculos inserunt, et beneficio congestionis accumulant, ut
hoc quoque novis sarmentis, præter nutricis alimenta,
subveniat. Nonnulli circa terras melius asserunt inseren-
dum, quia in altiori difficilius comprehendunt. Usque
ad idus vel æquinoctium vites, locis frigidis, pangendæ
sunt, seu pastino, seu sulco, seu scrobibus, more quo
dictum est.

De pratis purgandis in locis frigidis, et proscindendis agris.

II. Nunc locis frigidis prata purganda atque servanda sunt. Locis gelidis colles pingues, et agros uligi-
nosos proscindere atque exarare conveniet; vervacta
etiam, quæ januario mense sunt facta, repetere.

De panico et milio.

III. Calidis et siccis regionibus panicum seremus et
milium. Levem et solutam terram desiderant; nec in
sabulone solum, sed in arena quoque proveniunt, dummodo cœlo humido et solo serantur irriguo, quia sic-

avec un lien de saule que vous recouvrirez d'un mélange
de boue et de paille. Vous le défendrez aussi du vent et du
soleil à l'aide de quelque abri, pour qu'il ne soit ni ébranlé
par l'un, ni brûlé par l'autre. Quand la chaleur commencera, vous verserez souvent, avec une éponge, vers le soir,
un peu d'eau sur la ligature, afin de donner ainsi à la greffe
la force de supporter l'ardeur du soleil. Lorsque le bourgeon se sera élancé, et que son jet aura pris quelque développement, vous l'attacherez à un roseau pour qu'aucune
secousse ne nuise à son âge fragile. Dès qu'il aura toute sa
vigueur, vous couperez le nœud, de peur qu'un aussi
tendre rejeton ne souffre de la dureté de ses liens.

Quelques-uns, après avoir foui la vigne à un demi-
pied, la greffent et recouvrent les scions d'un amas de
terre, afin que les nouvelles pousses profitent à la fois
des sucs nourriciers du sol et de la sève maternelle. D'autres assurent qu'il vaut mieux greffer les vignes à fleur de
terre, parce que les scions enterrés prennent plus difficilement. Vous planterez la vigne, dans les pays froids,
jusqu'aux ides ou jusqu'à l'équinoxe, soit dans un terrain façonné, soit dans une tranchée ou dans des fossés,
d'après la méthode prescrite.

Du nettoyage des prairies et du labourage des terres dans les pays froids.

II. Dans les pays froids, il faut à présent nettoyer les
prairies et les garder. Dans ceux où le froid est plus in-
tense, il est à propos de défricher et de labourer les collines grasses et les plaines marécageuses ; il convient aussi
de repasser les terrains façonnés au mois de janvier.

Du panic et du millet.

III. Semez le panic et le millet dans les pays chauds
et secs. Ils veulent une terre meuble et légère. Ils viennent
non-seulement dans le sablon, mais encore dans le sable,
pourvu que le climat soit humide et le terrain entrecoupé

cum et argillosum agrum reformidant. Herbis liberentur assidue. Quinque sextariis spatium jugeri complebitur.

De cicere.

IV. Nunc cicer utrumque serere debemus loco lætissimo, cœlo humido. Macerandum est pridie, ut possit citius nasci. Jugerum tribus modiis conseretur. Cicer grande nasci Græci dicunt, si infundatur aqua tepida pridie; amare etiam loca maritima; temperius provenire, si seratur autumno.

De cannabo.

V. Hoc etiam mense cannabum serimus usque in æquinoctium vernum, hac ratione qua in februario disputatum est.

De cicera.

VI. Nunc cicera seritur, quæ distat a cicercula solo colore quo sordet, et nigrior est, primo sulco vel secundo, solo læto. Jugerum quatuor vel tribus, vel etiam duobus modiis implebimus.

De novellis vitibus curandis.

VII. Hoc mense novella vinea incipiat pulverari, quod nunc ac deinceps per omnes kalendas, usque ad octobres, faciendum est, non solum propter herbas, sed ne tenera adhuc semina solidata terra constringat. Graminum radices, quæ plurimum vitibus nocent, exstirpandæ sunt. Nunc locis frigidis vinearum fossio celebranda est, et palandæ atque ligandæ sunt vites; sed novellam mollibus vinculis alligemus, quia eam teneram vincula duriora præcidunt. Palus majoribus vitibus so-

d'eaux vives, car ils craignent un sol aride et argileux.
Débarrassez-les sans cesse des mauvaises herbes. Cinq
setiers de semence suffisent pour un arpent.

Des pois chiches.

IV. Maintenant semez les deux espèces de pois chiches
dans un terrain très-gras et un climat humide, après les
avoir détrempés, la veille, pour qu'ils puissent lever plus
promptement. Trois boisseaux de graine suffisent pour un
arpent. Les Grecs prétendent que les pois grandissent davantage, si, la veille, on les arrose d'eau tiède; qu'ils
aiment les pays voisins de la mer, et viennent plus tôt, si
on les sème en automne.

Du chanvre.

V. C'est aussi dans ce mois qu'on sème le chanvre jusqu'à l'équinoxe du printemps, d'après la méthode qui a
été prescrite en février.

De la cicerole.

VI. Semez à présent la cicerole, qui ne diffère de la
gesse que par sa couleur plus foncée et plus noire, dans un
terrain gras qui aura reçu un ou deux labours. Quatre ou
trois boisseaux, deux même suffisent pour ensemencer un
arpent.

Des soins à donner aux vignes nouvelles.

VII. Commencez, dans ce mois, à briser les mottes
au pied des vignes nouvelles. C'est une opération qu'il faut
faire maintenant et à toutes les calendes, jusqu'à celles
d'octobre, non-seulement à cause des herbes, mais encore
pour que la terre durcie n'étouffe pas le jeune plant. Ex-
tirpez les racines de chien-dent qui nuisent, beaucoup
aux vignes. Occupez-vous de fouir les vignobles dans les
pays froids, d'échalasser et d'attacher les ceps, en em-
ployant pour une jeune vigne de tendres liens; car s'ils
étaient trop durs, ils la couperaient. Appuyez les grands

lidus, minoribus ponatur exilis. Propter umbræ mo-
lestiam statuatur ab aquilone, et plaga frigida, spatio
quatuor digitorum vel semipedis remotus a vite, ut
possit ex omni parte circumfodi.

Vineas veteres nunc aliqui a terra altius truncant,
studentes reparationi; sed vitiosum est; nam plerumque
vastior plaga sole putrescit et roribus. Quare hoc genere reparetur: Prius ablaqueabitur altius, donec ejus
nodus appareat; deinde infra terram supra nodum recidatur, ut operta de frigore et sole nihil timeat. Hoc
faciendum, si optimi generis vitis sit, et alte posita;
alioquin generosis melius erit inserenda sarmentis.

Omnia supra dicta locis calidis primo mense; frigidis
vero post idus ipsius exsequemur. Ægras vites vel quibus fructus arescit circumfodies, et urinam veterem suffundes; item cinerem sarmenti vel querci aceto mixtum
subjice, aut incisas circa terram lætamine refoveto, et
quæ germinant fortiora dimitte.

Quum vitis bidente læditur aut ferro, plagam, si
terræ juncta est, adline stercore ovillo vel caprino:
tunc terra mixta circumfossa ligare curato. Si in radice
læsa est, operiens liquidum lætamen admisce.

De oleis curandis.

VIII. Nunc oleis laborantibus circum radices insulsa
amurca fundetur. Maximis arboribus, quod Columella
dicit, sex congii, mediocribus quatuor, ceteris pro æsti-

ceps sur un échalas solide, et les petits sur un plus faible.
Pour que leur ombre ne nuise pas, fixez les échalas au
nord et du côté du froid; mettez-les à quatre doigts ou à
un demi-pied de distance, afin qu'on puisse creuser librement à l'entour.

Quelques-uns coupent à présent les vieilles souches à
une certaine élévation de terre pour les renouveler; mais
cette méthode est mauvaise, parce qu'une si grande plaie
se pourrit souvent au soleil et à la pluie. La manière
suivante est préférable : Déchaussez profondément la souche jusqu'à ce que les racines paraissent ; ensuite coupez-
la en terre au-dessus des racines, afin que, lorsqu'on la
recouvrira, elle n'ait rien à craindre du froid ni du soleil.
Cette méthode convient quand la vigne est d'excellente
espèce, et pousse de profondes racines ; autrement il vaudrait mieux la greffer avec des sarments vigoureux.

Tout ce que nous venons de dire doit être fait au commencement du mois dans les pays chauds, et après les
ides dans les pays froids. Bêchez autour du pied des vignes malades ou dont le fruit se dessèche, et arrosez-les
de vieille urine ; ajoutez-y de la cendre de sarment ou de
chêne mêlée avec du vinaigre, ou, après les avoir coupées à fleur de terre, réchauffez-les avec du fumier, et
laissez-en croître les plus fortes pousses.

Quand un cep est blessé par la houe ou par un instrument de fer, si la plaie touche au sol, enduisez-la de fumier de brebis ou de chèvre, et ayez soin d'y faire une
ligature que vous recouvrirez de terre prise au pied du
cep. S'il est blessé à la racine, ajoutez du fumier liquide
et recouvrez-en la plaie.

Des soins qu'exigent les oliviers.

VIII. Arrosez maintenant de marc d'huile sans sel les
racines des oliviers malades. Il en faudra six conges,
d'après Columelle, pour les plus grands arbres, quatre

matione sufficiunt. Alii paleas fabæ binos per majorem arborem qualos ; alii veteris urinæ humanæ trunco, quantum satis videtur, affundunt, et arbori mortarium statim faciunt, maxime locis siccis, trunco ante cooperto.

Oleam sterilem terebra Gallica perforabis ; tunc duos frugiferæ arboris ab australi parte ramos ejusdem magnitudinis tollis, et stricte in foramen utrumque conjicies, et abscisso eo quod superabit, luto paleato curabis occulere. Sed si sine fruge luxuriant, oleastri palum, vel lapidem, vel pini vel querci palos radicibus ejus infige.

Nunc etiam, quibus moris est, frumenta iterum sarrire conveniet. Nunc locis frigidis seminaria, quæ februario mense dicta sunt, baccarum et seminum fiant, et rosaria in mensis initio percolantur.

De hortis.

IX. Nunc horti optime sumunt cultionis initia. Mense martio carduus seritur. Terram stercoratam et solutam diligit, quamvis in pingui possit melius provenire. Et hoc illi contra talpas prodest, si pangatur in solido, ne terra ab inimicis animalibus facilius perforetur. Serendi sunt cardui luna crescente, in area jam parata ; semina spatio semipedis discreta. Cavendum est ne semina inversa ponantur ; nam debiles, incurvos et duros creabunt. Non alte imprimenda sunt, sed tribus digitis comprehensa mergantur, donec ad primos articulos terra perveniat. Tunc leviter operiantur, et herbis liberentur

pour les arbres de moyenne taille, et plus ou moins pour les autres, suivant leur élévation. D'autres jettent sur les racines des cosses de fèves, environ deux paniers pour un grand arbre. D'autres couvrent le tronc, font sur-le-champ une excavation au pied, surtout dans les pays secs, et y répandent une quantité suffisante de vieille urine d'homme.

Traversez avec une tarière gauloise un olivier stérile. Ensuite prenez, du côté du midi, sur un arbre fécond, deux branches de même longueur; enfoncez-les fortement dans chaque côté du trou, et, après avoir coupé ce qui déborde, recouvrez-les de bouc mêlée de paille. Mais si les oliviers ne produisent qu'un abondant feuillage, enfoncez dans leurs racines soit une pierre, soit une cheville d'olivier sauvage, de pin ou de chêne.

C'est à présent aussi que ceux qui sarclent leurs blés doivent le faire pour la seconde fois. On formera également, dans les pays froids, les pépinières de baies et d'autres semences dont j'ai parlé au mois de février. Les plants de rosiers aussi réclament des soins au commencement du mois.

Des jardins.

IX. Voici l'époque favorable pour commencer à cultiver les jardins. Semez les artichauts au mois de mars. Ils aiment une terre fumée et légère, quoiqu'ils puissent venir mieux dans un terrain gras. On les garantit des taupes en les semant dans un sol ferme, afin que ces animaux pernicieux ne le fouillent pas aussi aisément. Les artichauts se sèment au premier quartier de la lune, dans une planche préparée à l'avance. On laisse un demi-pied entre les graines, et l'on évite de leur donner une position renversée, parce qu'elles ne produiraient que des artichauts maigres, tortus et durs. On ne les enterre pas profondément, mais on les tient entre trois doigts, qu'on enfonce jusqu'à la hauteur des premières phalanges. Ensuite on les

assidue, donec plantaria solidentur, et rigentur, si æstus
intervenit.

Si acumina seminum confringas, spinis carebunt;
item si semina eorum madefeceris per triduum laurino
oleo, vel nardino, vel opobalsamo, vel succo rosæ,
vel mastichino, et postea siccata depresseris, ejusdem
saporis orientur cujus unguentum semina combiberunt.
Singulis sane annis a codice auferendæ sunt plantæ, ut
nec matres fatigentur, et soboles per alia spatia digera-
tur : cum aliqua tamen radicis parte vellendæ sunt.
Quos reservabis ad semina colligenda, liberatos omnibus
pullis testa supertegere debebis aut cortice; nam solent
semina sole vel imbribus interire.

Contra talpas prodest catos frequenter habere in mediis carduetis. Mustelas habent plerique mansuetas. Aliqui foramina earum rubrica et succo agrestis cucumeris
impleverunt. Nonnulli juxta cubilia talparum plures ca-
vernas aperiunt, ut illæ territæ fugiant solis admissu.
Plerique laqueos in aditu earum setis pendentibus ponunt.

Hoc etiam mense ulpicum bene et allium seremus, et
cepullas, et cunilam, locis frigidis, et anethum. Nunc
et sinapis et caules optime seruntur vel plantantur; et
malva seritur et armoracea, et origani planta transfertur. Lactuca et beta, et porrus, et capparis seri possunt,
et colocasia, et satureia, et nasturtium. Intyba etiam et
raphanos nunc aliqui serunt, quibus utantur æstate.

Nunc melones serendi rarius : distent inter se semina

recouvre légèrement, et on les purge sans cesse des mauvaises herbes, jusqu'à ce que les tiges soient fortes. On les arrose quand il fait chaud.

Si vous cassez la pointe de la graine, les artichauts naîtront sans épines; de même, si après avoir trempé la graine pendant trois jours dans de l'huile de laurier ou de nard, dans du baume blanc, dans de l'essence de roses ou de la gomme de lentisque, vous la faites sécher avant de l'enterrer, vous obtiendrez des artichauts imprégnés de l'odeur dont la graine aura été parfumée. Tous les ans, vous enlèverez, avec une portion de leurs racines, quelques pieds des souches afin de les soulager, et d'en disposer les rejetons sur d'autres planches. Les artichauts réservés pour la graine seront débarrassés de tous leurs rejetons, et couverts d'un pot de terre ou d'une écorce, parce que le soleil ou la pluie en fait ordinairement périr la graine.

Pour garantir des taupes les plants d'artichauts, il est souvent utile d'y aposter des chats. Beaucoup de gens ont, à cet effet, des belettes apprivoisées. Quelques-uns bouchent les trous des taupes avec de la terre rouge et du jus de concombre sauvage. D'autres pratiquent plusieurs trous près de la retraite de ces animaux, dans le but d'y faire pénétrer les rayons du soleil qui les effraye alors au point de les mettre en fuite. La plupart dressent, à l'entrée de leurs souterrains, des piéges suspendus à des soies.

Vous sèmerez également à propos, ce mois-ci, l'ail d'Afrique, l'ail ordinaire, la ciboule, et, dans les pays froids, l'origan et l'aneth. Vous pouvez aussi très-bien semer ou planter la moutarde et les choux, semer la mauve et le grand raifort, et transplanter l'origan. Semez encore la laitue, la poirée, le poireau, les câpres, la colocasie, la sarriette et le cresson. Quelques-uns même sèment à présent la chicorée et les raiforts, pour les manger en été.

Il faut maintenant semer les melons de loin à loin : les

pedibus duobus, locis subactis vel pastinatis, maxime arenis. Semina ejus mulso et lacte per triduum maceranda sunt, et tunc jam siccata ponenda : hinc suaves efficientur. Odorati autem fiunt, si eorum semina multis diebus inter rosæ folia sicca mergantur.

Nunc et cucumeres seminantur, rare sulcis factis, altitudine sesquipedali, latitudine pedum trium. Inter sulcos viii pedum spatium crudum relinques, ubi possint vagari. Herbis juvantur; ideo sarculo et runcatione non indigent. Semina si ovillo lacte et mulsa maceres, dulces nascentur et candidi. Longi et teneri fiunt, si aquam in patenti vasculo sub eis ponas, duobus palmis inferiorem, ad quam festinando tales efficientur. Sine semine nascentur, si prius eorum semina oleo Sabino perungantur, et herba ea, quæ culex dicitur, trita confricentur. Aliqui florem cucumeris cum viticulæ suæ capite cannæ inserunt, cui prius omnes nodos perforaverint : ibi cucumis nascetur in nimiam longitudinem tensus.

Oleum sic metuit, ut si juxta posueris, velut hamus plicetur. Quoties tonat, velut timore perterritus convertitur. Si ejus florem, sicut in sua vite est, in forma fictili clauseris ac ligaveris, qualem vultum forma vel hominis vel animalis habuerit, talem cucumis figuram præstabit. Hæc omnia Gargilius Martialis asseruit. Columella dicit, loco aprico et stercoroso si rubos habeamus aut ferulas, post autumni æquinoctium, his juxta terram recisis et excavatis ligneo stilo, inter medullas lætamen immittamus, et cucumeris semen addamus : hinc nasci fructus, qui possint et inter frigora non necari.

pepins seront placés à deux pieds l'un de l'autre, dans un terrain labouré ou façonné, et surtout dans le sable. Vous les ferez tremper pendant trois jours dans de l'hydromel et du lait, et vous les sèmerez quand ils seront secs : vos melons auront ainsi un goût délicieux. Vous les parfumerez en mettant les pépins durant plusieurs jours dans des feuilles de roses sèches.

Semez maintenant aussi les concombres dans des fosses suffisamment espacées, d'un pied et demi de profondeur sur trois pieds de large. Laissez en friche, entre ces fosses, un intervalle de huit pieds sur lequel les concombres puissent s'étendre. Comme l'herbe leur plaît, il n'est pas nécessaire de l'arracher ni de la sarcler. Faites tremper les pépins dans du lait de brebis et de l'hydromel, les concombres seront doux et blancs. Pour qu'ils deviennent longs et tendres, mettez sous eux, à deux palmes de distance, un large vase rempli d'eau qu'ils s'empresseront d'atteindre. Ils naîtront sans pépins, si on frotte la graine d'huile sabine et de psillium broyé. Quelques-uns introduisent la fleur d'un concombre, avec l'extrémité du brin qui lui sert d'attache, dans un roseau dont ils ont percé tous les nœuds, et le fruit acquiert par là une longueur démesurée.

Cette plante craint tellement l'huile, que, si l'on en met près de lui, il se courbe en forme de crochet. Quand il tonne, il se retourne comme frappé d'effroi. Enfermez et attachez dans un moule d'argile la fleur du concombre sans la séparer du brin où elle tient : le concombre prendra la forme de l'homme ou de l'animal que représente le moule. Tous ces faits sont attestés par Gargilius Martialis. Suivant Columelle, si vous avez des ronces ou des férules dans un lieu exposé au soleil et bien fumé, coupez-les après l'équinoxe d'automne, et creusez-les avec un stylet de bois; puis introduisez du fumier dans la moelle, et mettez-y un pépin de concombre. Il en naîtra des fruits qui pourront résister même au plus grand froid.

Hoc mense asparagos seremus circa apriles kalendas pingui loco, humido, subacto, ita ut minoribus fossulis ad lineam directis bina aut terna grana semipedis spatio discreta ponantur; dehinc stercore solum tegatur, et herbæ subinde vellantur, vel per hiemem supra stramina jaciantur primo vere tollenda : hinc post triennium nascentur asparagi. Sed expeditior ratio est, si asparagorum spongias ponas, quæ cito fructum ministrent. Hæ sic fient : Semina asparagi quanta tribus digitis comprehendere possis, post idus februarii, pingui et stercorato solo in singulis fossis pones, et leviter obrues: his coeuntibus, radix connexa nascetur quæ appellatur spongia. Sed et hæc moras habet; nam per biennium in seminario suo est stercore et assidua runcatione nutrienda. Deinde post æquinoctium autumni transferetur, et vere asparagum dabit.

Has erit utilius comparare, quam longa exspectatione nutrire. Eas tamen in sulcis disponemus, si loca sicca sunt, inter medios sulcos; si humida, in summitate sulcorum. Humor spongias asparagorum transitu suo debet tantum rigare, non sistere. Asparagum, quem primo protulerint, confringere debemus, non avellere, ne adhuc invalidam moveamus spongiam. Ceteris annis avellendus est, ut oculos suæ germinationis aperiat; quia si deinceps refringas, loca, quæ fecunda esse consueverunt, remanente asparagi radice claudentur. Ministrabunt autem vere, et autumno reservabis eum de quo sumpturus es semina. Postea scopas ejus incendes, tunc circa hiemem spongiis adjicies stercus et cinerem.

A cette époque, on sème les arperges, aux environs des calendes d'avril, dans un terrain gras, humide et bien travaillé. On met dans de petites fosses alignées au cordeau deux ou trois graines 'd'asperges, en les espaçant d'un demi-pied; ensuite on fume le sol; on en arrache de temps en temps les herbes, ou, en hiver, on le couvre de paille qu'on enlève au printemps, et l'on a des asperges au bout de trois ans. Mais il est plus court de planter des griffes d'asperges, qui donneront promptement du fruit. Voici comment on s'y prend : Creusez des fosses dans un terrain gras et fumé; mettez dans chacune, après les ides de février, une pincée de graines d'asperges, et couvrez-les légèrement de terre. Ces graines réunies formeront une racine entortillée qu'on appelle griffe. Néanmoins cette racine est elle-même tardive; car, pendant deux ans, il faut l'entretenir dans sa pépinière avec du fumier, et arracher souvent les mauvaises herbes. On la transplante après l'équinoxe d'automne, et au printemps elle donne des asperges.

On gagnera plus à acheter ces racines qu'à les attendre longtemps en les formant soi-même. On les alignera au milieu des tranchées, si le terrain est sec, et sur l'ados, s'il est humide. L'eau ne doit que passer sur les griffes d'asperges pour les arroser, sans s'y arrêter. On n'arrachera pas les asperges qu'elles auront produites la première année, mais on les rompra pour ne pas ébranler les griffes encore faibles. On les arrachera, les années suivantes, afin de découvrir les rejetons qui doivent en produire de nouvelles. En effet, si on continuait de les rompre, des terrains, ordinairement fertiles, seraient embarrassés par les racines d'asperges qu'on y laisserait. C'est au printemps qu'on pourra les manger, et l'on réservera pour l'automne celles dont on voudra recueillir la graine. Ensuite on en brûlera le fanage, et l'on couvrira les griffes de fumier et de cendres à l'approche de l'hiver.

Hoc mense ruta seritur locis apricis, solius cineris inspersione contenta. Loca desiderat altiora, unde humor elabitur. Si ponas semina ejus adhuc clausa folliculis, singulatim manu debebis affigere; si jam minuta sunt, sparsa jactabis, et rastro obducta cooperies. Caules ejus, qui inclusis seminibus nati fuerint, fortiores erunt, sed sero nascentur. Ramuli ejus cum aliqua corticis parte convulsi verno tempore pro plantis tenebunt; tota vero translata morietur. Nonnulli ramulos ejus pertusæ fabæ inserunt vel bulbo, atque ita obruunt alieno vigore servandos. Prosequuntur etiam maledictis, et maxime in terra soluti lateris ponunt, quod prodesse certissimum est. Sed, ut asserunt, melius furtiva proveniet. Sub fici arboris umbra libentius acquiescit. Non effodi herba, sed optat avelli. Immundæ mulieris formidat attactum.

Ab hoc mense usque in octobrem totum coriandrum seritur. Amat terram pinguem, sed et macro solo nascitur. Semen melius putatur quod vetustius fuerit. Delectatur humore. Satum bene cum olere quocumque nascetur.

Hoc mense cucurbita serenda est. Amat solum pingue, humidum, stercoratum, solutum. Hoc in cucurbitis insigne est, quod longas pariunt et exiles semina, quæ in earum cervice nascuntur; quæ in ventre fuerant, cucurbitas faciunt crassiores. Quæ in fundo, latas, si inversis cacuminibus obruantur. Ubi adolescere cœperint, adminiculis adjuventur. Quæ servantur ad semina, usque ad hiemem in sua vite dependeant, deinde sublatæ in sole ponantur aut fumo; aliter semina putrefacta depereunt.

A cette époque, on sème, dans un terrain exposé au soleil, la rue, qui se contente d'être saupoudrée de cendre. Elle demande un sol élevé, d'où l'eau puisse s'écouler. Si les graines sont renfermées dans leurs capsules, on les placera en terre une à une avec la main; mais si elles en sont dépouillées, on les répandra et on les recouvrira avec la herse. Les tiges venues de la graine en capsule seront plus fortes, mais tardives. Les petits rameaux de la rue, arrachés au printemps avec une partie de son écorce, tiendront lieu de plant; elle périrait, si on la transplantait tout entière. Quelques-uns insèrent ces petits rameaux dans une fève percée ou dans une bulbe, et les plantent ainsi sous la sauvegarde d'une force étrangère. Ils les chargent aussi de malédictions, et les enterrent dans de la poudre de brique, qu'on sait lui être avantageuse. Mais la rue vient encore mieux, dit-on, quand on l'a volée. Elle croît volontiers à l'ombre du figuier. Elle ne veut pas seulement qu'on retourne l'herbe autour d'elle, mais qu'on l'arrache. Elle redoute le contact d'une femme qui a ses règles.

La coriandre se sème à partir de cette époque jusqu'à la fin d'octobre. Elle aime une terre grasse, mais lève néanmoins dans un sol maigre. On croit que sa graine devient meilleure en vieillissant. L'eau plaît à la coriandre. Une fois semée, elle vient avec toute espèce de légumes.

Semez la courge ce mois-ci. Elle aime un terrain gras, humide, fumé, léger. Ce qu'elle a de remarquable, c'est que les pépins tirés de sa partie supérieure produisent des courges longues et grêles; ceux de son ventre, des courges grosses; ceux de son fond, des courges larges, pourvu qu'on les enterre la pointe en bas. Quand les courges commencent à croître, donnez-leur un appui. Ne cueillez qu'à l'approche de l'hiver celles que vous conservez pour la graine; puis, une fois enlevées, exposez-les au soleil ou à la fumée : autrement la graine se pourrit et se perd.

Hoc mense blitus seritur solo qualicumque, sed culto. Olus hoc neque runcandum est, neque sarculandum. Quum semel natum fuerit, ipsum se per multa sæcula seminis sui dejectione reparabit, ut, etiamsi velis, vix possit aboleri.

Nunc etiam serpyllum seritur plantis et semine, sed vetustate meliori. Lætius frondebit, si juxta piscinam, vel lacum, vel putei margines conseratur.

Anisum quoque et cyminum nunc bene seritur. Locis lætioribus melius provenit, itemque ceteris, si humore juvetur et stercore.

De malo Punico, citreo, mespilo et fico.

X. Locis temperatis mense martio vel aprili mala Punica seremus; calidis vero et siccis, novembri. Amat hæc arbor solum cretosum, macilentum, sed in pingui etiam provenit. Regio illi est apta, quæ calida est. Seritur plantis de matrum radice devulsis. Sed quamvis multis generibus seratur, melius tamen ramus ejus cubitalis incisus manubrii crassitudine, et capite utroque acuta falce levigatus, scrobi velut obliquus immergitur; prius tamen porcino stercore et in capite et in parte quæ ima est, oblinatur, vel in crudo solo malleo cogatur ad inferiora defigi. Melius proveniet, si ponendus ramus gemmata jam matre sumatur. Sed qui in scrobe deponit, si tres lapillos in ipsa radice constituat, providebit ne poma findantur. Curandum ne virgulta inversa deponas.

Creduntur acida fieri, si rigentur assidue; nam siccitas in his et suavitatem præstat et copiam. Cujus ta-

C'est maintenant qu'on sème la blette dans toute espèce de terrain, pourvu qu'il soit cultivé. Elle ne demande à être ni sarclée ni délivrée des mauvaises herbes.
Une fois venue, elle se renouvelle elle-même pendant des
siècles en laissant tomber sa graine, de sorte qu'on pourrait difficilement la détruire, quand même on le voudrait.

On sème aussi à présent le serpolet, en plant comme
en graine; celle-ci est meilleure lorsqu'elle est vieille.
Semé près d'un réservoir, d'un lac, ou sur les bords d'un
puits, le serpolet se couvre d'un plus riche feuillage.

On sème encore très-bien, à cette époque, l'anis et le
cumin. Ils réussissent mieux dans des terrains gras, quoiqu'ils viennent également dans d'autres, au moyen de
l'eau et du fumier.

Du grenadier, du citronnier, du néflier et du figuier.

X. On sèmera la grenade au mois de mars ou d'avril
dans les climats tempérés, et au mois de novembre dans
les pays chauds et secs. Le grenadier aime un sol cré-
tacé et maigre; cependant il vient aussi dans un terrain
gras. Une latitude chaude lui convient. On le propage de
plant en détachant un pied de la racine d'un arbre fait.
De toutes les manières de le planter, la meilleure consiste
à coucher presque obliquement dans une fosse une branche d'une coudée de long, et de la grosseur d'un manche,
après l'avoir amincie par les deux extrémités avec une
serpette bien affilée, et l'avoir enduite de fiente de porc
à l'un et à l'autre bout. On peut aussi l'enfoncer profondément à coups de maillet dans un sol non labouré. La
branche vient mieux, si on la prend sur un grenadier qui
bourgeonne. En la déposant dans la fosse, si on met dans sa
racine trois petites pierres, on empêchera les grenades de
se fendre. On prendra garde de la planter en sens inverse.

On croit que les fruits s'aigrissent quand on arrose
trop le grenadier; car la sécheresse les rend doux et abon-

men nimietati aliquid debet humoris opponi. Circumfodi autumno debet et verno. Si acida nascantur, modicum laseris cum vino tritum per summa arboris cacumina oportet infundi, vel ablaqueatis radicibus tædæ clavus infigi. Alii algam marinam obruunt ad radices, cui nonnulli stercus miscent asininum atque porcinum. Si florem non continet, urinam veterem compari mensura aquæ temperabis, et ter per annum in radicibus infundes : uni arbori amphora ingesta sufficiet. Vel amurcam mittes insulsam, vel algam radicibus junges, et bis rigabis in mense; vel arboris florentis truncum plumbeo circulo debebis includere, vel corio anguis involvere. Si crepant poma, lapidem in media arboris radice supponis, vel scillam circa arborem seris. Et si, dum pendent poma, tenacibus, sicut in arbore habentur, intorseris, in totum annum sine corruptione servabis. Si vermibus laborant, tangis radices felle bubulo, et continuo moriuntur; aut clavo æneo si vermes eosdem purges, difficile nascentur; vel asini urina stercori admixta porcino vermibus obviabit.

Cinis cum lixivio circa Punici truncum frequenter infusus, læta et fructuosa reddit arbusta. Asserit Martialis candida in his grana fieri, si argillæ et cretæ quartam partem gypsi misceas, et toto triennio hoc genus terræ radicibus ejus adjungas. Idem dicit, miræ magnitudinis fieri, si olla fictilis obruatur circa arborem Punici, et in ea ramus cum flore claudatur, ne resiliat ligatus ad palum; tunc cooperta olla contra aquæ muniatur incursus : autumno patefacta suæ magnitudinis poma redhibebit. Multa in Punico ipse asserit poma

dants. Néanmoins, pour modérer la trop grande fécondité de l'arbre, donnez-lui un peu d'eau. Bêchez le pied du grenadier en automne et au printemps. Si les fruits sont naturellement aigres, répandez sur la cime de l'arbre un peu de laser broyé dans du vin, ou déchaussez les racines, et enfoncez-y une cheville de sapin. D'autres entourent les racines d'algue marine; quelques-uns y ajoutent du fumier d'âne et de porc. Si le grenadier ne garde pas sa fleur, mêlez, à parties égales, de la vieille urine avec de l'eau, et répandez-en trois fois l'an sur ses racines. Une amphore suffira pour chaque arbre. On peut encore verser sur les racines du marc d'huile sans sel, les couvrir d'algue, et les arroser deux fois par mois, ou environner l'arbre en fleur d'un cercle de plomb, ou l'envelopper d'une peau de serpent. Si les fruits éclatent, mettez une pierre au milieu de la racine, ou semez de la scille autour du grenadier. Si vous tordez la queue des fruits sur l'arbre même, ils se conserveront sains toute l'année. S'ils sont rongés des vers, frottez les racines de fiel de bœuf, et ils périront sur-le-champ. Si vous détruisez les vers avec un clou de cuivre, il en vient difficilement d'autres. Du pissat d'âne mêlé avec de la fiente de porc préserve le grenadier des vers.

De la cendre souvent répandue autour de cet arbre avec de l'eau de lessive, le rend vigoureux et productif en fruits. Martialis assure que les grains de la grenade deviennent blancs, si on met, durant trois ans de suite, sur les racines de l'arbre un mélange d'argile et de craie avec un quart de plâtre. Il ajoute que le grenadier donnera des fruits énormes, si l'on enfouit auprès de lui une marmite en terre où l'on renfermera une de ses branches, portant une fleur, qu'on attachera à un pieu pour qu'elle ne se retire point. On couvrira la marmite afin de la préserver de l'eau qui pourrait y entrer; et, quand on l'ouvrira en automne, on y trouvera une grenade de la grandeur

procedere, si tithymalli et portulacæ succus æqualiter mixtus, antequam germinet, trunco arboris allinatur. Inseri posse affirmat de ramorum connexione, ut medulla utrinque divisa se jungat. In se tantum inseri potest circa apriles kalendas mense martio ultimo. Sed secto trunco surculus recentissimus statim debet inseri, ne mora exiguum, qui inest, siccet humorem.

Punica. mala servantur, si picatis pediculis ordinata suspendas. Aliter : Lecta integra in aqua marina vel muria fervente mergantur, ut combibant; post triduum sole siccentur, ut sub dio nocte non maneant; post in loco frigido suspendantur. Quum volueris uti, aqua dulci pridie macerabis. Feruntur hæc pomis recentibus æmulari. Item, si a tactu invicem separata paleis obruantur. Item fossa fit longa, et cortex ejusdem magnitudinis paratur, cui mala acutis surculis suis affiguntur; tunc inversus cortex supra fossam ponitur, ut mala sine terræ tactu subterpendentia ab humore defendat. Item si induantur argilla, et ea siccata loco frigido pendeant. Item si seriola sub dio obruatur, quæ habeat arenas usque ad medium, et mala cum tenacibus lecta imprimantur cannis singulis vel sambuci virgulis, et ita separata in arenis figantur, ut ipsa quatuor digitis emineant ab arena. Hoc et sub tecto in scrobe bipedanea fieri potest, et utilius est ad servandum, si cum ramo longiore tollantur. Aliter : In seriola, cui ad medium aqua mittatur, suspenduntur mala, ne humorem tangant, et seria clauditur, ne ventus irrumpat. Item in

du vase. Martialis prétend encore que le grenadier sera
chargé de fruits, si, avant la germination, on enduit le
tronc de suc de tithymale et de pourpier mêlés ensemble
par parties égales. On peut le greffer, dit-il, en mettant
en rapport la moelle de deux branches fendues. Il ne se
greffe que sur lui-même, à la fin du mois de mars, vers
les calendes d'avril. Dès que le tronc est coupé, on y insère aussitôt un très-jeune rejeton, pour qu'aucun retard
ne fasse évaporer le peu d'humidité qu'il contient.

On conserve les grenades en poissant leur queue, et en
les suspendant par rangées. On peut aussi, quand on les
a cueillies, les plonger tout entières dans de l'eau de mer
ou de la saumure bouillante, afin qu'elles s'en imprègnent. Trois jours après, on les fait sécher au soleil, afin
de ne pas les laisser à l'air pendant la nuit; puis on les
suspend dans un lieu frais. Lorsqu'on veut les manger,
on les met tremper, la veille, dans de l'eau douce. Elles va-
lent, dit-on, les grenades fraîches. On les conserve aussi
en les disposant dans la paille, de manière à ce qu'elles
soient séparées les unes des autres; ou bien on creuse un
long fossé, et l'on prépare une écorce de la même grandeur, où l'on fixe les grenades par la pointe de leur pédon-
cule; puis on renverse l'écorce sur le fossé, afin qu'elle
préserve de l'humidité les grenades, qui se trouvent ainsi
suspendues sous la terre sans la toucher. On les conserve
encore en les couvrant d'argile, et en les suspendant au
frais quand elles sont sèches; ou bien en les déposant en
plein air dans un baril à moitié rempli de sable, la queue
de chacune plantée dans un roseau ou dans des baguettes
de sureau, après les avoir fixées séparément dans le sable,
de manière qu'elles s'élèvent de quatre doigts au-dessus.
On peut encore faire cette opération à couvert, dans une
fosse de deux pieds de profondeur, et, pour les conserver,
il sera mieux de les cueillir avec une assez longue branche.
On les suspend aussi sans contact humide dans un baril à

dolio intra hordeum sic ordinantur, ne se invicem tangant, et dolium desuper operitur.

Vinum de malis granatis conficies hoc modo : Grana
matura, purgata diligenter, in palmea fiscella mittis, et
in cochlea exprimis, et lente coques usque ad medietatem. Quum refrixerit, picatis et gypsatis vasculis claudes. Aliqui succum non excoquunt, sed singulis sextariis
libras mellis singulas miscent, et in prædictis vasculis
ponunt et custodiunt.

Mense martio citri arbor quatuor modis seritur, semine, ramo, talea, clava. Amat terram rarioris naturæ,
cœlum calidum, humoremque continuum. Si granis velis
serere, ita facies : Terram in duos pedes fodies, cinerem miscebis, breves areas facies, ut utrinque per canales aqua discurrat. In his areis palmarem scrobem
manibus aperies, et tria grana deorsum verso acumine
juncta constitues, et obruta quotidie rigabis. Citius pro-
cedent, si beneficio aquæ tepentis utaris. Natis germinibus, semper proxima herba runcetur. Potest hinc
trima planta transferri. Si ramum velis ponere, non amplius sesquipede debebis immergere, ne putrescat. Clava
seri commodius est, quæ sit manubrii crassitudine, longitudine cubitali, ex utraque parte levigata, nodis et
aculeis recisis, sed integra summitate gemmarum, per
quas spes futuri germinis intumescat. Diligentiores et
fimo bubulo allinunt utrinque quod summum est, vel
marina alga vestiunt, vel argilla subacta, partis utriusque extrema cooperiunt, atque ita in pastinato solo de-

moitié rempli d'eau, que l'on ferme pour empêcher l'air de s'y introduire. On les range également, de manière à ce qu'elles ne se touchent point, dans une futaille pleine d'orge, et que l'on recouvre ensuite.

Voici comment on fait le vin de grenades : Mettez des grains mûrs, nettoyés avec soin, dans une corbeille de palmier. Soumettez-les à un pressoir à vis, et faites cuire à petit feu, jusqu'à diminution de moitié, le jus qu'ils auront rendu. Quand il sera refroidi, renfermez-le dans des vaisseaux poissés et enduits de plâtre. Quelques-uns, au lieu de faire cuire le jus, mettent une livre de miel par setier, avant de le renfermer dans les vaisseaux pour le garder.

On propage le citronnier, au mois de mars, de quatre façons : par pépins, par branches, par boutures et par billes. Il aime une terre meuble, un climat chaud, et une humidité constante. Voulez-vous l'obtenir de pépins, creusez la terre à deux pieds de profondeur, mêlez-y de la cendre, et formez de petites planches séparées par des rigoles qui livreront passage à l'eau. Faites avec les mains sur ces planches une fosse d'un palme, mettez-y trois pépins ensemble, la pointe en bas, recouvrez-les et arrosez-les chaque jour. Ils viendront plus vite, si vous les arrosez d'eau tiède. Quand ils seront levés, vous arracherez sans cesse l'herbe autour d'eux. De là vous pourrez les transplanter à l'âge de trois ans. Aimez-vous mieux les planter en branches, ne les enfoncez pas à plus d'un pied et demi, pour les empêcher de se pourrir. Il est plus avantageux de planter une bille de la grosseur d'un manche et de la longueur d'une coudée, amincie par les deux bouts, dont on coupe les nœuds et les piquants, sans toucher aux bourgeons qui font espérer un germe. Les bons agriculteurs enduisent aussi de bouse les deux extrémités de la bille, ou les enveloppent d'algue marine ou d'argile pétrie, et la déposent ainsi dans un terrain façonné. La

ponunt. Talea et gracilior et brevior esse potest. Quæ similiter ut clava mergetur. Sed talea palmis duobus supersit; clava omnis obruitur.

In spatio non desiderat intervalla majora. Aliis arboribus non debet annecti. Calidis locis, sed irriguis, et maritimis maxime gaudet, quibus humor exundat. Sed si quis hoc genus, ut in regione frigida nutriatur, extorquet, loco vel parietibus munito, vel in meridianam partem verso, disponat hanc arborem; Sed hibernis mensibus tectum stramine velet agresti. Ubi æstas refulserit, acri arbor nuda et secura reddatur. Talea sive clava ejus calidissimis regionibus et per autumnum ponitur. Frigidissimis julio et augusto positas, et quotidianis rigationibus animatas, ipse usque ad poma et magna incrementa perduxi.

Citreum juvari creditur, si cucurbitæ vicinis locis serantur; quarum vites etiam combustæ utilem citri arboribus cinerem præbent. Gaudent assidua fossione : hinc proveniunt poma majora. Nisi quæ arida sunt, rarissime debemus abscidere. Inseritur mense aprili locis calidis, maio frigidis, non sub cortice, sed fisso trunco circa ipsas radices. Inseritur et piro, ut quidam volunt, et moro, sed insiti surculi qualo desuper omnino muniendi sunt, vel fictili vasculo.

Asserit Martialis apud Assyrios pomis hanc arborem non carere. Quod ego in Sardinia et in territorio Neapolitano in fundis meis comperi (quibus solum et cœlum tepidum est, et humor exundans) per gradus quosdam sibi semper poma succedere, quum maturis se acerba

bouture peut être plus déliée et plus courte que la bille, mais on l'enterre de même. Elle doit cependant s'élever de deux palmes au-dessus du sol; au lieu qu'on enfouit la bille entière.

Les citronniers ne veulent pas être trop espacés. Ne les plantez pas parmi d'autres arbres. Ils se plaisent dans les contrées chaudes, entrecoupées de ruisseaux, surtout près de la mer, où les eaux abondent. Pour les forcer à venir dans un pays froid, on les place dans un lieu abrité par des murs ou exposé au midi; et en hiver, on les enveloppe de paille grossière. Le froid passé, on les dépouille, et on les rend sans danger au grand air. Dans les climats très-chauds, on en plante en automne les boutures ou les billes. J'en ai planté dans des climats très-froids aux mois de juillet et d'août, et à l'aide d'arrosements journaliers, je suis parvenu à les voir parfaitement croître et rapporter du fruit.

On croit que les citrons deviennent plus beaux quand on sème des courges à l'entour. Le fanage de celles-ci donne même une cendre qui active la végétation du citronnier. Cet arbre demande qu'on remue souvent la terre à son pied : il porte alors de plus gros fruits. On ne le taille que très-rarement, et dans le seul but d'élaguer les rameaux desséchés. On le greffe au mois d'avril dans les pays chauds, et au mois de mai dans les pays froids, non sous l'écorce, mais près des racines, après avoir fendu le tronc. Suivant quelques-uns, on le greffe sur le poirier et sur le mûrier, en recouvrant avec soin les scions d'un panier ou d'un vase d'argile.

Martialis assure que le citronnier n'est jamais sans fruits chez les Assyriens. J'ai remarqué la même chose en Sardaigne dans les terres que je possède près de Naples, où le sol et le climat sont chauds, et où l'eau est abondante. Les productions s'y succèdent sans interruption, comme par degrés, en sorte que les fruits verts

substituant, acerborum vero ætatem florentia conse-
quantur, orbem quemdam continuæ fecunditatis sibi ministrante natura. Feruntur acres medullas mutare dulcibus, si per triduum aqua mulsa semina ponenda
macerentur, vel ovillo lacte, quod præstat. Aliqui mense
februario truncum, obliquo foramine, ab imo tere-
brant, ita ut altera parte non exeat; ex hoc humorem
fluere permittunt, donec poma formentur; tunc foramen luto replent : sic, quod est medium, fieri dulce
confirmant.

Citreum et in arbore potest per totum annum propemodum custodiri; melius, si vasculis quibuscumque
claudatur. Si velis legere atque servare, nocte, luna
latente, debebis cum ramis foliatis carpere, et secreta
disponere. Alii singula vasis singulis claudunt, vel gypso
adlinunt, et opaco loco ordinata custodiunt. Plerique
in cedri scobe, vel in straminibus minutis, vel in paleis tecta servant.

Mespila locis calidis maxime gaudent, sed irriguis;
tamen frigidis quoque proveniunt, magis sabulone pingui, atque glareosa terra cui arena permixta est, vel
argilla cum saxis. Serenda est taleis mense martio vel
novembri, sed solo stercorato et subacto, ita ut utrumque caput taleæ stercus obducat. Sunt ejus incrementa
tardissima. Amat putari atque circumfodi, et parco humore inter siccitates sæpe refoveri. Seritur et semine,
sed in longiorem speratur ætatem.

Si vermibus occupatur, stilo æreo purgandi sunt, et
amurca, vel humana vetere urina, vel viva calce per-
fundendi, sed parcius propter arboris noxam, vel aqua

succèdent aux fruits mûrs, et qu'à leur tour ils sont
remplacés par d'autres qui sont en fleur, grâce à la nature
qui semble parcourir le cercle d'une éternelle fécondité.
On prétend que les citrons aigres deviennent doux, lorsqu'on fait tremper, pendant trois jours, les pépins qu'on
doit semer, dans de l'hydromel, ou mieux dans du lait
de brebis. Quelques-uns, au mois de février, percent
obliquement avec une tarière le bas des citronniers, sans
les traverser de part en part, pour donner passage à l'humeur acide jusqu'à ce que les fruits soient formés; puis
bouchent l'ouverture avec de la boue: par ce moyen, assu-
rent-ils, la pulpe s'adoucit.

On peut aussi conserver les citrons sur l'arbre pendant
presque toute l'année; il vaut mieux, néanmoins, les renfermer dans un vase quelconque. Si on veut les garder, il
faut les cueillir, par une nuit sans clair de lune, avec leurs
rameaux garnis de feuilles, et les ranger séparément. Quelques-uns les renferment un à un dans des vases, ou les
enduisent de plâtre, et les disposent en ordre dans un
lieu sombre. La plupart les conservent dans de la sciure
de cèdre, dans de la litière menue ou de la paille.

Les néfliers se plaisent particulièrement dans les pays
chauds, mais entrecoupés d'eaux vives; néanmoins ils
viennent aussi dans les pays froids, surtout dans un sablon gras, dans un terrain graveleux mêlé de sable, ou
dans une argile pierreuse. On les propage par boutures,
au mois de mars ou de novembre, dans un sol fumé et
labouré, en ayant soin d'enduire de fumier les deux
extrémités. Le néflier croît très-lentement. Il aime à être
taillé, bêché et souvent rafraîchi avec un peu d'eau pendant les sécheresses. On en sème aussi les noyaux; mais
alors il faut attendre longtemps le néflier.

Si les vers l'attaquent, détruisez-les avec un stylet de
cuivre, et arrosez-les de marc d'huile, de vieille urine
d'homme, ou de chaux vive, mais avec ménagement, de

decocti lupini. Si putatur hinc arbor sterilis fieri, fimus
et cinis vitium simul si radicibus infundantur, fertilem
reddunt. Si formicæ molestæ sunt, rubrica cum aceto
et cinere temperata necabuntur. Si poma labuntur,
frustum de ejus radice præcisum in media trunci parte
figatur.

Inseritur mense februario in se, et in piro, et in malo.
Surculus tamen ejus ex arbore media debet assumi; nam
de summitatibus vitiosus est. In trunco fisso inserenda
est; nam corticis macies jejuna nil nutriet.

Mespila ad servandum leguntur necdum mitia, quæ
et in arbore diu durabunt, vel in urceolis picatis, vel
in ordinem suspensa, vel, ut quidam, posca vel sapa
condita. Die serena legantur ac media, et paleis obruantur discreta, ne ea vicissim tactus afficiat. Vel cum pediculis lecta semimatura, et salsa aqua per dies quinque
macerata; postea sæpe infundantur, ut enatent. Servantur et melle, sed si minus matura collegeris.

Calidis locis fici planta radicata novembri mense,
temperatis februario, frigidis melius martio vel aprili
ponenda est. Si taleam vel cacumen ponas, ultimo aprili,
quum ei se viridior succus infuderit. Plantæ in scrobe
depositæ lapides substituendi sunt, ad radicem fimo
terra miscenda est. Si loca frigida sunt, plantarum cacumina divisis cannæ internodiis defendantur a frigore.
Si cacumen velis ponere, trisulcum ramum bimum vel
trimum ab australi parte decidas, et sic obrues, ut di-

peur de nuire à l'arbre, ou versez sur eux une décoction de lupins. Craignez-vous que le néflier ne devienne par là stérile, répandez en même temps sur ses racines du fumier et de la cendre de vigne : vous lui rendrez sa fertilité. Si les fourmis l'incommodent, détruisez-les avec de la terre rouge mêlée de vinaigre et de cendre. Si ses fruits tombent, coupez un morceau de sa racine, et enfoncez-la au milieu du tronc.   .

Le néflier se greffe au mois de février, sur lui-même, sur le poirier et sur le pommier. Le scion qu'on lui emprunte doit être pris au milieu de l'arbre ; aux extrémités il ne vaudrait rien. Greffez-le en fente dans le tronc même, parce que la maigreur de l'écorce ne saurait le nourrir.

Pour garder les nèfles, cueillez-les avant qu'elles ne soient mûres, quoiqu'elles puissent se conserver longtemps sur l'arbre. Renfermez-les dans des cruchons poissés, ou bien suspendez-les par rangées, ou encore faites-les confire, comme quelques-uns, dans de l'oxycrat ou du *sapa*. Il faut les cueillir au milieu d'un beau jour, et les placer séparément dans la paille, de peur qu'elles ne se gâtent par le contact. On les cueille aussi à demi mûres avec leurs queues, on les met tremper cinq jours dans de l'eau salée, puis on les en arrose souvent, de sorte qu'elles y nagent. On les conserve également dans du miel, pourvu qu'on les ait cueillies un peu avant leur maturité.

Dans les pays chauds, plantez au mois de novembre des pieds de figuier garnis de racines; dans les pays tempérés, au mois de février ; dans les pays froids, préférez le mois de mars ou d'avril. Si c'est une bouture ou une cime, plantez-la à la fin d'avril, quand elle sera vivifiée par la nouvelle sève. Lorsqu'on met un plant de figuier dans une fosse, il faut garnir le fond de pierres, et entourer les racines de terre mêlée de fumier. Si le pays est froid, vous protégerez les cimes en les couvrant de roseaux fendus aux entre-nœuds. Si vous voulez

visa cacumina terra interjacente velut tres surculos reddant. Taleam sic ponemus, ut cetera, cui leviter ab infima parte divisæ lapidem mergemus in fisso.

Ego mense februario ultimo vel martio in Italia plantas grandes ficorum per pastinatum solum disposui, et eo
anno poma peperere supra comprehendendi felicitatem,
velut tributa reddentes. Legendæ sunt plantæ, in quibus frequens nodus extuberat; steriles creduntur, quæ
nitidæ sunt, et oculos suos per longa internodia distule-
runt. Si plantam fici prius nutrias in seminario, et maturam transferas in scrobem, poma generosiora produ-
cet. Aliqui multum prodesse confirmant, si plantam fici
diviso scillæ bulbo intersitam strictamque vinculis collocemus. Scrobes amat altas, intervalla majora, terræ
genus durum, et gracile, et siccum pro utili sapore pomorum. Provenit et petrosis atque asperis; tamen potest locis prope omnibus seri.

Quæ in montanis et frigidis locis nascuntur, quia minus lactis habent, ad siccitatem durare non possunt.
Usus illis in viridi est, melioris magnitudinis et saporis
arguti. Quæ nascuntur in campis et locis calidis, et
pinguiores sunt, et in siccitate durabiles. Si genera numerare velimus, immensum est. Sufficit, quod omnibus
æqua cultura est : illa distantia est, quod in Caricis melius alba servatur.

In locis nimie frigidis præcoquas ficus seramus, quæ
cito veniant, ut ante imbres genus hoc possit occur-

planter une cime, coupez sur le côté de l'arbre exposé
au midi une branche de deux ou trois ans, garnie de trois
jets qui, séparés par la terre dont on les recouvrira, sem-
bleront autant de rejetons distincts. Si c'est une bouture,
fendez-en légèrement l'extrémité inférieure, comme on le
fait pour les autres plantes, et mettez-y une pierre.

Vers la fin du mois de février ou de mars, j'ai planté,
en Italie, dans un terrain remué avec la houe, des pieds
de figuier déjà forts, et cette même année, leur fécondité
merveilleuse a dépassé mon attente, comme pour me
payer un tribut de reconnaissance. Choisissez du plant de
figuier qui soit couvert de nœuds; on regarde comme stérile celui qui est lisse et dont les bourgeons sont séparés
par de longs entre-nœuds. Les figuiers élevés dans une
pépinière et que vous transplanterez dans une fosse quand
ils seront grands, produiront de meilleurs fruits. Quelques-uns assurent qu'il est très-avantageux de mettre du
plant de figuier dans des bulbes de scille fendus et de l'y
maintenir avec des ligatures. Le figuier aime les fosses
profondes, un grand emplacement, un sol dur, maigre
et sec, pour que ses fruits aient bon goût. Il réussit aussi
dans des terrains âpres et pierreux, et il n'y a presque
point d'endroits où l'on ne puisse le planter.

Comme les figues qui viennent dans les pays montagneux et froids ont peu de lait, elles ne peuvent pas se
conserver longtemps sèches. On les mange vertes : elles
sont plus grosses et d'un goût plus fin. Celles qui viennent
dans les campagnes et dans les pays chauds, sont plus
grasses et se conservent longtemps sèches. Si l'on voulait
compter les différentes espèces de figues, le nombre en
serait infini. Il suffit de dire que la culture est la même
pour toutes, avec cette différence que, parmi les figues
sèches, ce sont les blanches qui se conservent le mieux.

Dans les pays où règne un froid rigoureux, semez les
figues précoces pour qu'elles préviennent les pluies par

rere; calidis vero et æstuosis eas quæ sero maturant. Gaudet assidua fossione. Per autumnum proderit, si stercus admoveas, præcipue de aviariis. Recidenda sunt in ea quæ aut putria aut male nata repereris, et ea ratione putanda est, ut inclinata per latera possit expandi. In locis humectis ficus saporis obtusi est, cui circumcisis contra hoc radicibus aliquantus cinis debet affundi.

Aliqui inter ficarias caprifici arborem serunt, ut non sit necesse per singulas arbores pro remedio eadem poma suspendi. Mense junio, circa solstitium caprificandæ sunt arbores fici, id est suspendendi grossi ex caprifico, lino velut serta pertusi. Si hoc desit, abrotoni virga suspenditur, aut callum quod in ulmeis foliis invenitur, aut arietina cornua circa radices arboris obruuntur, vel truncus arboris, quo loco turget, scarificandus est, ut possit humor effluere.

Ne vermes patiatur, ramum terebinthi vel lentisci taleam cum plantis fici cacumine ponemus inverso. Uncinis æreis tollendi sunt vermes ex fico. Alii amurcam, alii veterem urinam ablaqueatis radicibus miscent; alii bitumen et oleum, aut solam calcem vivam latebris vermium liniunt. Si formicæ molestæ sunt, rubrica, butyro et pice liquida mixta circa truncum debet induci. Alii coracinum piscem contra formicas in arbore suspendendum esse confirmant.

Si fructus suos velut ægra projiciet, alii rubrica aut amurca insulsa mixta aqua arborem liniunt; vel cancrum fluvialem cum ramo rutæ suspendunt; vel algam

leur venue hâtive ; semez, au contraire, les figues tardives
dans les pays chauds et brûlants. Le figuier aime à être
foui sans cesse. Il sera bon de le fumer en automne, surtout avec du fumier de volière. Vous en élaguerez les
branches pourries ou mal venues, et vous les taillerez de
manière qu'ils puissent s'étendre sur les côtés. La figue a
un goût fade dans les terrains humides. Pour obvier à
cet inconvénient, vous rognerez les racines de l'arbre, et
vous y répandrez un peu de cendre.

Quelques-uns plantent un figuier sauvage dans leurs
figueries, afin de n'être pas obligés d'en suspendre les
fruits à chaque figuier pour leur servir de remède. C'est
au mois de juin, vers le solstice, qu'on doit faire la
caprification, c'est-à-dire suspendre au figuier des figues
sauvages vertes, enfilées en forme de guirlandes. A défaut de figues sauvages, suspendez-y une branche d'au-
rone, ou bien enterrez autour des racines du figuier de
ces callosités qui se trouvent sur les feuilles des ormeaux,
ou des cornes de bélier, ou encore ouvrez la tumeur
du figuier pour que l'humeur puisse s'écouler.

Afin de le garantir des vers, mettez en terre avec le plant
de cet arbre une branche de térébinthe ou une bouture
de lentisque, la cime renversée. Enlevez avec des cro-
chets d'airain ceux qui s'y seraient établis. Quelques-uns
déchaussent les racines du figuier et les arrosent de marc
d'huile ou de vieille urine ; d'autres frottent les trous que
font ces animaux, de bitume et d'huile, ou simplement
de chaux vive. Si l'arbre est infesté par des fourmis,
enduisez le tronc d'un mélange de terre rouge, de beurre
et de poix liquide. D'autres prétendent que, pour le préserver de ces insectes, il faut suspendre à ses branches
un poisson appelé corbeau.

Lorsque le figuier laisse tomber ses fruits, comme s'il
était malade, les uns le frottent de terre rouge ou de marc
d'huile sans sel mêlé avec de l'eau ; d'autres suspendent

marinam, vel fascem lupinorum; vel radici terebratæ
cuneum figunt, vel securi arboris corium sæpe proscin-
dunt. Quum folia incipiunt producere fici. ut fructum
multum et pinguem ferant, in principio germinis cacumina summa decutimus, vel illud tantum cacumen quod
ex arboris medietate procedit. Si maturam ficum vis se-
rotinam facere, incipientes grossos decute, quum illis
fabæ fuerit magnitudo. Ut ficus cito maturet, succo
cepæ longioris cum oleo et pipere mixto unge poma,
quando grossi incipiunt subrubere.

Aprili mense ficum debemus inserere inter corticem;
vel, si novellæ arbores sunt, fisso ligno, quod statim
operiendum est et ligandum, ne ventus introeat. Melius comprehendunt, si circa terram recisa inserantur
arbusta. Aliqui et junio mense inserunt. Surculus legen-
dus est anniculus : inutilis enim creditur majoris vel
minoris ætatis. Inoculari ficus locis siccis aprili, humidis melius junio mediante poterit, octobri mense locis tepidis. Propagari ficus ramis potest. Inseritur autem in caprifico, in moro, in platano, et oculis et
surculis.

Ficus virides servari possunt vel in melle ordi-
natæ, ne se invicem tangant, vel singulæ intra viridem cucurbitam clausæ, locis unicuique cavatis, et
item tessera, quæ secatur, inclusis, suspensa ea cucurbita, ubi non sit ignis vel fumus. Alii missas ficus
recentes, minus maturas, in novo vase fictili lectas
cum pediculis et a se separatas recludunt, et in dolio
vini pleno vas natare permittunt. Martialis dicit Caricas

à ses branches une écrevisse de rivière avec une branche de rue, ou de l'algue marine, ou une botte de lupins; d'autres en percent la racine et y enfoncent un coin, ou font plusieurs incisions à son écorce avec une hache. Pour que les figues soient abondantes et grasses, à l'époque de la feuillaison, abattez d'abord la cime des rejetons, ou simplement la cime qui s'élève du milieu de l'arbre. Voulez-vous faire un figuier tardif d'un figuier précoce, supprimez les premières figues qui commencent à se former, quand elles auront la grosseur d'une fève. Pour hâter la maturité des figues, frottez-les avec un mélange de jus d'oignon long, d'huile et de poivre, dès qu'elles commencent à rougir.

Au mois d'avril, greffez les figuiers entre l'écorce; ou, s'ils sont jeunes, greffez-les en fente, en ayant soin de couvrir et de lier aussitôt le sujet pour que l'air n'y ait pas accès. La greffe prend mieux sur ces jeunes arbres, lorsqu'avant de les greffer, on les coupe à fleur de terre. Quelques-uns les greffent également au mois de juin. On doit choisir un rejeton d'un an : plus ou moins vieux, il est regardé comme inutile. On pourra enter les figuiers en écusson dans un terrain sec, au mois d'avril; si le sol est humide, on préférera le mois de juin, et, dans les pays chauds, le mois d'octobre. On peut provigner le figuier avec ses branches. On l'écussonne et on le greffe sur le figuier sauvage, le mûrier et le platane.

On conserve les figues vertes, soit en les rangeant séparément dans du miel, soit en les renfermant, chacune à part, dans une courge verte creusée à cet effet, qu'on recouvre de la partie préalablement enlevée, et qu'on suspend à l'abri du feu et de la fumée. D'autres cueillent les figues nouvelles avant qu'elles soient mûres, et les renferment avec leurs queues, sans qu'elles se touchent, dans un vase d'argile neuf qu'ils laissent nager dans une futaille pleine de vin. Martialis dit que l'on conserve les figues de

per genera multa servari, quum ratio una sufficiat. Ergo hoc genere, quo Campania tota custodit, servare debemus :

In cratibus ficus expanditur usque ad meridiem, et adhuc mollis in qualum refunditur. Tunc calefacto furno, ad panis coquendi modum, suppositis tribus lapidibus, ne ardeat qualus, includitur ; et clauso furno ubi discocta ficus fuerit, sicut est calida, interpositis foliis suis in vas fictile conditur bene picatum, densius pressa, et operculo diligenter obducitur. Si pluviis abundantibus crates non possis expandere, sub tecto eas ita ponis, ut semipede erigantur a terra, et eas ad vicem solis, cinis calidus subjectus vaporet, et subinde ficus, sicut est divisa, vertatur, ut ficorum coria siccentur, et pulpæ tunc duplicatæ in cistellis serventur aut loculis. Alii maturas mediocriter ficus et divisas in cratibus expandunt toto sole siccandas, et recipiunt eas nocte sub tecta.

Nunc ficulnea cacumina obruuntur utiliter, quum tumescunt, ut plantas faciant, si earum copia non abundat. Ut etiam varios fructus una ficus exhibeat, ramos duos nigræ et albæ arborum inter se ita vinculo stringis ac torques, ut germina miscere cogantur ; sic obruti et stercorati, et humoribus juti, ubi prodire cœperint, germinantes oculos aliqua sibi annexione conglutina : tunc germen adunatum parturiet duos colores, quos unitate dividat, divisione conjungat.

Nunc et pirus vel malus inseri ac seri potest, et cydonia, et prunus inseritur, et sorba ponuntur, et morus,

plusieurs manières, mais qu'une seule suffit; c'est celle qui est usitée dans toute la Campanie. On doit la préférer aux autres. Voici en quoi elle consiste :

Étalez les figues sur des claies jusqu'à midi, et, tandis qu'elles sont encore molles, entassez-les dans un panier. Ensuite, quand le four aura le degré de chaleur qu'on lui donne pour cuire le pain, mettez-y ce panier sur trois pierres, afin qu'il ne brûle pas, et fermez le four. Lorsque les figues sont cuites, enfermez-les toutes chaudes dans un vase bien poissé, en les comprimant fortement, et en les séparant avec des feuilles de figuier ; puis bouchez hermétiquement le vase. Si des pluies continuelles vous empêchent d'étendre les claies, disposez-les chez vous en les élevant d'un demi-pied au-dessus du sol, afin que la cendre chaude que vous mettez dessous, les échauffe à défaut du soleil. Retournez-les de temps en temps d'un côté sur l'autre pour sécher leur peau, et conservez-les dans des boîtes ou dans des cases, après avoir rapproché leur pulpe. D'autres partagent les figues à moitié mûres, les étalent séparément sur des claies pour les faire sécher au soleil toute la journée, et les mettre à couvert pendant la nuit.

C'est le moment favorable pour mettre en terre, lorsqu'elles bourgeonnent, les cimes de figuier, afin de se procurer du plant, si on n'en a pas une quantité suffisante. Pour qu'un même figuier porte des fruits de différentes espèces, liez ensemble et tordez deux branches de figuiers, dont l'un donne des figues noires et l'autre des blanches, afin de forcer leurs germes à se confondre. Quand elles seront ainsi plantées, fumées, arrosées, accolez entre eux par une sorte d'alliance les bourgeons naissants. Leur union communiquera au même fruit deux couleurs à la fois réunies et distinctes.

On peut encore à présent greffer et planter les poiriers, les pommiers et les cognassiers. On greffe le pru-

nono kalendarum aprilium die, et inseruntur pistacia,
et locis frigidis pini semen aspergitur.

De comparandis bobus, tauris et vaccis.

XI. Hoc mense comparandi sunt boves. Qui tamen,
sive de nostris capiantur armentis, sive emantur, idcirco nunc comparabuntur utilius, quia necdum sagina
temporis pleni aut celare possunt fallaciam venditoris
at vitia sua, aut repugnando domituræ contumacem
pleni roboris exercere fiduciam. Hæc tamen signa spectanda sunt in bobus, seu de nostro, seu de alieno grege
fuerint comparandi : ut sint boves novelli, quadratis et
grandibus membris, et solidi corporis, musculis ac toris
ubique surgentibus, magnis auribus, latæ frontis et
crispæ, labris oculisque nigrantibus, cornibus robustis
ac sine curvaturæ pravitate lunatis, patulis naribus et
resimis, cervice torosa atque compacta, palearibus lar-
gis et circa genua fluentibus, pectore grandi, armis
vastis, ventre non parvo, porrectis lateribus, latis lum-
bis, dorso recto et plano, cruribus solidis, nervosis et
brevibus, ungulis magnis, caudis longis ac setosis, pilo
totius corporis denso ac brevi, rubei maxime coloris aut
fusci.

Melius autem boves de vicinis locis comparabimus,
qui nulla soli aut aeris varietate tententur; aut si hoc
deest, de locis similibus ad similia transferamus. Illud
ante universa curandum est, ut viribus ad trahendum
comparentur æquales, ne valentioris robur alteri procuret exitium. In moribus hæc consideranda sunt : sint
arguti, mansueti, timentes hortamen clamoris ac ver-
beris, cibi appetentes. Sed si regionis ratio patitur, nul-

nier, on plante le cormier et le mûrier, le neuvième jour
des calendes d'avril; on greffe aussi les pistachiers, et
l'on sème les pignons dans les pays froids.

De l'achat des bœufs, des taureaux et des vaches.

XI. Songez à vous pourvoir de bœufs dans ce mois-ci.
Soit que vous les tiriez de vos troupeaux, soit que vous
les achetiez, c'est le temps le plus favorable pour vous en
procurer, parce que, n'étant pas engraissés par les herbes
de la saison, ils ne peuvent cacher ni la fraude du ven-
deur, ni leurs propres défauts, ni avoir assez de confiance dans l'exercice de leurs forces pour résister au joug
qu'on leur impose. Que vous les tiriez de vos étables ou
des troupeaux étrangers, voici les qualités extérieures
que vous devez rechercher en eux : ils seront jeunes et
auront les membres grands et proportionnés, le corps solide, les muscles et les nerfs saillants, de grandes oreilles,
le front large et crépu, les lèvres et les yeux noirs, les
cornes fortes et parfaitement arquées en forme de croissant, les naseaux bien ouverts et relevés, le cou épais et
musculeux, le fanon flottant et tombant au-dessus du ge-
nou, une ample poitrine, de vastes épaules, un ventre
suffisamment développé, les flancs allongés, les reins
larges, l'échine droite et plate, les jambes robustes, ner-
veuses et courtes, les pieds forts, la queue longue et bien
fournie, le poil dru et court par tout le corps, et de couleur rousse ou brune.

Achetez de préférence des bœufs dans votre canton,
pour qu'ils ne soient pas incommodés d'un changement
de sol ou de température; s'il n'y en a point, faites-en
venir de climats semblables au vôtre. Avant tout, ayez
soin d'en acheter de forces égales pour le trait, afin que
la vigueur de l'un ne cause pas la ruine de l'autre. Quant
aux qualités internes, ils seront intelligents, doux, sensi-
bles à la voix et à l'aiguillon, et auront bon appétit.

lus melior cibus est quam viride pabulum; ubi vero
deest, eo ordine ministretur quo pabuli copia, et laborum coget accessio.

Nunc tauros quoque quibus cordi est armenta construere, comparabit, aut his signis a tenera ætate submittet : ut sint alti atque ingentibus membris, ætatis
mediæ, et magis quæ juventute minor est quam quæ
declinet in senium; torva facie, parvis cornibus, torosa
vastaque cervice, ventre substricto.

Vaccas etiam nunc maxime parabimus. Sed eligemus
forma altissima, corporis longi, uteri capacis et magni,
alta fronte, oculis nigris et grandibus, pulchris cornibus et præcipue nigris, aure setosa, palearibus et caudis
maximis, ungulis brevibus, et cruribus nigris et parvis,
ætatis maxime trimæ, quia usque ad decennium fœtura
ex his procedet utilior; nec ante ætatem trimam tauros
his oportet admitti.

Sed erit studium diligentis, amotis senioribus, novellas subinde conducere, et steriles aratro ac laboribus
deputare. Græci asserunt, si mares creare velis, sinistrum tauri in coitu ligandum esse testiculum; si fœminas, dextrum; tamen tauros diu ante abstinendos, ut,
quum tempus est, acrius in causas dilati fervoris incumbant. Sed his armentis hieme maritima et aprica loca,
æstate opaca paremus ac frigida, montana maxime,
quia melius frutetis, et his herba internascente saturantur. Quamvis circa fluvios recte propter amœna loca
pascantur, fœtura tamen aquis tepidioribus adjuvatur,
unde magis utilius habentur, ubi pluvialis aqua tepentes format lacunas. Tolerat tamen frigus hoc armenti
genus, et potest facile hibernare sub dio; quibus tamen

Si le pays est riche en pâturages, aucune nourriture ne leur convient mieux que le fourrage vert; s'il est pauvre, proportionnez la quantité des aliments à l'abondance des pâturages et à la nature du travail.

Procurez-vous maintenant aussi des taureaux capables de multiplier vos troupeaux, ou réservez cet emploi à ceux qui, dès leur jeunesse, présenteront les signes suivants : taille haute, vaste membrure, âge moyen, plutôt au-dessous de la jeunesse que voisin de la vieillesse, figure menaçante, cornes petites, cou épais et bien musclé, ventre ramassé.

C'est surtout le temps convenable pour acheter des vaches. Choisissez celles qui ont une très-haute taille, le corps allongé, le ventre large et bien développé, le front élevé, les yeux noirs et bien ouverts, les cornes belles et particulièrement noires, les oreilles velues, le fanon pendant, la queue longue, les ongles courts, les jambes noires et petites. Leur meilleur âge est celui de trois ans : alors elles peuvent donner de bonnes portées jusqu'à dix ans. Elles ne doivent pas être couvertes avant leur troisième année.

Un propriétaire intelligent se débarrassera de ses vieilles vaches, en achètera de temps en temps de nouvelles, et enverra celles qui sont stériles à la charrue et au travail. Les Grecs prétendent que, pour avoir des mâles, il faut, dans le coït, lier le testicule gauche du taureau, et le droit si l'on veut obtenir des femelles; le taureau, toutefois, doit n'avoir pas couvert depuis longtemps, afin qu'à l'époque voulue il montre d'autant plus d'ardeur qu'on a mis plus d'intervalle à la satisfaire. En hiver, mettez ce bétail dans des lieux voisins de la mer et exposés au soleil; en été, dans des lieux frais, ombragés et surtout montagneux, parce qu'il s'engraisse mieux dans les terrains plantés d'arbrisseaux entre lesquels croît l'herbe. On peut également bien le mener paître sur le bord des rivières qui lui offrent mille agréments. Mais les eaux tièdes conviennent mieux aux vaches pleines : aussi est-il bon de les tenir

sæpta fieri, propter injuriam gravidarum, convenit
laxiora. Stabula vero utilia sunt strata saxo, aut glareis,
aut arenis, devexa aliquatenus ut humor possit elabi,
parti meridianæ obversa propter flatus glaciales, quibus
aliquis resistere debet objectus.

De tempore domandis bubus idoneo.

XII. Hoc mense ultimo domandi sunt trimi boves,
quia post quinquennium bene domari non possunt, ætatis repugnante duritia. Capti ergo statim domentur,
qui quidem prius, quum teneri fuerint, frequenti manus
attrectatione mansuescant. Sed stabulum novi boves
largioribus spatiis habere debebunt, ut et ante stabulum
loca nullis concludantur angustiis, et producti non aliqua vitientur offensa. In ipso vero stabulo asseres transversi a terra septem pedibus alti configantur, ad quos
boves ligentur indomiti. Tunc eligis absolutam tem-
pestatibus et impedimentis omnibus diem, qua capti
perducantur ad stabulum. Quorum si nimia fuerit aspe-
ritas, uno die ac nocte inter vincula mitigentur atque
jejunia. Tunc appellationibus blandis et illecebris obla-
torum ciborum, non a latere, neque a tergo, sed a
fronte accedens bubulcus admulceat, naresque et terga
pertractet, mero subinde conspergens. Hac tamen cau-
tione ne aliquem calce contingat aut cornu; quod
vitium, si in primordiis effectui sibi cessisse senserit,
obtinebit. Tunc mitigatis, os et palatum salibus frica,
et in gulam demitte præsulsi adipis librales offas, et vini

dans les endroits où la pluie en forme des mares. Quoique
ce bétail supporte bien le froid, et puisse aisément hiver-
ner en plein air, procurez-lui des enclos spacieux, afin que
les vaches pleines ne risquent pas de se blesser. Le sol des
étables sera garni de pierres, de gravier ou de sable; elles
auront un peu de pente pour l'écoulement des eaux, et
regarderont le midi à cause de la bise, dont il faudra les
garantir par quelque abri.

Du temps convenable pour dompter les bœufs.

XII. Domptez, à la fin de ce mois, les bœufs de trois
ans : si vous attendiez la cinquième année, il vous serait
difficile d'en venir à bout; leur âge ne s'y prêterait plus. Il
faudra donc les dompter dès que vous les aurez achetés,
pourvu qu'on les ait apprivoisés d'avance en les touchant
souvent avec la main dans leur première jeunesse. L'étable
où vous mettrez les bouvillons sera vaste, et l'espace qui la
précèdera ne présentera aucun obstacle, afin qu'en sortant
ils ne rencontrent rien qui les blesse. Son intérieur sera tra-
versé par des solives élevées de sept pieds au-dessus du sol,
auxquelles vous attacherez les bœufs indomptés. Ensuite
vous choisirez un jour calme et libre de tout empêchement,
pour y conduire les bœufs que vous aurez achetés. S'ils sont
trop farouches, vous les calmerez en les tenant enchaînés
un jour et une nuit sans leur donner à manger. Le lendemain, le bouvier s'en approchera, non de côté ni par
derrière, mais en face; il les appellera doucement et les
flattera par l'appât de la nourriture; il leur caressera les
narines et le dos, en les arrosant de temps en temps de vin
pur. Il prendra garde qu'ils ne frappent personne du pied
ou de la corne, parce qu'ils conserveraient cette habitude
vicieuse, s'ils s'apercevaient qu'elle leur a réussi d'abord.
Lorsqu'ils seront adoucis, vous leur frotterez de sel la
bouche et le palais, vous leur ferez avaler des pelotes de
graisse très-salée, du poids d'une livre; et, à l'aide d'une

sextarios singulos cornu infundente per fauces : quæ res
intra triduum totius sævitiæ iram resolvet.

Aliqui eos inter se jungunt, ac docent onera tentare
leviora, et quod utile est, si arationi parantur, subacto
prius solo exercendi sunt, ut novus labor tenera adhuc
colla non quasset. Expeditior autem ratio est domandi,
ut asperum bovem mansueto et valido bovi conjungas,
quo ostendente facile ad omnia cogetur officia. Si post
domituram decumbit in sulco, non afficiatur igne vel
verbere; sed potius, quum decumbit, pedes ejus ita ligentur vinculis, ut non possit progredi aut stare, vel
pasci. Quo facto, siti ac fame lassatus carebit hoc vitio.

De equis, equabus et pullis.

XIII. Hoc mense saginati ac pasti ante admissarii ge-
nerosi equabus admittendi sunt, et repletis fœminis, item
ad stabula colligendi. Neque tamen æqualem numerum
omnibus debemus adhibere, sed æstimatis viribus uniuscujusque admissarii, submittenda sunt pauca vel numerosa conjugia, quæ res efficiet admissarios non parva
ætate durare. Juveni tamen equo et viribus formaque
constanti non amplius quam duodecim vel quindecim
debemus admittere, ceteris pro qualitate virium suarum.

Sed in admissario quatuor spectanda sunt, forma,
color, meritum, pulchritudo. In forma hoc sequemur :
vastum corpus et solidum, robori conveniens altitudo,
latus longissimum, maximi et rotundi clunes, pectus
late patens, et corpus omne musculorum densitate no-
dosum, pes siccus et solidus, et cornu concavo altius

corne, vous verserez dans leur gosier un setier de vin. Cette méthode, pratiquée pendant trois jours, fera tomber toute leur fureur.

Quelques-uns les attellent ensemble, et leur apprennent à porter de légers fardeaux. Il est également bon, si on les destine à la charrue, de les exercer dans un sol déjà labouré, afin que ce nouveau travail ne fatigue pas leurs cous encore tendres. Mais le moyen le plus prompt pour les dompter est d'atteler un bœuf farouche avec un bœuf apprivoisé et vigoureux : celui-ci lui enseignera sa tâche, et le forcera sans peine à la remplir. Si, après avoir été dompté, un bœuf vient à se coucher sur le sillon, ne recourez ni au feu ni aux coups; mais attachez-lui les pieds pendant qu'il est couché, de manière qu'il ne puisse ni marcher, ni se tenir debout, ni paître. La faim et la soif lui feront bientôt perdre cette mauvaise habitude.

Des chevaux, des juments et des poulains.

XIII. C'est dans ce mois qu'il faut faire saillir les juments par de vigoureux étalons bien engraissés et bien repus, que vous reconduirez dans leurs écuries quand les femelles seront pleines. Ne faites pas néanmoins couvrir le même nombre de cavales par tous les étalons; mais proportionnez les saillies aux forces de chacun, afin qu'ils servent plus longtemps. Ne confiez pas plus de douze à quinze juments à un étalon jeune, beau et robuste, et réglez-vous sur les facultés des autres.

Quatre choses sont à considérer dans un étalon : la forme, la beauté, les qualités, la robe. Premièrement la forme : il aura une grande et forte charpente, une taille proportionnée à sa vigueur, les flancs très-larges, les fesses développées et arrondies, le poitrail très-ouvert, le corps garni de muscles fermes et bien prononcés, le pied maigre et solide, la corne élevée et concave. Secondement la

calceatus. Pulchritudinis partes hæ sunt : ut sit exiguum caput, et siccum, pelle propemodum solis ossibus adhærente, aures breves et argutæ, oculi magni, nares patulæ, coma et cauda profusior, ungularum solida et fixa rotunditas. Meritum, ut sit audax animo, pedibus alacris, trementibus membris (quod est indicium fortitudinis), quique ex summa quiete facile concitetur, vel ex citata festinatione non difficile teneatur. Motus autem equi in auribus intelligitur, virtus in membris trementibus. Colores hi præcipui, badius, aureus, albineus, russeus, murteus, cervinus, gilbus, scutulatus, albus, guttatus, candidissimus, niger pressus. Sequentis meriti, varius cum pulchritudine, nigro vel albineo vel badio mixtus, canus cum quovis colore, spumeus, maculosus, murinus, obscurior. Sed in admissariis præcipue legamus clari et unius coloris; ceteri vero despiciendi, nisi magnitudo meritorum culpam coloris excuset.

Eadem in equabus consideranda sunt, maxime ut sint longi et magni ventris et corporis; sed hoc in generosis servetur armentis. Ceteræ passim toto anno inter pascua, dimissis secum maribus impleantur. Equarum natura est partum spatio duodecimi mensis absolvere. Illud in admissariis servandum est, ut mediis aliquibus spatiis separentur, propter noxam furoris alterni. Sed his armentis pascua legamus pinguissima, hieme aprica, frigida et opaca provideamus æstate, nec adeo mollibus locis nata, ut ungularum firmitas de asperitate nil sentiat.

Si equa marem pati noluerit, trita scilla naturalia ejus infecta libidinem contrahunt. Deinde gravidæ non urgeantur, nec famem vel frigus tolerent, nec inter se

beauté : il doit avoir la tête petite, sèche et presque décharnée, les oreilles courtes et fines, les yeux grands, les narines évasées, la crinière et la queue bien fournies, le sabot bien planté et bien arrondi. Troisièmement, les qualités: il faut qu'il soit intrépide, que ses pieds volent, que ses membres frémissent (c'est un indice de courage), qu'il secoue sans peine les langueurs du repos, et suspende aisément une course impétueuse. La sensibilité d'un cheval se connaît à ses oreilles, et son énergie à ses frémissements. Quatrièmement, la robe : le bai, le bai doré, le gris, l'alezan, le bai brun, le fauve, le gris cendré, le pommelé, le blanc, le moucheté, le blanc argenté, le noir jais, voilà les robes principales. Ensuite viennent les beaux mélanges, tels que celui du noir, de l'alezan ou du bai, le blanc coupé de quelque couleur que ce soit, le blanc mat, le tigré, le poil de souris, le bai brun foncé. Dans les étalons, préférez les robes claires et unies; dédaignez les autres, à moins que les grandes qualités de l'animal ne rachètent la mauvaise couleur de son poil.

Les mêmes remarques s'appliquent aux juments. Elles auront le corps grand et le ventre large. Mais ceci ne doit s'appliquer qu'aux cavales de prix; quant aux autres, vous les ferez saillir indifféremment dans le cours de l'année, au milieu des pâturages, par les mâles qui seront dans leur compagnie. Les juments portent douze mois. Vous aurez soin de séparer les étalons à quelque distance les uns des autres, à cause du mal qu'ils pourraient se faire dans leur fureur jalouse. Choisissez-leur les plus gras pâturages, exposés au soleil en hiver, frais et ombragés en été, dans un terrain qui ne soit pas trop mou, afin que leur sabot s'endurcisse et résiste à toutes les aspérités.

Si une jument refuse les approches d'un mâle, vous l'exciterez au coït en lui frottant les parties de scille broyée. N'exigez rien des cavales pleines; préservez-les du froid et

loci comprimantur angustiis. Generosas equas, et quæ masculos nutriunt, alternis annis submittere debebimus, ut pullis puri et copiosi lactis robur infundant. Ceteræ passim replendæ.

Ætas incipientis admissarii quinti anni initio esse debehit. Fœmina recte bima concipiet, quia post decennium iners ex ea soboles et tarda nascetur. Pulli equarum nati manu tangendi non sunt, quia eos tactus lædit assiduus. Quantum ratio patitur, defendantur a frigore. In pullis pro ætatis merito ea sunt consideranda, quæ signum bonæ indolis monstrant, quæ in patribus vel matribus spectanda præcepi; dabit et hilaritas, alacritas, agilitasque documentum.

Nunc domandi sunt pulli, ubi tempus bimæ ætatis excesserint. Consideranda sunt magna, longa, musculosa et arguta corpora, testiculi pares et exigui, et cetera quæ in patribus dicta sunt; mores, ut vel ex summa quiete facile concitentur, vel ex incitata festinatione non difficile teneantur. Ætatis consideratio talis est : bimo et sex mensium dentes medii superiores cadunt; quadrimo canini mutantur; infra sextum annum molares superiores cadunt; sexto anno, quos primo mutavit, exæquat; septimo anno omnes dentes ejus explentur. Latent abhinc ætatis notæ; sed provectioribus tempora cavari incipiunt, supercilia canescere, dentes plerumque prominere.

Hoc mense omnia quadrupedia, maxime equos, castrare debemus.

De mulino genere et asinis.

XIV. Si quem mulorum genus creare delectat, equam

de la faim, et ne les renfermez pas dans des lieux étroits. Les belles juments poulinières doivent être remplies tous les deux ans, pour qu'elles transmettent à leurs produits la sève d'un lait pur et abondant. Vous ferez saillir les autres indifféremment.

C'est au commencement de la cinquième année qu'un étalon débute dans ses fonctions. La femelle conçoit bien à deux ans; à sa dixième année, elle donne un poulain chétif et languissant. Ne maniez pas les poulains : un toucher continuel les déforme. Garantissez-les du froid autant que possible. Selon leur âge, étudiez en eux les signes d'un bon naturel : ce sont les mêmes que j'ai conseillé d'observer relativement aux pères et aux mères. Vous les reconnaîtrez aussi à leur gaîté, à leur vivacité, à leur agilité.

Domptez maintenant les poulains qui ont passé deux ans. Examinez s'ils ont le corps grand, large, fin et bien musclé, les testicules égaux et petits, et toutes les qualités exigées pour leurs pères. Vous jugerez de la bonté de leur caractère s'ils secouent aisément les langueurs du repos, ou suspendent sans peine un impétueux élan. Voici le moyen de savoir leur âge : à deux ans et demi, les dents mitoyennes supérieures tombent; à quatre ans, les œillères changent; avant la sixième année, les machelières d'en haut paraissent; pendant la même année, celles qui ont tombé les premières repoussent; et, la septième année, toutes sont au complet. Passé ce temps, on n'a plus d'indices pour connaître leur âge : seulement, à mesure qu'ils vieillissent, leurs tempes se cavent, leurs sourcils blanchissent, leurs dents deviennent ordinairement saillantes.

On châtre, ce mois-ci, tous les quadrupèdes, et particulièrement les chevaux.

Des mulets et des ânes.

XIV. Aimez-vous à obtenir des mulets, choisissez une

magni corporis, solidis ossibus, et forma egregia debet eligere, in qua non velocitatem, sed robur exquirat. Ætas quadrima usque in decennem huic admissuræ justa conveniet. Si asinus equam fastidit admissus, ostensam prius asinam, donec coeundi voluptas sollicitetur, adhibemus; qua subducta, equam libido, incitata non spernet, et raptus illecebris generis sui in permixtionem consentiet alieni. Si morsu furens lædit objectas, aliquatenus labore mitescat.

Creantur ex equa et asino, vel onagro et equa; sed generosius nullum est hujusmodi animal, quam quod asino creante nascetur. Utiles tamen admissarii nascentur ex onagro et asina; qui post in sobole sequutura agilitatem fortitudinemque restituant.

Admissarius tamen asinus sit hujusmodi, corpore amplo, solido, musculoso, strictis et fortibus membris, nigri vel murini maxime coloris aut rubei : qui tamen, si discolores pilos in palpebris aut auribus geret, colorem sobolis plerumque variabit. Minor trimo, major decenni non debet admitti.

Annicula mula debet a matre depelli, et per montes asperos pasci, ut itineris laborem in tenera ætate solidata contemnat. Minor vero asellus maxime agro necessarius est, qui et laborem tolerat, et negligentiam propemodum non recusat.

De apibus.

XV. Hoc mense maxime apibus solet morbus incumbere; nam post hiberna jejunia tithymalli et ulmi amaris floribus, qui prius nascuntur, avidius appetitis solutionem ventris incurrunt, et pereunt, nisi affueris veloci-

grande jument qui ait la charpente solide et de belles
formes, sans vous inquiéter de son agilité, mais de sa
force. L'âge de quatre ans jusqu'à dix est celui qui convient le mieux pour cet accouplement. Si l'âne éprouve
de la répugnance pour la jument, montrez-lui d'abord
une ânesse, qui excitera ses feux ; ensuite éloignez-la. Une
fois enflammé, il ne dédaignera plus la cavale, et, séduit
par les charmes d'une bête de son espèce, il consentira à
s'accoupler avec une autre race. Si, dans sa fougue, il
mord les juments, vous le calmerez en le mettant un peu
au travail.

Les mulets proviennent d'une jument et d'un âne, ou
d'un onagre et d'une jument; mais il n'y en a pas de meilleurs que ceux qui ont été procréés par un âne. Il naît
cependant d'un onagre et d'une ânesse de bons étalons,
qui transmettent à leurs rejetons le courage et l'agilité.

Un âne, bon étalon, aura une grande charpente, le
corps solide et bien musclé, les membres forts et tra-
pus, le poil noir, ou plutôt rouge ou couleur souris. S'il
a des poils de différentes couleurs aux oreilles et aux
paupières, la robe de ses produits sera ordinairement
bigarée. Ne le faites point saillir avant l'âge de trois ans,
ni passé celui de dix.

Sevrez les mules à un an, et menez-les paître sur
d'âpres montagnes, afin qu'endurcies dès l'âge le plus
tendre, elles bravent la fatigue des voyages. Au contraire, les ânons sont indispensables dans les champs,
parce qu'ils supportent le travail, et ne s'embarrassent
guère du manque de soins.

Des abeilles.

XV. C'est surtout dans ce mois que les abeilles sont
malades, parce qu'après la diète de l'hiver, elles recher-
chent trop avidement les fleurs amères du tithymale et
de l'ormeau, plus hâtives que les autres, et gagnent une

tate remedii. Præbebis ergo mali granati cum vino Ami-
neo grana contrita, vel uvæ passæ cum rore Syriaco et
austero vino, vel simul omnia levigata, et incocta vino
aspero; quæ deinde in ligneis canalibus refrigerata ponantur. Item rosmarinus aqua mulsa decoctus congela-
tur, et in imbrice ponitur succus hujusmodi.

Quod si horridæ videntur atque contractæ torpere
silentio, et mortuarum corpora frequenter efferre, canalibus ex canna factis mel cum gallæ pulvere vel siccæ
rosæ coctum debebis infundere. Illud ante omnia expediet, ut putres partes favorum, vel vacuas ceras quas
aliquo casu examen ad paucitatem redactum non valebit
implere, semper recidas acutissimis ferramentis subtiliter, ne mota alia pars favorum cogat apes domicilia con-
cussa deserere.

Nocet apibus plerumque felicitas sua; nam si nimiis
floribus annus exuberat, dum solam curam gerendi mellis exercent, de prole nil cogitant; cujus omissa repa-
ratione populus idem labore confectus exstinguitur, totius gentis exitio. Itaque quum mellis nimietatem videris
ex florum grandi et continua messe defluere, interjectis
ternis diebus, clauso foramine non eas patiaris exire :
ita ad generandam sobolem conferentur.

Nunc circa kalendas apriles curandi sunt alvei, ut omnia purgamenta tollantur, et sordes quas tempus con-
traxit hibernum, et vermiculi, et tincæ, et araneæ, quibus
corrumpitur usus favorum, et papiliones qui vermicu-
los stercore suo faciunt nasci. Tunc fumus incensi et

diarrhée qui les tue, à moins qu'on n'y apporte un prompt remède. Donnez-leur alors des grains de grenade broyés dans du vin d'Aminée, ou du raisin séché au soleil avec du sumac et du vin dur, ou bien battez ces matières ensemble et faites-les bouillir dans du vin âpre. Quand elles seront refroidies, présentez-les aux abeilles dans des auges de bois. Vous pouvez également faire un sirop avec du romarin cuit dans de l'hydromel, et le leur offrir dans une tuile creuse.

Si les abeilles paraissent hérissées, transies et plongées dans un morne silence, si elles exportent fréquemment les cadavres de leurs compagnes, versez dans des auges de roseau du miel cuit avec de la poudre de noix de galle ou de rose sèche. Mais, avant tout, s'il se trouve dans une ruche des portions de rayons gâtées ou des cires vides que l'essaim, réduit par quelque accident à un petit nombre, ne puisse remplir, coupez-les adroitement avec des instruments bien tranchants, de peur qu'en remuant les autres parties des rayons, vous ne forciez les abeilles à déserter leurs domiciles ébranlés.

La prospérité nuit ordinairement aux abeilles. En effet, si l'année est trop riche en fleurs, elles ne s'occupent que du soin d'apporter du miel, sans penser à leurs rejetons; et, faute d'être renouvelée, la peuplade périt, accablée de travail, et entraîne la perte de toute la nation. Aussi, quand vous verrez le miel déborder à cause de l'immense quantité de fleurs qui se sont succédé sans cesse, empêchez les abeilles de sortir, en bouchant tous les trois jours l'ouverture des ruches : elles songeront alors à leur reproduction.

Occupez-vous maintenant, vers les calendes d'avril, à purger les ruches des immondices et des ordures qui s'y sont amassées pendant l'hiver, ainsi que des vermisseaux, des teignes et des araignées qui gâtent les rayons, et des papillons dont les excréments produisent des ver-

sicci bubuli stercoris adhibeatur, qui aptus est apium
saluti; quæ purgatio frequenter usque in autumni tempora celebretur. Hæc omnia ceteraque efficies, castus et
sobrius, et alienus a balneis, vel a cibis acribus et odoris
immundi, atque omnibus salsamentis.

De horis.

XVI. Hic mensis ad deprehendendas horas consentit
octobri.

Hora	I et xi		pedes	xxv
Hora	II et x		pedes	xv
Hora	III et ix		pedes	xi
Hora	IV et viii		pedes	viii
Hora	v et vii		pedes	vi
Hora	vi		pedes	v

misseaux. Faites alors brûler de la bouse sèche, dont la fumée est salutaire aux abeilles, et recommencez souvent cette opération jusqu'en automne. En suivant ces pratiques et d'autres semblables, soyez chaste et sobre, abstenez-vous des bains, d'aliments âcres ou infects, et de toute espèce de salaison.

Des heures.

XVI. Ce mois s'accorde pour les heures avec celui d'octobre.

ie et xie	heures	xxv	pieds
iie et xe	heures	xv	pieds
iiie et ixe	heures	xi	pieds
ive et viiie	heures	viii	pieds
ve et viie	heures	vi	pieds
vie	heure	v	pieds.

DE RE RUSTICA

LIBER V.

———

APRILIS.

———

De medica.

I. Aprili mense in areis, quas ante, sicut diximus, præparasti, medica serenda est. Quæ semel seritur, decem annis permanet, ita ut quater vel sexies possit per annum recidi. Agrum stercorat, macra animalia reficit, curat ægrota. Jugerum ejus toto anno tribus equis abunde sufficit. Singuli cyathi seminis occupant locum latum pedibus quinque, longum pedibus decem. Sed mox ligneis rastellis obruantur jacta semina, quia sole citius comburuntur. Post sationem ferro locum tangi non licet, sed rastris ligneis frequenter herba mundetur, ne teneram medicam premat.

Prima messis ejus tardius fiet, ut aliquantum semen excutiat; ceteræ vero messes quam volueris cito peragantur, et jumentis præbeantur. Sed primo parcius præbenda est novitas pabuli; inflat enim, et multum sanguinem creat. Ubi secueris, sæpius riga. Post paucos

DE L'ÉCONOMIE RURALE

LIVRE V.

———

AVRIL.

———

De la luzerne.

I. Au mois de mai, semez, comme nous l'avons dit, la luzerne sur des planches préparées. Une fois semée, elle dure dix ans. On peut la couper quatre ou six fois l'an. Elle fume les terres, engraisse les animaux maigres, et guérit ceux qui sont malades. Un arpent de luzerne fournit abondamment toute une année à la nourriture de trois chevaux. Un cyathe de cette graine suffit pour ensemencer un espace de cinq pieds de large sur dix de long. On la recouvre, dès qu'elle est semée, avec de petits râteaux de bois; car le soleil la brûlerait à l'instant. L'ensemencement achevé, au lieu d'en approcher le fer, on la délivrera souvent des mauvaises herbes avec des râteaux de bois, afin qu'elle n'en soit pas étouffée lorsqu'elle est encore tendre.

La première coupe se fait tard, pour que la luzerne répande un peu de graine; mais on peut faire les autres aussi promptement qu'on voudra, et les donner aux bestiaux. Il ne faut pas cependant les saturer de nouveau fourrage, parce qu'il les gonfle et leur fait beaucoup de sang. Quand la luzerne sera coupée, arrosez-la souvent. Quel-

dies, quum fruticare cœperit, omnes alias herbas runcato : ita et sexies per annum metis, et annis decem poterit manere continuis.

II. Nunc locis temperatis oliva inseratur, quæ inseritur inter corticem more pomorum, sicut supra dictum est. Sed ut oleastro inseras, contra illud, quod ex oliveto insito et casu incenso renascitur oleaster infelix, sic providendum est. Positis prius oleastri brachiis in scrobe, in qua disponemus inserere, scrobes ita replebimus, ut mediæ vacuæ sint. Quum comprehenderit oleaster, inseremus in infimo, vel insitum ponemus, et insitionem prope infra terram nutriemus; deinde sicut adolescit, terram subinde colligimus. Ita commissura in profundo latente, quisquis urit aut cædit, olivæ locum non aufert pullulandi; quæ et apertam redeundi felicitatem de olea, et occultam valendi feracitatem de oleastri connexione retinebit. Aliqui oleas in radicibus inserunt, et, ubi comprehenderint, cum aliqua parte radicis avellunt, et transferunt more plantarum. Græci oleas ab octavo kalendarum aprilium die, usque in tertium nonarum julii inseri debere præcipiunt, ita ut locis frigidis serius, calidis maturius inserantur.

Locis frigidissimis nunc vinearum fossio ante idus peragenda est, et si qua de martio mense restabunt. Vites quoque inserimus. Seminaria, quæ sunt ante facta, herbis liberentur, et leniter circumfodiantur. Nunc locis mediocriter siccis milium serimus et panicum. Hoc mense

ques jours après, quand elle commencera à pousser, arrachez toutes les autres herbes : de cette manière, vous en ferez six récoltes par an, et elle pourra se conserver pendant dix années consécutives.

Des oliviers et des vignes.

II. C'est à présent qu'on greffe l'olivier dans les climats tempérés. On le greffe entre l'écorce, ainsi que les arbres fruitiers, comme je l'ai dit ci-dessus. Pour le greffer sur un olivier sauvage, et empêcher qu'un rejeton infructueux ne provienne d'un olivier franc déjà greffé et brûlé par accident, voici ce qu'il faudra faire : Mettez d'abord des branches d'olivier sauvage dans la fosse où vous vous proposez de les greffer ; remplissez ensuite les fosses jusqu'à moitié. Lorsque l'olivier sauvage aura pris, vous le grefferez au bas, ou vous le planterez tout greffé ; vous entretiendrez la greffe un peu au-dessous du sol, et vous entasserez de la terre à mesure qu'il croîtra. La commissure de la greffe se trouvant ainsi enterrée, si on brûle ou si on coupe l'olivier, on ne l'empêche pas de se reproduire, parce qu'au privilége patent de repousser qu'il tient de l'olivier franc, il joindra secrètement la vigoureuse fécondité de l'olivier sauvage auquel il sera uni. Quelques-uns greffent les oliviers dans leurs racines, les déterrent quand ils ont pris, avec une partie de ces racines, et les transplantent comme des pieds d'arbres. Les Grecs veulent qu'on greffe l'olivier depuis le huitième jour des calendes d'avril jusqu'au troisième des nones de juillet. Cette opération a lieu plus tard dans les pays froids, et plus tôt dans les pays chauds.

On achèvera maintenant de fouir les vignes avant les ides d'avril dans les pays très-froids, et l'on terminera ce qui restait à faire dans le mois de mars. On greffera aussi les vignes. On purgera des mauvaises herbes les pépinières formées précédemment, et on fouira légèrement le pied

pingues campi, et agri qui diu aquam tenent, proscindantur post idus, quum et omnes herbas protulerint, et earum semina nondum maturitate firmata sunt.

III. Hoc etiam mense ultimo, et prope vere transacto, brassicam serere possumus, quæ cauli serviet, quia cymæ tempus amisit.

Nunc apium bene seritur locis calidis et frigidis, terra quali volueris, dummodo ibi sit humor assiduus, quamvis nasci, si necesse fuerit, et in siccitate non deneget, et prope omnibus mensibus, a primo vere usque ad autumnum seratur extremum.

Ex ipsius genere est hipposelinon, durius tamen et austerius, et heleoselinon molli folio et caule tenero, quod nascitur in lacunis, et petroselinon maxime locis asperis. Hæc omnia genera possunt habere diligentes. Apios majores facies, si semen, quantum tribus digitis comprehendi potest, linteolo clauseris rariore, et brevi fossa obrueris : ita omnium seminum germen capitis unius soliditate nectetur. Crispi fiunt, si semina ante tundantur, vel si super areas nascentes aliqua pondera volutentur, aut pedibus proculcentur enata. Apii semina vetustiora citius nascuntur; quæ novella sunt, serius.

Hoc mense atriplicem seremus, si rigare poterimus, et julio, et ceteris, usque ad autumnum, mensibus. Amat assiduo humore satiari. Semen statim, quum spargitur, obruendum est. Herbæ ei subinde vellantur. Trans-

des arbres. On sème à présent le millet et le panic dans les lieux médiocrement secs. Passé les ides de ce mois, on laboure les terrains gras et ceux qui retiennent long-temps l'eau, parce qu'ils ont produit toutes leurs herbes, et que la graine de ces herbes n'est pas encore affermie par la maturité.

Des jardins.

III. C'est aussi à la fin de ce mois, et presque à l'issue du printemps, qu'on peut semer les choux pour les cultiver sur tige, parce que le temps des tendrons est passé.

Il est bon de semer à présent l'ache dans les pays froids ou chauds, en quelque terrain que ce soit, pourvu qu'il ne manque jamais d'eau, quoique, au besoin, l'ache s'accommode d'un sol aride, et qu'on puisse la semer tous les mois, depuis l'ouverture du printemps jusqu'à la fin de l'automne.

On range dans la classe de l'ache le maceron, qui est cependant plus dur et plus amer, ainsi que l'ache de marais, à la feuille molle et à la tige tendre, qui vient dans les mares d'eau, et le persil sauvage qui se plaît dans un sol rocailleux. Les amateurs peuvent se procurer toutes ces espèces. Pour avoir de l'ache de grande espèce, renfermez dans un linge clair une pincée de graines, et mettez-la dans une petite fosse : alors les germes de toutes ces graines formeront ensemble une seule tête solide. Pour que l'ache soit crépue, battez les graines auparavant, ou roulez quelque poids sur les planches où elles naissent, ou foulez-les quand elles sont levées. La graine d'ache vient plus tôt quand elle est vieille, et plus tard quand elle est nouvelle.

Si vous pouvez l'arroser, semez l'arroche ce mois-ci, en juillet et dans tous les autres mois jusqu'en automne. Elle aime à être constamment saturée d'eau. Couvrez-en la graine dès qu'elle est semée. De temps en temps de-

ferri necessarium non est, quum bene seritur; tamen potest melius adolescere, si spatio rariore pangatur, et juvetur succo lætaminis et humoris. Ferro tamen recidendum semper est, quia ita pullulare non cessat.

Nunc ocimum seritur. Cito nasci dicitur si, statim quum severis, aqua calida perfundas. Rem miram de ocimo Martialis affirmat, quod modo purpureos, modo albos flores, modo roseos pariat, et si ex eo semine frequenter seratur, modo in serpyllum, modo in sisymbrium mutetur.

Hoc etiam mense melones et cucumeres seruntur, et porrus, et in primordio capparis, et serpyllum, et colocasiæ plantaria ponemus, et lactucas, et betas, et cepullas, et coriandrum seremus, et intyba secunda satione, quibus utamur æstate, et cucurbitas, et mentam radice vel planta.

De ziziplo.

IV. Locis calidis aprili mense ziziphum conseremus, frigidis vero maio vel junio. Amat loca calida, aprica. Seritur ossibus, et stipite et planta. Crescit tardissime. Sed si plantam ponis, martio magis in terra molli. Si ossibus seras, in scrobe palmari, ita ut terna grana per scrobem cacuminibus ponantur inversis; quibus in imo et in summo affundatur lætamen, et cinis, et herbis adnascentibus manu planta liberetur erumpens. Quum pollicis soliditati similis fuerit, transferatur in locum pastinatum vel in scrobem. Terram diligit non nimis lætam, sed proximam tenui atque jejunæ. Per hiemem prodest illi, ut circa codicem lapidum cumulus aggeretur, qui æstate debet auferri. Si arbor hæc tristis est, ferrea

livrez-la des mauvaises herbes. Il n'est pas nécessaire de la transplanter quand elle est bien semée ; néanmoins elle croît mieux lorsqu'on la sème clair, et qu'on lui prodigue l'eau et le fumier. En la coupant toujours avec le fer, elle ne cessera pas de repousser.

Semez à présent le basilic. Il vient promptement, dit-on, quand on l'arrose d'eau chaude immédiatement après l'avoir semé. Un phénomène qu'atteste Martialis, c'est qu'il produit tour à tour des fleurs pourprées, blanches, roses, et que, si on sème souvent la graine de ces fleurs, il se change tantôt en serpolet, tantôt en sisymbre.

Semez encore, à cette époque, les melons, les concombres, les poireaux. Plantez, au commencement du mois, les câpriers, le serpolet et les pieds de colocasie. Semez aussi la laitue, la poirée, la ciboule, la coriandre ; la chicorée une seconde fois, pour la manger en été ; les courges et la menthe, soit en racines, soit en pieds.

Du jujubier.

IV. On plante le jujubier en avril dans les pays chauds, et en juin dans les pays froids. Il aime un terrain chaud et exposé au soleil. On peut en semer les noyaux, le planter en bouture ou en pied. Il croît très-lentement. Lorsqu'on le plante en pied, il vaut mieux le faire au mois de mars, dans une terre molle. Si l'on en sème les noyaux, on en doit mettre trois ensemble, la pointe en bas, dans une fosse d'un palme ; on répand du fumier et de la cendre au fond de la fosse et à la surface, et dès que la tige est levée, on arrache avec la main les herbes qui croissent autour d'elle. Lorsqu'elle est de la grosseur du pouce, on la transplante dans un terrain remué avec la houe, ou dans une fosse. Le jujubier se plaît dans une terre médiocrement fertile, légère et presque maigre. En hiver, il se trouve bien d'un amas de pierres qu'on entasse

strigili subrasa hilarior fiet, vel si fimum bubulum radicibus modice et frequenter affundas. Zizipha collecta matura in longo vase fictili servantur oblito, et loco sicciore composito'; vel recenter lecta poma, si guttis vini veteris perfundas, efficitur, ne ea rugarum deformet attractio. Servantur etiam decisa cum ramis suis, aut fronde sua involuta atque suspensa.

De malo Punico, ficu, citreo et palma.

V. Hoc etiam mense locis temperatis mala granata ponuntur, ea ratione qua dictum est, et inseruntur. Nam circa kalendas maias persicus inoculari potest, quo more emplastratur ficus, sicut diximus, quum de insitione loqueremur. Hoc mense calidis locis citri arbor inseritur, sicut supra memoravi. Nunc locis frigidis fici plantaria disponemus, servantes eam, quæ supra dicta est, disciplinam. Nunc etiam ficum debemus inserere in ligno, vel sub cortice, sicut ante præcepi, et eam locis siccis inoculare. Nunc planta palmarum, quam cephalonem vocamus, locis apricis et calidis est ponenda. Hoc mense sorbum poterimus inserere in se, in cydonio, in spina alba.

De oleo violaceo et vino.

VI. Tot violæ uncias infundas, quot olei libras miseris, et diebus xl sub dio habere debebis. Violæ purgatæ, ut de rore nihil habeant, libras quinque vini veteris x sextariis debebis infundere, et post xxx dies x mellis ponderibus temperare.

autour du tronc, et qu'on retire en été. S'il languit, on
le ravive en le frottant avec une étrille de fer, ou en
mettant avec ménagement et à plusieurs reprises de la
bouse de vache sur ses racines. On cueille les jujubes
quand elles sont mûres, et on les garde dans un long
vase de terre cuite, qu'on bouche et qu'on dépose dans
un lieu sec; ou bien, dès qu'elles sont cueillies, on les
arrose de quelques gouttes de vin vieux, afin de les empêcher de se rider. On les conserve également sur leurs
branches coupées, ou en les enveloppant de leurs feuilles
et en les tenant suspendues.

Du grenadier, du figuier, du citronnier et du palmier.

V. C'est encore dans ce mois qu'on plante et qu'on greffe
les grenadiers dans les climats tempérés, d'après la méthode que j'ai prescrite. On peut, vers les calendes de
mai, écussonner le pêcher comme le figuier, de la manière que j'ai indiquée en parlant de la greffe de ce dernier arbre. On greffe, ce mois-ci, le citronnier dans les
pays chauds, ainsi que je l'ai dit plus haut. A cette
époque, on dispose les plants de figuier dans les pays
froids, en se conformant aux préceptes que j'ai donnés.
C'est aussi maintenant qu'on greffe le figuier en fente
ou sous l'écorce, comme je l'ai recommandé ci-dessus, et
en écusson dans les pays secs. On plante à présent, dans
les climats chauds et exposés au soleil, les pieds de palmiers qu'on nomme *céphalons*. On pourra, ce mois-ci,
greffer le cormier sur lui-même, sur le cognassier et sur
l'aubépine.

De l'huile et du vin de violettes.

VI. Mêlez ensemble autant d'onces de violettes que de
livres d'huile, et laissez à l'air ce mélange durant quarante jours. Versez ensuite sur cinq livres de violettes
dégagées de toute humidité, dix setiers de vin vieux, et,
trente jours après, édulcorez le tout avec dix livres de
miel.

De vitulis, capris et agnis.

VII. Hoc mense vituli nasci solent, quorum matres abundantia pabuli juventur, ut sufficere possint tributo laboris et lactis; ipsis autem vitulis tostum molitumque milium cum lacte misceatur salivati more præbendum. Nunc locis calidis tondeantur oves, et serotini fœtus hoc mense signentur. Nunc etiam prima est admissura, quæ excellit, arietum, ut agnos jam maturos hibernum tempus inveniat.

De apibus.

VIII. Hoc mense locis apricis apes quæremus. Sed loca mellifica indicant apes, si circa fontes frequentissime pascantur. Nam si rariores videbuntur, in his locis mellificari utiliter non potest; quod si frequentes aquantur, ubi sint examina earum hoc genere possumus invenire.

Ac primo quam longe sint exploremus aut proxime : rubricam liquidam brevi vasculo infusam geramus, et observemus fontes aut aquas vicinas; tunc dorsa apum bibentium tangamus illo liquore tincta festucula, atque ibidem moremur. Si cito reversæ fuerint quas tinximus, hospitia earum proxima esse noscemus; si tarde, spatio longiore submota, quod pro mora temporis æstimamus. Ad proxima facile venies; ad longinqua hoc genere perduceris.

Cannæ unum internodium cum suis recidas articulis, et in latere aperies; ibi mel exiguum vel defrutum

Des veaux, des béliers et des agneaux.

VII. Les veaux naissent communément ce mois-ci. N'épargnez pas le fourrage aux mères, afin qu'elles puissent suffire à la tâche qu'on leur impose, et allaiter leurs petits. Donnez aux veaux, comme médicament salivaire, un mélange de lait et de millet grillé en poudre. C'est à présent qu'il faut tondre les brebis dans les pays chauds, et marquer les agneaux tardifs. C'est à présent aussi que les béliers doivent saillir pour la première fois. Cet accouplement est le meilleur, parce que les agneaux sont déjà forts quand l'hiver arrive.

Des abeilles.

VIII. Vous chercherez, ce mois-ci, des abeilles dans des lieux exposés au soleil. Elles indiquent elles-mêmes les cantons qui leur conviennent en butinant sans cesse près des fontaines. Si l'on n'en voit qu'un petit nombre, c'est que l'endroit n'est pas favorable à leur travail; mais si elles viennent en foule s'y rafraîchir, on pourra découvrir leurs essaims. Voici comment.

Pour vous assurer d'abord de la distance où ils se trouvent, portez un petit pot rempli de terre rouge délayée; puis, après avoir examiné les fontaines ou les eaux voisines, touchez le dos des abeilles qui viendront y boire avec un brin de paille trempée dans cette liqueur, et restez là tranquille. Si celles que vous aurez teintes reviennent promptement, vous saurez que leur établissement est dans le voisinage; si elles tardent, il sera plus éloigné, et vous jugerez de sa distance par le temps qu'elles mettront à revenir. Il est aisé de découvrir celles qui habitent le voisinage; vous trouverez de la manière suivante celles qui logent plus loin.

Coupez un bout de roseau terminé par un nœud à chaque extrémité; pratiquez sur le côté une ouverture par la-

mittes, et juxta fontem pones. Quum ad eum convene-
rint apes, atque ingressæ fuerint post odorem, foramen
pollice claudes apposito, et unam tantum patieris exire,
cujus fugam persequere : ea tibi partem demonstrat ho-
spitii. Quum ipsam cœperis non videre, alteram continuo
dimittes et sequeris : ita singulæ subinde dimissæ, te facient usque ad locum examinis pervenire. Aliqui mellis
brevissimum circa aquam vasculum ponunt, de quo quum
apis aquando gustaverit, ad commune pabulum pergens,
alias exhibebit : quarum frequentiam subinde crescentem, notata revolantium parte, usque ad examina per-
sequeris.

Quod si est examen in spelunca reconditum, fumo
ejicietur, et quum exierit, æris sonitu territum in fru-
tice, vel in aliqua silvæ se parte suspendet, et ita ad-
moto vasculo recipietur. Si vero in cavæ arboris ramo
fuerit, acutissima serra idem ramus supra infraque de-
cisus, et munda veste coopertus poterit afferri, et inter
alvearia collocari.

Vestigantur autem mane, ut tota dies sufficiat ad se-
quendum; nam vespere peracto opere ad aquam plerumque non redeunt. Vasa autem quibus recipiuntur
perfricanda sunt citreagine vel herbis suavibus, et
conspergenda imbre mellis exigui. Quod si verno fiat,
et circa fontes alvearia sic tincta ponantur, locis quibus
apum frequentia est, multitudinem sibi sponte condu-
cent, si tamen servari a furibus possunt.

quelle vous introduirez un peu de miel ou de *defrutum*,
et déposez-le près de la fontaine. Lorsque les abeilles se
seront rendues dans cet endroit, et qu'attirées par l'o-
deur elles auront pénétré dans le roseau, vous en boucherez l'ouverture avec le pouce, et vous ne laisserez
sortir qu'une abeille, dont vous suivrez la direction :
elle vous indiquera le côté où elle demeure. Dès que vous
commencerez à la perdre de vue, vous en lâcherez aussitôt une autre que vous suivrez de même : ainsi lâchées
successivement, elles vous conduiront jusqu'au lieu où
est l'essaim. Quelques-uns mettent près de l'eau un très-
petit pot de miel. Lorsqu'une abeille goûte de ce miel
en venant se rafraîchir, et qu'elle regagne l'endroit où
butinent ses compagnes, elle en amène quelques-unes.
La foule augmente successivement. On remarque le côté
par où elles s'en retournent, et on les suit jusqu'à l'endroit où sont les essaims.

Si l'essaim est caché au fond d'un trou, vous l'en chas-
serez à l'aide de la fumée; et, quand il sera sorti, vous
l'effrayerez par le son de l'airain, jusqu'à ce qu'il se
suspende à un arbrisseau ou à une branche d'arbre : alors
vous lui présenterez un vase où vous le recueillerez. S'il
est sur la branche d'un arbre creux, vous la couperez par
le haut et par le bas avec une scie très-fine, vous l'enve-
lopperez dans une étoffe propre, et vous l'emporterez
pour la placer parmi vos ruches.

C'est le matin qu'on cherche les abeilles afin d'avoir
toute la journée pour les suivre; car, le soir, quand elles
ont fini leur tâche, elles ne viennent plus ordinairement
se rafraîchir. Les vases où on les recueille seront frottés
de citronnelle ou d'herbes odoriférantes et arrosées d'un
peu de miel. En faisant cette opération au printemps,
et en mettant des vases ainsi parfumés près des fontaines,
dans les endroits où se rassemblent les abeilles, il s'en
amassera une multitude qui s'y rendront d'elles-mêmes,
pourvu que les vases soient à l'abri des voleurs.

Hoc etiam mense, sicut supra, purganda sunt alvearia sordibus, et necandi papiliones qui maxime abundant florentibus malvis. Quos hoc genere intercipiemus : Vas æneum miliario simile, id est altum et angustum, vespere inter alvearia collocemus, et in fundo ejus ponamus lumen accensum. Illuc papiliones convenient, et circa lumen volitabunt, et angustia vasculi ab igne proximo interire cogentur.

De horis.

IX. Hujus mensis horæ horis mensis septembris æquantur hoc genere.

Hora	i	et	xi	pedes xxiv
Hora	ii	et	x	pedes xiv
Hora	iii	et	ix	pedes x
Hora	iv	et	viii	pedes vii
Hora	v	et	vii	pedes v
Hora	vi			pedes iv.

C'est encore dans ce mois, comme dans le précédent, qu'il faut nettoyer les ruches, et tuer les papillons qui se multiplient surtout quand les mauves sont en fleur. Voici la manière de s'en défaire : Placez, le soir, entre les ruches, un vase de cuivre semblable à une chaudière de bain, c'est-à-dire haut et resserré, avec une lumière au fond. Les papillons voltigeront, dans ce vase étroit, autour de la flamme, où, en approchant de trop près, ils ne manqueront pas de se brûler.

Des heures.

IX. Les heures de ce mois correspondent à celles du mois de septembre. En voici le tableau.

I^e et XIe	heures	XXIV	pieds
IIe et X^e	heures	XIV	pieds
IIIe et IXe	heures	X	pieds
IVe et VIIIe	heures	VII	pieds
V^e et VIIe	heures	V	pieds
VIe	heure	IV	pieds.

DE RE RUSTICA

LIBER VI.

MAIUS.

De panico, millo et fœno.

1. MAIO mense locis frigidis et humectis panicum seremus et milium, more quo dixi. Nunc omnia prope
quæ sata sunt florent, neque tangi a cultore debebunt.
Florent autem sic : frumenta et hordeum, et quæ sunt
seminis singularis, octo diebus florebunt, et deinde per
dies XL grandescent, flore deposito usque ad maturitatis
eventum; quæ vero duplicis seminis sunt, sicut faba,
pisum, ceteraque legumina, XL diebus florent, simulque
grandescunt. Hoc mense in locis siccis, calidis, sive
maritimis fœna recidantur, prius tamen quam exares-
cant. Quod si pluviis infusa fuerint, converti ante non
debent, quam pars eorum summa siccata sit.

De novellis sarmentis et pampinandis vitibus.

II. Nunc consideremus novellæ vitis sarmenta quæ
protulit, et ei pauca et solida relinquamus, et adminiculis firmemus, donec brachia prolata durescant. Non
autem amplius resectæ et pullulanti viticulæ, quam duæ

DE L'ÉCONOMIE RURALE

LIVRE VI.

MAI.

Du panic, du millet et du foin.

I. Semez, de la manière que j'ai prescrite, le panic et le millet au mois de mai, dans les pays froids et humides. A cette époque, presque toutes les semences sont en fleur, et le cultivateur ne doit pas y toucher. Voici comment s'opère la floraison. Les blés et l'orge, ainsi que les semences simples, fleurissent pendant huit jours et grandissent pendant quarante, lorsqu'elles ont perdu leur fleur, jusqu'à ce qu'elles parviennent à maturité; tandis que les semences doubles, comme les fèves, le pois et les autres légumes, fleurissent pendant quarante jours, et mettent le même temps à grandir. Vous couperez, ce mois-ci, les foins dans les pays secs, chauds ou voisins de la mer, sans attendre qu'ils soient desséchés. S'ils sont mouillés par la pluie, ne les retournez pas avant que le dessus soit sec.

Des sarments nouveaux et de l'épamprement.

II. Maintenant examinez les pousses des jeunes vignes; ne leur en laissez qu'un petit nombre qui soient vigoureuses, et soutenez-les avec des appuis jusqu'à ce que les sarments se durcissent. Une jeune vigne taillée et qui

vel tres materiæ relinquantur, et alligentur propter injuriam venti. Ideo autem tres materias dixi debere dimitti, ne, dissipantibus ventis, nulla remaneat, si in
primordio reliqueris pauciores. Hoc mense pampinari
conveniet; sed tunc est opportuna pampinatio, quum
teneri rami digitis stringentibus crepabunt sine difficul-
tate carpentis : hæc res uvas efficit pinguiores, et matu-
ritati consulit solis admissu.

De proscindendis agris.

III. Nunc quoque pingues agri et herbosi proscindantur. Sed si agros incultos volueris aperire, considerabis
siccus an humidus sit ager, silvis aut gramine, frutetis
vestitus aut filice. Si humidus erit, fossarum ductibus
ex omni parte siccetur. Sed apertæ fossæ notæ sunt;
cæcæ vero hoc genere fiunt. Imprimuntur sulci per
agrum transversi altitudine pedum ternum; postea usque
ad medietatem lapidibus minutis replentur aut glarea, et
super terra quam egesseramus æquatur. Sed fossarum
capita unam patentem fossam petant, ad quam declives
decurrant : ita et humor deducetur, et agri spatia non
peribunt. Si defuerint lapides, sarmentis vel stramine
subjecto cooperiantur, vel quibuscumque virgultis. Sed
si nemorosus est, exstirpatis aut raro relictis arboribus
excolatur. Si lapidosus, per macerias saxorum a turba
collectas et purgari poterit, et inde muniri. Juncus, et
gramen, et filices frequenti aratione vincentur. Sed filicem, si sæpe fabam conseras vel lupinos, et si subinde
nascentem mucrone falcis incidas, intra exiguum tempus
absumes.

repousse, ne devra pas conserver plus de deux ou trois
jets, que vous attacherez pour les garantir du vent. Je dis
qu'il faut lui laisser trois jets, parce que, si on en laissait
moins d'abord, le vent les briserait, et il n'en resterait
aucun. C'est le mois où l'on épampre; mais l'épamprement
n'est avantageux qu'autant que les tendres rameaux se
rompent sans difficulté sous les doigts : il fait grossir les
grappes et en prépare la maturité en laissant pénétrer
le soleil.

Du labourage.

III. Labourez aussi maintenant les champs gras et fertiles
en herbes. Mais si vous voulez remuer des terres incultes,
examinez si elles sont sèches ou humides, couvertes de
bois ou de gazon, d'arbrisseaux ou de fougère. Si elles
sont humides, desséchez-les en les entrecoupant partout
de tranchées. On connaît les tranchées apparentes; voici
comment on fait celles qui sont cachées. Traversez un
champ de tranchées qui aient trois pieds de profondeur;
ensuite remplissez-les à moitié de petites pierres ou de
gravier, et remettez de niveau avec la terre enlevée. L'extrémité de ces tranchées aboutira par un plan incliné à
une tranchée apparente : l'eau s'écoulera ainsi, et il n'y
aura pas de terrain perdu. Si vous manquez de pierres,
étendez au fond de la paille, des sarments ou toutes sortes
de broussailles. Si le sol est couvert de bois, il faudra,
pour le cultiver, déraciner les arbres, ou n'en laisser
qu'un petit nombre. S'il est rempli de pierres, vous
pourrez l'en débarrasser en les faisant ramasser pour en
construire des murs qui le protégeront. Les joncs, les herbes et la fougère disparaîtront par de fréquents labours.
Quant à la fougère, vous la détruirez promptement en
semant souvent des fèves ou des lupins, et en la coupant
avec le bout de la faux à mesure qu'elle repousse.

De occandis vitibus arboribusque, et rude cædenda et lupinis.

IV. Hoc mense arbores et vites, quæ ablaqueatæ fuerant, occare, hoc est operire, jam convenit. Nunc ad rudem faciendam silva cædatur, quando omni frondc vestita est. Cædendi autem hic modus est, ut optimus operarius in alta silva modii spatium, mediocris vero tertia minus possit abscidere. Nunc et seminaria fodiuntur assidue, et locis prægelidis et pluviosis oleæ putantur, et eis muscus abraditur. At si quis lupinum stercorandi agri causa seminabit, aratro illum nunc debebit evertere.

De hortis.

V. Hortorum spatia, quæ per autumnum seminibus implenda destinantur aut plantis, nunc conveniet pastinare. Hoc mense apium bene seritur, sicut jam ante dictum est, vel coriandrum, et melones, et cucurbitæ, carduus, et radices, et ruta pangentur. Porri quoque planta transfertur ut rigationibus animetur.

De pomiferis arboribus.

VI. Locis calidis nunc mala Punica florere incipiunt. Ramus ergo cum flore, sicut Martialis dicit, si obruto circa arborem fictili vase claudatur, et ne resiliat, ligetur ad palum, pro vasculi magnitudine pomum reddit autumno. Hoc etiam mense locis calidis emplastrari persicus potest. Locis frigidis nunc citri arbor inseritur, et ea quæ dicta est disciplina servetur. Nunc frigidis locis ziziphum conseremus, & ficum inserimus. Hoc etiam mense palmæ planta disponitur.

Des vignes et des arbres qu'il faut couvrir de terre , des branches à couper,
des lupins.

IV. C'est maintenant qu'il est à propos de herser, c'est-
à-dire de recouvrir de terre les vignes et les arbres dé-
chaussés. Coupez dans les forêts le bois propre à faire des
fagots à présent qu'elles sont garnies de toutes leurs feuilles.
Voici la mesure de ce qu'un homme pourra couper : si c'est
un bon ouvrier il devra abattre un *modius* de bois de haute
futaie ; un ouvrier médiocre en coupera un tiers de moins.
C'est aussi à cette époque qu'on fouit constamment les pépinières, qu'on taille les oliviers dans les climats trop frais et
pluvieux, et qu'on en ratisse la mousse. Quiconque sème des
lupins pour fumer son champ, doit le retourner maintenant
avec la charrue.

Des jardins.

V. Façonnez à présent la partie des jardins que vous
voulez couvrir en automne de semences ou de pieds
d'arbres. L'ache se sème bien dans ce mois, comme nous
l'avons déjà dit. Vous pourrez encore semer la coriandre,
les melons, les courges, l'artichaut, les raiforts et la
rue. Vous transplanterez aussi le poireau pour en activer
la croissance par des arrosements.

Des arbres fruitiers.

VI. Les grenadiers commencent à fleurir maintenant
dans les pays chauds. Si l'on renferme, comme le dit Martialis, une branche de grenadier avec sa fleur dans un
vase d'argile enterré près de l'arbre , en attachant cette
branche à un pieu pour qu'elle ne s'échappe point, elle
donnera en automne un fruit qui remplira le vase. On
peut également écussonner, ce mois-ci, le pêcher dans
les pays chauds. On greffe à présent le citronnier dans
les pays froids, en observant la méthode que j'ai prescrite.
On plante, à cette époque, le jujubier dans les pays
froids, et l'on greffe le figuier. C'est aussi dans ce mois
qu'on plante les pieds de palmiers.

De castrandis bobus.

VII. Nunc castrandi sunt vituli, sicut Mago dicit, tenera ætate, ut fissa ferula testiculi comprimantur, et
paulatim confracti resolvantur. Sed hoc luna decrescente
verno vel autumno fieri debere præcipit. Alii, ligato ad
machinam vitulo, duabus angustis regulis stanneis, sicut
forcipibus, ipsos nervos apprehendunt, qui græce
κρεμαστῆρες dicuntur. His comprehensis tentos testiculos
ferro resecant, et ita recidunt, ut aliquid de his capitibus nervorum suorum dimittatur hærere : quæ res et
sanguinis nimietatem prohibet, et non omnino juvencos
subducto robore virilitatis effeminat.

Nec admittendum est, quod plerique faciunt, ut
statim castratos coire compellant; nam certum est ab eis
generari, sed ipsos fluxu sanguinis interire. Vulnera
vero castraturæ cinere sarmentorum et spuma linentur
argenti. Castratus abstineatur a potu, et cibis pascatur
exiguis, et sequenti triduo præbeantur ei teneræ arborum summitates, et fruteta mollia, et herbæ viridis
coma dulciore sagina roris aut fluminis. Pice etiam liquida mixto cinere et modico oleo post triduum vulnera
diligenter unguenda sunt.

Sed melius genus castrationis sequens usus invenit.
Alligato enim juvenco atque dejecto, testiculi stricta
pelle clauduntur, atque ibi lignea regula premente, de-
ciduntur ignitis securibus, vel dolabris, vel, quod est
melius, formato ad hoc ferramento, ut gladii similitudinem teneat. Ita enim circa ipsam regulam ferri acies

De la castration des bœufs.

VII. Voici l'époque où, suivant Magon, on doit châtrer les veaux, tandis qu'ils sont jeunes, en leur comprimant les testicules avec une férule fendue, et en les froissant peu à peu pour les détacher. Mais il veut qu'on ne fasse cette opération qu'au déclin de la lune, au printemps ou en automne. D'autres attachent le veau à un travail, et saisissent entre deux étroites règles d'étain, comme entre des tenailles, les muscles que les Grecs appellent *créma-sters*; ensuite ils enlèvent avec le fer les testicules ainsi tendus, en ayant soin de laisser intacte une portion de l'extrémité des muscles. Cette opération arrête la perte trop considérable du sang, et n'énerve pas complétement les jeunes bœufs en leur faisant perdre la puissance de la reproduction.

Gardez-vous de les contraindre, comme la plupart le font, à s'accoupler immédiatement après la castration. Ils produiraient sans doute, mais périraient des suites d'une hémorragie. Frottez les plaies faites par la castration avec de la cendre de sarment et de l'écume d'argent. Empêchez l'animal châtré de boire, et mettez-le au régime, en lui donnant, dans les trois jours qui suivent l'opération, de tendres cimes d'arbres, des branches délicates, et une douce verdure légèrement humectée de rosée ou d'eau de rivière. Il faudra aussi oindre avec soin les plaies, au bout des trois jours, avec de la poix liquide mêlée de cendre et d'un peu d'huile.

Mais l'expérience a fait découvrir une manière de châtrer préférable aux anciennes. La voici. Après avoir attaché et renversé les bouvillons, on refoule les testicules dans le scrotum; puis, en les comprimant à l'aide d'une règle de bois, on les coupe, soit avec des haches brûlantes, soit avec des couteaux à démembrer les victimes, ou mieux avec un instrument façonné comme un

ardentis imprimitur, unoque ictu et moram doloris beneficio celeritatis absumit, et ustis venis ac pellibus a fluxu
sanguinis strictis, plagam cicatrix quodammodo cum
ipso vulnere nata defendit.

De tonsuris ovium.

VIII. Locis temperatis nunc ovium celebranda tonsura
est. Sed tonsas oves hoc unguine medicemus : Succum
decocti lupini, fæces vini veteris, et amurcam pari mensura miscebis, et in unum corpus omnia redacta curabis
adlinere. Post triduum deinde, si mare vicinum est,
litori mergantur extremo; si in mediis terris pascimus,
aqua cœlestis cum sale paululum decocta sub dio debebit pecorum tonsa et uncta membra diluere. Hoc enim
modo curatum pecus toto anno nec scabrum fieri dicitur, et prolixas lanas creare fertur ac molles.

De caseo faciendo.

IX. Hoc mense caseum coagulabimus sincero lacte
coagulis vel agni vel hœdi, vel pellicula quæ solet pul-
lorum ventribus adhærere, vel agrestis cardui floribus,
vel lacte ficulneo, cui serum debet omne deduci, ut et
ponderibus urgeatur. Ubi solidari cœperit, loco opaco
ponatur aut frigido, et pressus subinde adjectis pro ac-
quirenda soliditate ponderibus, trito ac torrefacto sale
debet aspergi, et jam durior vehementius premi. Post
aliquot dies solidatæ jam formulæ per crates ita statuan-
tur, ne invicem se unaquæque contingat. Sit autem loco
clauso et a ventis remoto, ut teneritudinem servet atque

glaive, et fait pour cet usage. Le tranchant du fer rouge
appliqué près de la règle même, abrége ainsi la douleur
par la promptitude de l'opération qui se fait d'un seul
coup, et, d'un autre côté, en brûlant les veines et les
bourses dont la tension arrête la perte du sang, il préserve la plaie de tout accident par la cicatrice qu'il forme,
pour ainsi dire, en même temps qu'elle.

De la tonte des brebis.

VIII. Occupez-vous, à cette époque, de la tonte des
brebis dans les climats tempérés. Dès qu'elle sera faite,
frottez les brebis d'une décoction de lupin, de lie de vin
vieux et de marc d'huile à doses égales. Trois jours
après, si la mer est voisine, baignez-les sur le bord; si
les pâturages sont dans l'intérieur des terres, lorsque vos
brebis auront été tondues et frottées, lavez-les en plein
air dans de l'eau de pluie légèrement bouillie avec du sel.
Elles seront ainsi, dit-on, préservées de la gale pendant
toute l'année, et leur laine deviendra longue et moelleuse.

De la manière de faire le fromage.

IX. On fait, ce mois-ci, du fromage, en mettant dans
du lait pur, pour qu'il prenne, soit de la présure d'agneau
ou de chevreau, soit cette membrane qui est communément adhérente au ventre des animaux nouveau-nés, soit
des fleurs d'artichaut sauvage, soit du lait de figuier; il
faut retirer du fromage tout le petit-lait, et le presser en
le chargeant de poids. Quand il commencera à être ferme,
vous le mettrez dans un lieu sombre ou frais; puis,
après l'avoir comprimé en y ajoutant graduellement de
nouveaux poids pour le durcir, vous le saupoudrerez de
sel égrugé et passé au feu, et vous le presserez davantage
pour le rendre plus compacte. A quelques jours de là, les
pains de fromage étant bien durcis, vous les disposerez sur

pinguedinem. Vitia casei sunt, si aut siccus sit aut fistulosus; quod eveniet, aut si parum prematur, aut sales nimios accipiat, aut calore solis uratur. In recenti caseo conficiendo aliqui nucleos virides pineos terunt, atque ita mixto lacte gelant. Aliqui thymum tritum et frequenter colatum congelant. Qualemcumque etiam saporem velis efficere poteris, adjecto quod elegeris condimento, seu piperis, seu cujuscumque pigmenti.

De apibus.

X. Hoc mense incipiunt augeri examina, et in extremis favorum partibus majores creantur apiculæ, quas aliqui reges putant; sed Græci eos οἴστρους appellant, et necari jubent, quia requiem concutiunt quiescentis examinis. Nunc papiliones abundant, quos necemus more quo dixi.

De pavimentis solariorum.

XI. Nunc circa extremum mensem pavimenta in solariis fiunt : quæ in frigidis regionibus, et ubi pruinæ sunt, glacie suspenduntur et pereunt. Sed, si hoc placuerit, sternemus duplices ordines tabularum transversos atque directos, et paleam vel filicem supra constituemus et æqualiter æquabimus saxo quod manum possit implere. Pedaneum super rudus inducimus, et assiduo vecte densamus. Tunc, antequam rudus siccetur, bipedas, quæ per omnia latera canaliculos habeant digitales, jungemus, ita ut calce viva ex oleo temperata, bipedarum canales, qui inter se connectendi sunt, impleantur, et

des claies sans qu'ils se touchent. Vous les placerez dans
un lieu clos, à l'abri de l'air, pour qu'ils se conservent
frais et gras. Un bon fromage ne doit être ni sec ni
spongieux; c'est le défaut qu'il contracte lorsqu'il n'a pas
été suffisamment pressé, et qu'il est trop salé ou desséché
par la chaleur du soleil. Quelques-uns, en préparant le
fromage, broient des pignons verts et les mêlent au lait
avant de le faire cailler. D'autres y mêlent une infusion de
thym broyé et passé plusieurs fois. On peut donner au fromage le goût qu'on veut, en y ajoutant tel ou tel assaison-
nement, comme du poivre ou toute autre espèce d'épices.

Des abeilles.

X. C'est dans ce mois que commencent à se peupler les
essaims, et qu'aux extrémités des rayons naissent de
grandes abeilles que quelques-uns prennent pour les rois
des ruches. Les Grecs les appellent *taons,* et conseillent
de les tuer, parce qu'elles troublent le repos des essaims.
On voit à présent des nuées de papillons. Vous les anéantirez de la manière que j'ai indiquée.

Du pavé des plates-formes.

XI. On fait maintenant, vers la fin du mois, le pavé
des plates-formes. Dans les pays froids et couverts de frimas, la gelée l'écaille et le détruit. Posez, si vous voulez,
deux rangées de planches croisées, sur lesquelles vous
étendrez de la paille ou de la fougère que vous nivellerez
avec une pierre dont la grosseur puisse remplir la main.
Mettez par dessus un pied de mortier de gravois, que vous
tasserez à coups de masse. Ensuite, avant que le mortier
soit sec, assemblez des briques de deux pieds, ayant sur
leurs quatre côtés des cannelures d'un doigt de profondeur; vous les joindrez ensemble en remplissant d'un
mastic de chaux vive et d'huile les cannelures qui doivent

earum conjunctione rudus omne cooperiatur; nam siccata omnis materia unum corpus efficiet, et nullum
transmittet humorem. Postea sex digitorum testaceum
superfundemus, et frequenter virgis verberabimus, ne
rimis possit aperiri; tunc tessellas latiores, vel tabellas
qualescumque marmoreas aut paginas imprimemus, et
hanc constructionem res nulla vitiabit.

De lateribus faciendis.

XII. Hoc mense lateres faciendi sunt ex terra alba vel
creta, vel rubrica; nam qui æstate fiunt, celeritate fervoris in summa cute siccantur, interius humore servato :
quæ res scissuris eos faciet aperiri. Fiunt autem sic : Terra
creta diligenter, et omni asperitate purgata, mixta cum
paleis diu macerabitur, et intra formam lateri similem
deprimetur; tunc ad siccandum relicta, subinde versabitur ad solis aspectum. Sint vero lateres longitudine
pedum duorum, latitudine unius, altitudine quatuor
unciarum.

De rosato.

XIII. Quinque libras rosæ pridie purgatæ, in vini
veteris x sextarios merges, et post xxx dies x despumati
mellis libras adjicies, et uteris.

De oleo lilaceo.

XIV. Per olei libras singulas dena lilia curabis infundere, et vas vitreum xl diebus locare sub dio.

De oleo rosco.

XV. In olei libras singulas, rosæ purgatæ singulas

se lier ensemble, et couvrez-en toute la couche de mortier, afin que, lorsqu'il sera sec, il forme un tout impénétrable à l'humidité. Puis étendez sur ce pavé six doigts de terre cuite, que vous battrez fréquemment avec des verges, afin qu'il ne s'y forme point de crevasses; puis revêtez le mortier de larges carreaux de brique, ou de mosaïques en marbre, ou de pierres carrées, et rien n'altèrera ce genre de construction.

De la confection des briques.

XII. Faites, ce mois-ci, des briques de terre blanche, d'argile ou de terre rouge; car celles qu'on façonne en été, subitement saisies par la chaleur, se dessèchent à la surface, et restent humides en dedans : c'est pourquoi elles se fendent. Voici la manière de les fabriquer : Passez l'argile avec soin, et purgez-la de tout ce qui pourrait la rendre rude au toucher. Ensuite, après l'avoir mêlée avec de la paille, faites-la tremper longtemps, et remplissez-en des moules de la forme d'une brique; puis laissez-la sécher au soleil, en la retournant de temps en temps. Les briques doivent avoir deux pieds de long sur un de large, et quatre pouces d'épaisseur.

Du vin rosat.

XIII. Jetez cinq livres de roses, effeuillées la veille, dans dix setiers de vin vieux; ajoutez-y, trente jours après, dix livres de miel écumé, et réservez ce vin pour l'usage.

De l'huile de lis.

XIV. Mettez dix lis par livre d'huile, et exposez durant quarante jours à l'air le bocal de verre qui les contient.

De l'huile de roses.

XV. Mettez par livre d'huile une once de roses effeuil-

uncias mellis mittes, et vii diebus in sole suspendes et luna.

De rhodomeli.

XVI. In succi rosæ sextariis singulis libras singulas mellis admisces, et diebus xl sub sole suspendis.

De rosis viridibus servandis.

XVII. Rosas nondum patefactas servabis, si in canna viridi stante, fissa, recludas ita ut fissuram coire patiaris, et eo tempore cannam recidas quo rosas virides habere volueris. Aliqui olla rudi conditas ac bene munitas sub dio obruunt, ac reservant.

De horis.

XVIII. In horarum mensuris maius respondet augusto.

Hora	i et xi	pedes xxiii
Hora	ii et x	pedes xiii
Hora	iii et ix	pedes ix
Hora	iv et viii	pedes vi
Hora	v et vii	pedes iv
Hora	vi	pedes iii.

lées, et exposez-les, durant sept jours, aux rayons du soleil et au clair de la lune.

Du miel rosat.

XVI. Mêlez une livre de miel avec un setier d'essence de roses, et tenez-les durant quarante jours suspendus au soleil.

De la manière de conserver des roses fraîches.

XVII. Pour conserver des boutons de rose, fendez un roseau vert sur pied, mettez-les dedans, et laissez la fente se refermer; vous couperez ensuite le roseau, quand vous voudrez avoir des roses fraîches. Quelques-uns les déposent dans une marmite neuve, bien close, au grand air, et les conservent en les garantissant ainsi de tout ce qui pourrait leur nuire.

Des heures.

XVIII. Le mois de mai répond à celui d'août pour la durée des heures.

Iᶜ et XIᵉ	heures	XXIII	pieds.
IIᵉ et Xᵉ	heures	XIII	pieds.
IIIᵉ et IXᵉ	heures	IX	pieds.
IVᵉ et VIIIᵉ	heures	VI	pieds.
Vᵉ et VIIᵉ	heures	IV	pieds.
VIᵉ	heure	III	pieds.

DE RE RUSTICA

LIBER VII.

—

JUNIUS.

—

De area.

I. Junio mense area paranda est ad trituram, cujus primo terra radatur. Deinde effossa leviter mixtis paleis et amurca æquatur insulsa : quæ res a muribus et formicis frumenta defendit. Tunc premenda est rotundo lapide, vel columnæ quocumque fragmento, cujus volutatio possit ejus spatia solidare; dehinc sole siccetur. Aliqui mundatis areis aquam spargunt, et minuta ibi pecora diu spatiari ac proculcare compellunt, et, quum terra ungulis stricta fuerit, spectant solidam siccitatem.

De messibus.

II. Nunc primo hordei messis incipitur, quæ consummanda est antequam grana arefactis spicis lapsa decurrant, quia nullis, sicut triticum, folliculis vestiuntur. Quinque modios recidere potest pleni agri opera una messoris experti, mediocris vero tres, ultimi etiam minus. Sed hordei culmos jacere in agris aliquantulum sinamus, quia fertur hoc more grandescere. Nunc etiam

DE L'ÉCONOMIE RURALE

LIVRE VII.

JUIN.

De l'aire.

I. Au mois de juin, préparez l'aire pour battre le grain, et nettoyez-en d'abord le sol. Ensuite remuez-le légèrement en y mêlant de la paille et du marc d'huile sans sel, et aplanissez-le : cette précaution garantit les grains des mulots et des fourmis. Puis durcissez le sol avec une pierre cylindrique ou un tronçon de colonne que vous roulerez dessus pour le raffermir, et laissez-le sécher au soleil. Quelques-uns arrosent les aires après les avoir nettoyées, et les font longtemps fouler par des troupeaux de menu bétail qui s'y promènent; quand le sol a été passé sous leurs pieds, ils attendent qu'il soit entièrement sec.

Des moissons.

II. On commence à présent la récolte de l'orge; mais il faut l'achever avant que le grain ne s'échappe des épis desséchés, parce qu'il n'est point enfermé dans une capsule comme le froment. Un bon moissonneur peut, en un jour, récolter cinq boisseaux dans un champ bien fourni; un moissonneur ordinaire, trois, et le plus inhabile, moins encore. Laissez quelque temps le chaume de l'orge couché par terre : c'est, dit-on, un moyen de

mense postremo locis maritimis et calidioribus ac siccis
tritici messis absciditur. Quam p●ratam ̇esse cognosces, si
æqualiter spicarum populus maturato rubore flavescat.

Pars Galliarum planior hoc compendio utitur ad metendum, et præter hominum labores, unius bovis opera
spatium totius messis absumit. Fit itaque vehiculum
quod duabus rotis brevibus fertur. Hujus quadrata su-
perficies tabulis munitur, quæ forinsecus reclines in
summo reddant spatia largiora. Ab ejus fronte carpenti
brevior est altitudo tabularum. Ibi denticuli plurimi ac
rari ad spicarum mensuram constituuntur in ordinem, ad
superiorem partem recurvi. A tergo vero ejusdem vehi-
culi duo brevissimi temones figurantur, velut amites
basternarum. Ibi bos, capite in vehiculum verso, jugo
aptatur et vinculis, mansuetus sane, qui non modum
compulsoris excedat. Hic ubi vehiculum per messes cœpit
impellere, omnis spica in carpentum denticulis comprehensa cumulatur, abruptis ac relictis paleis, altitudinem
vel humilitatem plerumque bubulco moderante, qui
sequitur; et ita, per paucos itus ac reditus, brevi horarum spatio, tota messis impletur. Hoc campestribus
locis vel æqualibus utile est, et iis quibus necessaria
palea non habetur.

De agris proscindendis et vineis fodiendis; de vicia, fœno Græco,
lenticula, faba et lupino colligendis.

III. Nunc frigidissimis locis, quæ maio sunt prætermissa, faciemus : agros æque proscindemus herbosis et
gelidis partibus; vineta occabimus; colligemus viciam;
fœnum Græcum resecabimus ad pabulum. Hoc mense
locis frigidis peragenda est leguminum messis : itaque

la faire grandir. C'est également à la fin de ce mois qu'on
scie le froment dans les pays voisins de la mer, chauds
et secs. On reconnaît qu'il est mûr lorsqu'il présente une
forêt d'épis uniformément dorés.

Les habitants des pays plats de la Gaule emploient pour
moissonner une méthode économique ; outre qu'elle épargne la main-d'œuvre, elle termine une récolte entière
avec la journée d'un bœuf. Ils ont un chariot monté sur
deux petites roues ; la surface carrée est garnie de planches renversées en dehors qui en évasent la partie supérieure et qui ont moins d'élévation par devant le char.
Là sont rangées, à de légères distances et à la portée des
épis, plusieurs dents recourbées par le haut. Derrière le
char figurent deux timons très-courts, comme les bras
des litières à l'usage des femmes. On y attèle à un joug
avec des courroies, la tête tournée vers le char, un bœuf
paisible et docile aux mouvements qu'on lui imprime. Dès
qu'il pousse la machine à travers les blés, tous les épis
saisis par les dents s'y entassent, sans que la paille rompue
puisse y entrer, tandis que le bouvier élève ou abaisse le
char qu'il dirige par derrière. Ainsi, en quelques heures,
moyennant un petit nombre d'allées et de venues, il ex-
pédie toute la moisson. Cette méthode est bonne pour
les plaines ou les lieux unis, et pour les pays où la paille
n'est point regardée comme un objet nécessaire.

*Du labourage des champs et de la vigne, de la récolte de la vesce,
du fenugrec, des lentilles, des fèves et des lupins.*

III. Faites à présent, dans les climats très-froids, ce
que vous avez négligé de faire au mois de mai. Labourez
les parties couvertes d'herbes, ainsi que celles qui sont
ombragées; hersez les vignobles; récoltez la vesce; coupez le fenugrec pour avoir du fourrage. C'est maintenant qu'il faut achever la récolte des légumes dans les

lenticulam collectam, cineri mixtam, bene servabimus,
vel vasis oleariis aut salsamentariis repletis, statimque
gypsatis. Nunc et faba luna minuente velletur, ante
lucem sane; et, antequam luna procedat, excussa et refrigerata ponatur : ita gurguliones non patietur infestos.
Hoc mense lupinus colligitur, et, si placuerit, statim
seretur ex area; sed longe ab humore est ponendus in hor-
reis : sic enim diutissime custoditur, maxime si granaria
ejus afflaverit fumus assiduus.

De hortis.

IV. Hoc mense circa solstitium brassicam seremus,
quam inchoante transferemus augusto, vel irriguo loco,
vel pluvia initiante madefacto. Apium quoque bene
serere poterimus, betas et radices, et lactucas, et coriandrum, si rigemus.

De pomiferis arboribus et emplastratione.

V. Hoc etiam mense ramus Punici, sicut supra diximus, poterit intra fictile vasculum claudi, ut ad ejus
magnitudinem poma restituat. Nunc pira vel mala, ubi
ramos multa poma densabunt, interlegenda sunt quaecumque vitiosa, ut succus qui ingrate his posset impendi,
ad meliora vertatur. Hoc etiam mense, locis frigidis,
ziziphum serere poterimus. Nunc caprificandæ sunt
arbores fici, sicut in ejus narravimus disciplina. Aliqui
eas et hoc mense inserunt. Locis frigidis Persicus inocu-
latur. Palmæ planta circumfoditur.

Hoc mense vel julio celebratur insitio in pomis,
quæ emplastratio dicitur; solis arboribus convenit qui-

pays froids. Conservez celle de lentilles, soit dans la cendre, soit dans des jarres à huile ou à salaisons, que vous boucherez aussitôt avec du plâtre. Cueillez aussi les fèves avant le jour, au déclin de la lune, et serrez-les écossées et rafraîchies, avant son premier quartier, pour les garantir des charançons. On récolte les lupins ce mois-ci. On peut, si l'on veut, les semer au sortir de l'aire; sinon on doit les renfermer dans des greniers à l'abri de toute humidité. On les conserve ainsi très-longtemps, surtout si la fumée donne constamment sur les greniers.

Des jardins.

IV. Semez les choux, ce mois-ci, vers le solstice, pour les transplanter, vers les premiers jours du mois d'août, dans un lieu entrecoupé d'eaux vives ou humecté par les pluies qui commencent. Il est également à propos de semer l'ache, la poirée, les raiforts, les laitues et la coriandre, en n'oubliant pas de les arroser.

Des arbres fruitiers et de la greffe en écusson.

V. On peut encore, ce mois-ci, comme je l'ai dit plus haut, renfermer une branche de grenadier dans un vase d'argile, afin qu'il porte des fruits assez gros pour remplir le vase. Dégagez à présent les rameaux surchargés des poiriers ou des pommiers, en enlevant les fruits gâtés, afin que la sève, qu'ils pourraient absorber en pure perte, se reporte sur les bons. Plantez également, à cette époque, le jujubier dans les pays froids. Faites à présent la caprification des figuiers, suivant la méthode que j'ai exposée en parlant de leur culture. Quelques-uns les greffent aussi maintenant. On écussonne le pêcher dans les pays froids. On fouit le pied des palmiers.

C'est dans ce mois ou dans celui de juillet qu'on écussonne les arbres fruitiers; mais cette sorte de greffe ne

bus pinguis succus in cortice est, ut ficis et oleis ac similibus, ut Martialis dicit, et Persico. Fit autem sic : Ex novellis ramis et nitidis ac feracibus gemmam, quæ bene apparebit sine dubio processura, duobus digitis quadratis circumsignabis, ut ipsa statuatur in medio, et ita subtiliter corticem levabis acutissimo scalpro, ne gemma lædatur. Item ex ea arbore cui velimus inserere, similiter cum gemma tolletur emplastrum, nitido tamen atque uberi loco. Tunc ibi convenienter adstringitur, et pressum circa gemmam vinculis cogitur sine germinis læsione cohærere, ut ea quæ appositæ redditur, locum gemmæ prioris includat; tunc luto superlinis, et liberam gemmam relinques. Ramos superiores ejus arboris secabis ac stirpes; et ab uno et viginti diebus exactis, resoluto vimine vinculorum, reperies externi seminis gemmam mire in arboris alienæ membra transisse.

De castratura, de caseo et tonsuris conficiendis.

VI. Hoc etiam mense vituli recte, ut dictum est ante, castrantur. Nunc etiam caseum jure conficimus, et oves in frigida regione tondemus.

De apibus.

VII. Hoc mense alvearia castrabuntur, quæ matura esse ad mellis reditum signis.quam pluribus instruemur. Primum, si plena sunt, apum subtile murmur audimus; nam vacuæ sedes favorum, velut concava ædificia, voces quas acceperint in majus extollunt. Quare quum

convient qu'aux arbres dont l'écorce est grasse, comme aux figuiers, aux oliviers, à d'autres semblables, et même au pêcher, suivant Martialis. Voici comment elle se pratique : Choisissez, sur de jeunes branches lisses et fécondes, un bourgeon qui promette évidemment une belle venue, et cernez-le à la distance de deux doigts en carré, de manière qu'il se trouve au milieu du cerne ; puis enlevez légèrement l'écorce avec un instrument bien affilé, sans blesser le bourgeon, et après avoir aussi enlevé sur l'arbre que l'on veut greffer, et d'une place lisse et féconde, un écusson garni de son bourgeon, on l'y attache convenablement, sans que le germe en souffre, et on le fixe autour du bourgeon, de manière que celui de l'écusson substitué remplace le précédent ; ensuite on l'enduit de boue, et on laisse le bourgeon libre. On coupe les branches supérieures de l'arbre, ainsi que ses souches, et, en ôtant les ligatures au bout de vingt et un jours, on s'aperçoit que ce bourgeon s'est merveilleusement incorporé à l'arbre étranger.

De la castration des veaux, de la confection du fromage et de la tonte des brebis.

VI. Il est encore à propos, comme je l'ai dit précédemment, de châtrer les veaux ce mois-ci, de faire le fromage, et de tondre les brebis dans les pays froids.

Des abeilles.

VII. On châtre les ruches ce mois-ci. Des signes nombreux vous indiqueront l'époque précise où il faut récolter le miel. D'abord, quand les ruches sont pleines, les abeilles ne font entendre qu'un léger murmure. Quand, au contraire, la place des rayons est vide, le bruit retentit davantage, comme dans tout bâtiment

murmuris sonus magnus et raucus est, agnoscimus non esse idoneas ad metendum crates favorum ; item quum fucos a sedibus suis, qui sunt apes majores, grandi intentione deturbant, matura mella testantur. Castrabuntur autem alvearia matutinis horis, quum torpent apes, nec caloribus asperantur. Fumus admovetur ex galbano et arido fimo bubulo, quem in pultario factis carbonibus convenit excitare; quod vas ita figuratum sit, ut velut inversi infundibuli angusto ore fumum possit emittere; atque ita, cedentibus apibus, mella recidentur. Ad examinis pabulum hoc tempore pars favorum debet quinta dimitti : sane putres ac vitiosi favi de alveariis auferantur.

Nunc mella conficimus, congestis in mundissimum sabanum favis, ac diligenter expressis. Sed antequam premamus, partes favorum corruptas vel pullos habentes recidemus; nam malo sapore mella corrumpunt. Mel recens paucis diebus apertis vasculis habendum est, atque in summitate purgandum, donec refrigerato calore musti more deferveat. Nobilius mel erit quod, ante expressionem secundam, velut sponte profluxerit.

Hoc etiam mense ceram conficimus. Quæ in vase æneo, ferventi aqua pleno, minute concisis favorum reliquiis, mollietur, et deinde in aliis vasculis sine aqua resoluta digeretur in formas. Nunc si mense ultimo nova egrediuntur examina, custos esse debebit attentus, quia novellæ apes vagantibus animis juventute, nisi serventur, effugiunt. Exeuntia in aditu suo morantur uno aut duobus diebus, quæ statim novis alveariis excipienda sunt. Observabit autem custos assiduus usque in octa-

caverneux. Lors donc que le bourdonnement est fort
et considérable, c'est une preuve que les gâteaux de
cire ne sont pas en état d'être récoltés. De même,
lorsque les abeilles réunissent tous leurs efforts pour
chasser de leur domicile les gros bourdons, elles annoncent qu'il est temps de recueillir le miel. On châtre
les ruches dans la matinée, quand les abeilles engour-
dies ne sont pas encore irritées par la chaleur. On y
introduit de la fumée de galbanum et de bouse sèche,
qu'on excite sur des charbons mis dans un fourneau qui
renvoie la fumée par une ouverture étroite et semblable à celle d'un entonnoir renversé. Tandis que cette
fumée éloigne les abeilles, on détache les rayons, et
on en laisse la cinquième partie pour nourrir l'essaim ;
on enlève ceux qui sont gâtés et en mauvais état.

On obtient le miel, à cette époque, en enveloppant plusieurs rayons dans une serviette propre, et en les pressant
avec soin. Mais auparavant, on en retranche les parties
gâtées et celles qui contiennent des larves, parce qu'elles
donnent un mauvais goût au miel. Vous laisserez pendant quelques jours le miel nouveau dans des vases ouverts, et vous l'écumerez jusqu'à ce qu'il soit refroidi et
cesse de fermenter comme du moût. Le meilleur miel est
celui qui, avant d'être exprimé une seconde fois, coule,
pour ainsi dire, naturellement.

On prépare également la cire ce mois-ci. Pour l'amollir,
on jette dans un vase d'airain plein d'eau bouillante les
restes des rayons concassés, puis on verse la cire fondue dans d'autres vases sans eau, pour lui donner une
forme. Si les nouveaux essaims sortent, en ce temps-ci,
à la fin du mois, on mettra un gardien attentif pour les
surveiller, parce que les jeunes abeilles, que leur âge
emporte çà et là, s'enfuient, si on ne les garde à vue.
Comme elles restent un ou deux jours à l'entrée de leurs
demeures, lorsqu'elles veulent en sortir, on se hâtera de

vam vel nonam horam, quia post hæc tempora non facile fugere aut emigrare consueverunt, quamvis aliquæ
statim et procedere et abire non dubitent.

Signa futuræ fugæ hæc sunt : ante biduum vel triduum acrius tumultuantur et murmurant. Quod ubi
apposita frequenter aure explorator agnoverit, sollicitior
adversum hæc esse debebit. Solent hæc signa, et quum pu-
gnaturæ sunt, facere. Quarum pugnam compescit pulvis,
aut mulsæ aquæ imber aspersus : inest illi ad originis
suæ reparandam concordiam dulcis auctoritas. Sed quum
se agmina sic pacata, in ramo aut loco quocumque sus-
penderint, si unius uberis eductione pendebunt, noris
aut unum regem esse universis, aut reconciliatis omnibus
manere concordiam. Si vero duo vel plura ubera sus-
pendens se populus imitatur, et discordes sunt, et tot
reges esse quot velut ubera videris, confitentur. Ubi
globos apium frequentiores videris, uncta manu succo
melissophylli vel apii, reges requiras. Sunt autem paulo
majores et oblongi magis quam ceteræ apes, rectioribus
cruribus, neque grandibus pennis, pulchri coloris et ni-
tidi, læves sine pilo, nisi forte pleniores quasi capillum
gerunt in ventre, quo tamen non utuntur ad vulnus. Sunt
alii fusci atque hirsuti, quos oportet exstingui, et pul-
chriorem relinqui. Qui si frequenter vagatur cum exa-
minibus, exsectis alis reservetur : hoc enim manente,
nulla discedet. Sed si nulla nascantur examina, duorum
vel trium vasculorum multitudinem in unum conferre
possumus. Dulci tamen liquore conspersas apes atque

les recevoir dans de nouvelles ruches. Le gardien les observera donc assidûment jusqu'à la huitième ou la neuvième
heure du jour, parce qu'il est assez rare qu'elles s'échap-
pent ou qu'elles émigrent plus tard : cependant quelques-
unes ne craignent pas de s'évader dès qu'elles sont dehors.

On reconnaît que les abeilles sont prêtes à s'enfuir
quand, deux ou trois jours auparavant, elles s'agitent et
bourdonnent plus qu'à l'ordinaire. Ainsi, dès que le gardien en aura fait la remarque en approchant souvent son
oreille de la ruche, il redoublera de précautions pour
éviter tout accident. Ces symptômes indiquent également
qu'elles se préparent au combat. On les apaise avec un
peu de poussière ou en jetant sur elles une pluie d'hydromel, élixir souverain pour calmer le peuple qui le produit.
Mais lorsque les bataillons ainsi pacifiés se suspendent
en un seul groupe à une branche d'arbre ou à tout autre
endroit, c'est une preuve que l'essaim entier n'a qu'un
roi, ou que les abeilles sont réconciliées et que l'union
règne entre elles. Si, au contraire, elles forment deux ou
plusieurs groupes suspendus, c'est un signe de discorde :
elles ont autant de rois que vous voyez de ces espèces de
mamelons. Vous chercherez ces rois dans les groupes les
plus nombreux, après avoir frotté votre main d'ache ou de
mélisse. Ils sont un peu plus gros et plus longs que les autres
abeilles; ils ont les pattes plus droites, les ailes courtes,
la couleur belle et brillante, le corps lisse et sans poil,
à l'exception d'une espèce de cheveu qui sort du ventre
des plus gros, et dont ils ne se servent pas néanmoins
pour blesser. Il y en a d'autres qui sont noirs et velus :
tuez-les, sauf le plus beau que vous conserverez. S'il
vague souvent avec les essaims, coupez-lui les ailes pour
le fixer : alors aucune abeille ne s'écartera. S'il ne naît
aucun essaim d'une ruche, vous pourrez réunir ceux de
deux ou trois ruches. Vous aurez soin d'arroser les abeilles
d'hydromel, et de les tenir renfermées pendant trois jours,

inclusas per triduum tenebimus, apposito cibo mellis, et exigua tantum spiracula relinquemus in cella.

Quod si velis alvearium, cui per aliquam pestem multitudo subducta est, populi adjectione reparare, considerabis in aliis abundantibus ceras favorum et extremitates quæ pullos habent, et ubi signum nascituri regis inveneris, cum sobole sua recides, et in id alvearium pones. Est autem hoc futuri regis signum. Inter cetera foramina quæ pullos continent, unum majus ac longius velut uber apparet. Sed tunc transferendi sunt, quando erosis cooperculis ad nascendum maturi capita nituntur exserere : nam si immaturos transtuleris, interibunt.

Si autem se subitum levabit examen, strepitu æris terreatur aut testulæ : tunc ad alvearium redibit, aut in proxima fronde pendebit, et inde in novum vas, herbis consuetis et melle conspersum, manu attrahatur aut trulla; et quum in eo loco requieverit, vespere inter alia collocetur.

De pavimentis et lateribus.

VIII. Hoc etiam mense pavimenta faciemus sub divo et lateres, more quo dixi.

Qualiter fructuum venturorum experimenta sumantur.

IX. Græci asserunt Ægyptios hoc more proventum futuri cujusque seminis experiri. Aream brevem loco subacto et humido nunc excolunt, et in ea divisis spatiis omnia frumenti vel leguminum semina spargunt. Deinde

en les nourrissant de miel, et en ne les laissant respirer que par de petites ouvertures.

Quand vous voudrez repeupler une ruche dévastée par quelque maladie contagieuse, en y introduisant de nouvelles abeilles, vous examinerez dans d'autres ruches bien fournies la cire des rayons et les extrémités qui renferment les larves. Dès que vous aurez découvert le signe d'un roi futur, vous détacherez le rayon avec la postérité qu'il renferme, et vous le déposerez dans la ruche. Voici à quel signe on connaît qu'il doit naître un roi. Parmi les alvéoles qui contiennent les larves, s'en élève un, comme un mamelon, plus grand et plus long que les autres. Mais il ne faut transporter les rayons que lorsque les larves, prêtes à éclore, s'efforcent, après avoir rongé leur coque, de dégager leurs têtes : transférées trop tôt, elles périraient.

Si un essaim s'élève subitement en l'air, effrayez-le en frappant sur un vase d'airain ou de terre : il regagnera la ruche ou se suspendra aux feuillages voisins. Dans ce dernier cas, vous l'attirerez avec la main ou avec une cuiller pour le mettre dans une nouvelle ruche frottée avec les herbes convenables et du miel. Quand il y sera tranquille, le soir vous placerez la ruche parmi les autres.

Des carreaux à paver et des briques.

VIII. Faites également, ce mois-ci, en plein air, des carreaux à paver et des briques, suivant la méthode que j'ai indiquée.

De quelques expériences faites sur les semences des fruits.

IX. Les Égyptiens, selon les Grecs, s'assurent ainsi de la bonne réussite de toute semence. Ils cultivent, à cette époque, un coin de terre dans un champ labouré et humide, et y sèment toutes les espèces de blés et de

in ortu caniculæ, qui apud Romanos quartodecimo kalendarum augustarum die tenetur, explorant quæ semina
ortum sidus exurat, quæ illæsa custodiat. His abstinent,
illa procurant; quia indicium noxæ aut beneficii, per
annum futurum generi unicuique, sidus aridum præsenti
exitio vel salute præmisit.

De oleo chamæmelo.

X. Per olei libras singulas chamæmeli herbæ florentis
auream medietatem, projectis albis foliis, quibus flos
ambitur, unciarum singularum pondus infundis, et quadraginta diebus in sole constitues.

De œnanthe.

XI. Silvestres uvas, quum florent, sine rore colligimus
et expandimus in sole, ne quid restet humoris, et flos
ad excutiendum siccior apparetur. Tunc cribello spisso
cernimus ut grana non transeant, sed flos solus decidat.
Hunc in melle servamus infuso; et, quum diebus triginta
fuerit conditum, temperamus eo genere et more quo rosatum moris est temperare.

De alica.

XII. Hordeum semimaturum, cui adhuc superest aliquid de virore, per manipulos ligabis, et torrebis in
furno, ut facile mola possit infringi, et in modio uno
salis aliquantum, dum molitur, miscere curabis ac servabis.

légumes sur des planches séparées. Ensuite, au lever de la canicule, que les Romains placent au quatorzième jour des calendes d'août, ils examinent les semences qu'elle brûle et celles qu'elle épargne. Ils négligent les premières et cultivent les secondes, parce que la constellation dévorante, en étouffant les unes et en ménageant les autres, a présagé le bon ou le mauvais succès qui les attend l'année suivante.

De l'huile de camomille.

X. Quand la camomille est en fleur, arrachez-en la corolle blanche pour n'en conserver que les étamines d'or, et faites-en infuser une once par livre d'huile ; puis laissez cette infusion exposée au soleil pendant quarante jours.

De la fleur de la vigne sauvage.

XI. Cueillez les raisins sauvages lorsqu'ils sont en fleur et quand la rosée a disparu ; étendez-les au soleil pour que toute leur humidité s'évapore, et que la fleur desséchée se détache plus aisément. Ensuite passez-les par un petit crible à trous assez serrés pour arrêter les graines, et ne laissez tomber que la fleur. Vous conserverez cette fleur infusée dans du miel, et, lorsqu'elle y aura été confite pendant trente jours, vous la préparerez de la même manière et avec les mêmes ingrédients que le vin rosat.

De l'orge grillée.

XII. Bottelez de l'orge à demi mûre qui n'ait pas entièrement perdu sa couleur verte, et faites-la griller dans un four pour qu'on puisse aisément la moudre. Pendant qu'on la moudra, vous mêlerez par boisseau une certaine quantité de sel, et vous la conserverez pour l'usage.

XIII. Junius ac julius horarum sibi æqua spatia con-
tulerunt.

Hora	I	et	XI	pedes	XXII
Hora	II	et	X	pedes	XII
Hora	III	et	IX	pedes	VIII
Hora	IV	et	VIII	pedes	V
Hora	V	et	VII	pedes	III
Hora	VI			pedes	II

Des heures.

XIII. Les mois de juin et de juillet se ressemblent pour la durée des heures.

I^e et XIe	heures	XXII	pieds.
IIe et X^e	heures	XII	pieds.
IIIe et IXe	heures	VIII	pieds.
IVe et VIIIe	heures	V	pieds.
V^e et VIIe	heures	III	pieds.
VIe	heure	II	pieds.

DE RE RUSTICA

LIBER VIII.

JULIUS.

De iterandis agris, de messe triticea, de exstirpandis vepribus et filictis, de arboribus operiendis, pulverandis glebis.

I. Julio mense, agri qui aprili proscissi fuerant, circa kalendas iterantur. Nunc locis temperatis tritici messis expletur more quo dictum est. Silvestres agri utilissime exstirpabuntur arboribus atque virgultis, quum luna decrescit, desectis radicibus atque combustis. Hoc mense, arbores quæ in messe steterant, sectis messibus, obruantur aggestione terrarum propter nimios solis ardores. Opera una xx maximas obruet. Nunc et novellæ vites mane et vespere, jam calore deposito, effodi debent, et averso gramine pulverari. Hoc mense utiliter, vel ante caniculares dies, filices exstirpabis et caricem.

De hortis.

II. Hoc etiam mense cepullas serimus, irriguis ac frigidis locis, et radicem, et atriplicem, si rigare possumus, et ocimum, malvas, betas, lactucas et porros ri-

DE L'ÉCONOMIE RURALE

LIVRE VIII.

JUILLET.

Du binage des terres, de la récolte du froment, de l'extirpation des ronces et de la fougère, des arbres à couvrir de terre, des mottes à briser.

I. Vers les calendes de juillet, binez les terres qui ont reçu le premier labour au mois d'avril. Achevez à présent la moisson du froment dans les pays tempérés, en suivant la méthode que j'ai donnée. Au décours de la lune, vous ferez bien d'arracher des terrains incultes les arbres et les broussailles, dont vous couperez et brûlerez les racines. Maintenant entourez d'un amas de terre les arbres qui s'élèvent au milieu des champs moissonnés, afin de les garantir de la trop grande ardeur du soleil. Un ouvrier enterre ainsi, dans un jour, vingt arbres des plus grands. Il faut aussi, à cette époque, le matin et le soir, quand la chaleur est moins grande, fouir les jeunes vignes, retourner le gazon et briser les mottes. Il est également à propos d'extirper, dans ce mois-ci, ou avant les jours de la canicule, la fougère et le caret.

Des jardins.

II. On sème aussi, à cette époque, la ciboule dans les endroits frais et entrecoupés d'eaux vives, le raifort et l'arroche, si on peut les arroser, le basilic, la mauve,

gandos. Hoc mense loco irriguo napos seremus, et rapa
solo putri et soluto nec spisso. Locis humidis lætantur
et campis; sed napus in sicco et prope tenui, atque de-
vexo, et sabuloso melior nascitur. Loci proprietas utrumque semen in alterum mutat : nam rapa in alio solo per
biennium sata mutantur in napos; alio vero, napus
transit in rapum. Subactum solum stercoratum versa-
tumque conquirunt, quod et ipsis et segetibus proderit
quæ ibi anno eodem seruntur. Jugero raporum quatuor
sextarii, napi autem quinque sufficiunt. Si spissa sunt,
intervelles aliqua ut cetera roborentur. Ut vero semina
majora redigantur, eruta rapa, foliis omnibus purgabis, et ad dimidii digiti crassitudinem in caule succides.
Tunc in sulcis diligenter subactis, octonis digitis separata obrues, et injicies terram, et calcabis : ita magna
nascentur.

De pomariis.

III. Hoc etiam mense emplastratio celebrari potest,
sicut ante demonstravi; et pirus vel malus locis humidis
nunc insita, me explorante, processit. Hoc etiam mense
in pomis serotinis, quæ ubertate nimia ramos onerave-
runt, sicut prædixi, interlegenda sunt, si qua vitiosa
repereris, ut arboris succum vertamus ad meliorum nu-
trimenta pomorum. Nunc citri taleam loco irriguo, frigidis regionibus, me plantasse memini, et quotidianis
animasse liquoribus, quæ et nascendo et afferendo votum
felicitatis æquavit. Hoc tempore, locis humidis inoculari
ficus, et inseri citreus potest. Mense jam medio, palmæ

la poirée, la laitue et les poireaux qui demandent de l'eau. On sèmera encore, ce mois-ci, les navets dans un lieu où l'eau abonde, et les raves dans un terrain meuble et léger sans être compacte. Ils se plaisent dans un champ plat et humide; mais le navet est meilleur quand il vient dans un lieu sec, incliné et sablonneux. La qualité du terrain transforme l'une de ces graines en l'autre. Changez, en effet, les raves de sol : au bout de deux ans vous aurez des navets; faites-en de même aux navets, vous aurez des raves. Les uns et les autres veulent un terrain travaillé, fumé et remué, ce qui sera également profitable aux grains que l'on y sèmera la même année. Quatre setiers de raves et cinq de navets suffisent pour ensemencer un arpent. S'ils sont trop pressés, on en arrache quelques-uns pour que les autres prennent de la force. Pour faire grossir les raves, on les déterre, on enlève toutes les feuilles, et l'on coupe la tige à l'épaisseur d'un demi-doigt. Ensuite on les replante dans des fossés bien préparés en les espaçant de huit doigts, on les recouvre de terre et on les foule : alors elles deviennent énormes.

Des vergers.

III. On peut aussi écussonner, ce mois-ci, d'après la méthode que j'ai enseignée; je me suis même convaincu que des poiriers ou des pommiers greffés à cette époque dans un sol humide réussissent bien. Enlevez encore maintenant, comme je l'ai déjà dit, les fruits gâtés dont l'abondance excessive charge les arbres tardifs, afin que la sève se reporte sur les bons fruits. Je me souviens d'avoir planté, ce mois-ci, une bouture de citronnier dans un terrain frais et entrecoupé d'eaux vives : entretenue par un arrosement journalier, sa belle venue et son rapport ont comblé mes vœux. On peut à présent enter le figuier en bourgeons, et greffer le citronnier dans

planta circumfodi. Nunc, locis temperatis, amygdala matura sunt ad legendum.

De armentis et gregibus multiplicandis.

IV. Hoc tempore maxime tauris submittendæ sunt vaccæ, quia decem mensium partus sic poterit maturo vere concludi; et certum est eas, post vernam pinguedinem, gestientes veneris amare lasciviam. Uni tauro quindecim vaccas Columella asserit posse sufficere, curandumque ne concipere nequeant nimietate pinguedinis. Si abundantia pabuli est in regione qua pascimus, potest annis omnibus in fœturam vacca submitti; si vero indigetur hoc genere, alternis temporibus onerandæ sunt, maximeque si eædem vaccæ alicui operi servire consueverunt.

Hoc mense arietes candidissimi eligendi et admittendi sunt mollibus lanis, in quibus non solum corporis candor considerandus est, sed etiam lingua : quæ si maculis fuscabitur, varietatem reddit in sobole. De albo plerumque nascitur coloris alterius; de fuscis nunquam, sicut Columella dicit, potest albus creari. Eligemus arietem altum, procerum, ventre promisso et lanis candidis tecto, cauda longissima, velleris densi, fronte lata, magnis testibus, ætatis trimæ, qui tamen usque in octo annos potest utiliter inire. Fœmina debet bima submitti, quæ usque in quinquennium fœturæ necessaria est, anno septimo deficit. Eligenda est vasti corporis, et prolixi velleris ac mollissimi, lanosi et magni uteri.

Sed providendum est in hoc genere ut pabuli ubertate saturetur, et longe pascatur a sentibus qui et lanam mi-

un sol humide. Vers le milieu du mois, on fouira le pied des palmiers. Maintenant les amandes sont bonnes à cueillir dans les climats tempérés.

De la reproduction du grand et du menu betail.

IV. C'est à présent surtout qu'il faut faire couvrir les vaches. Comme elles portent dix mois, elles se trouveront alors en état de vêler dans la belle saison ; et l'on sait qu'après s'être engraissées au printemps, elles manifestent leur ardeur pour les ébats de l'amour. Columelle dit que quinze vaches peuvent suffire à un taureau, et qu'il faut prendre garde qu'un excès d'embonpoint ne les empêche de concevoir. Si le pays abonde en fourrage, on pourra faire couvrir les vaches tous les ans; mais si on en manque, elles ne doivent être saillies que tous les deux ans, surtout si l'on a coutume de les employer à quelque travail.

Choisissez des béliers très-blancs et dont la laine soit moelleuse pour les faire saillir ce mois-ci. A la blancheur du corps ils doivent joindre la netteté de la langue : si elle a des taches noires, elles se transmettront à leurs produits. Un bélier blanc donne souvent un agneau d'une autre couleur ; mais jamais, comme le dit Columelle, d'un bélier noir il ne peut naître un agneau blanc. Choisissez un bélier grand et de haute taille, qui ait le ventre allongé et couvert de laine blanche, la queue très-longue, la toison épaisse, le front large, les testicules gros; qu'il soit âgé de trois ans, quoiqu'il puisse saillir fructueusement jusqu'à huit. Faites couvrir vos brebis à l'âge de deux ans ; elles peuvent porter jusqu'à cinq, mais s'arrêtent à la septième année. Elles auront le corps bien développé, la toison pendante et moelleuse, le ventre fourni de laine et très-spacieux.

Ayez soin que le troupeau se rassasie de fourrage, et menez-le paître loin des buissons, qui en diminuent la

nuunt et corpus incidunt. Admittendi sunt mense julio,
ut nati ante hiemem convalescant. Aristoteles asserit,
si masculos plures creari velis, admissuræ tempore siccos
dies, et halitum septentrionis eligendum, et contra eum
ventum greges esse pascendos; si fœminas generari velis,
austri captandos flatus, et in eum pascua dirigenda, ac
sic ineundas matres, ut mortuarum vel vitiosarum numerus novella sobole reparetur. Autumno debiles quæque pretio mutentur, ne eas imbecillas hibernum frigus
absumat. Aliqui duobus ante mensibus arietes a coitu
revocant, ut facem libidinis augeat dilatio voluptatis.
Quidam coire sine discretione permittunt, ut hoc eis
genere per annum totum fœtura non desit.

De exstirpando gramine.

V. Hoc mense, quum sol Cancri tenebit hospitium,
luna sexta in Capricorni signo posita, gramen ablatum
Græci asserunt nihil de radicibus rediturum. Item si
bidentes cyprei fiant, et sanguine tingantur hircino, et
post fornacis ardores non aqua, sed eodem sanguine tem-
perentur, per eos erutum gramen exstingui.

De vino scillitico.

VI. Hoc mense vinum scillites sic facimus : Scillam de
montanis aut maritimis locis, sub ortu canicularum lec-
tam, procul a sole siccamus. Ex hac in vini amphoram
unius libræ mensuram mittimus, incisis ante tamen su-
perfluis, et abjectis foliis quibus pars extrema velatur.
Quidam velamina ipsa filo inserta suspendunt, ut vino
infusa mergantur, et non admixta fæcibus, post XL dierum spatium serta quæ appensa sunt auferantur. Hoc

laine et lui déchirent le corps. Faites couvrir les brebis au mois de juillet, afin que leurs petits se fortifient avant l'hiver. Voulez-vous obtenir un grand nombre de mâles, Aristote conseille de choisir un temps sec, et de faire paître le bétail contre le vent du nord. Désirez-vous beaucoup de femelles, recherchez le vent du midi pour accoupler les brebis pendant qu'elles paissent dans sa direction, et réparez par de nouveaux rejetons la perte des brebis mortes ou malades. Vendez en automne celles qui sont débiles, de peur que la froide saison ne les emporte. Quelques-uns, deux mois avant l'époque de l'accouplement, empêchent les béliers de saillir, afin que le délai du plaisir attise leur ardeur. D'autres les laissent à leur gré s'approcher des brebis pour en obtenir des produits durant toute l'année.

De l'extirpation du chiendent.

Ce mois-ci, lorsque le soleil occupe le signe du Cancer et que la sixième lune est dans le Capricorne, si l'on arrache le chiendent, d'après les auteurs grecs, les racines ne reprennent point. Il meurt, disent-ils, si on l'extirpe avec des houes de cuivre teintes de sang de bouc, rougies au feu et refroidies, non dans l'eau, mais dans le sang du même animal.

Du vin de scille.

VI. Ce mois-ci, on obtient du vin de scille de la manière suivante : Faites sécher à l'ombre, vers le lever de la canicule, de la scille récoltée dans des terrains montagneux ou voisins de la mer. Mettez-en une livre dans une amphore de vin, après en avoir retranché les parties superflues et jeté les feuilles dont l'extrémité de cette plante est couverte. D'autres suspendent à un fil ces feuilles mêmes et les infusent dans du vin. Ils les en retirent quarante jours après, sans qu'elles aient trempé dans la lie. Cette espèce

vini genus tussi resistet, ventrem purgabit, flegma dis-
solvet, spleneticis proderit, acumen præstabit oculorum,
concitabit digestionis auxilia.

De hydromeli.

VII. Inchoantibus canicularibus diebus aquam puram
pridie sumis ex fonte; in tribus aquæ sextariis, unum
sextarium non dispumati mellis admisces, ac diligenter
per carenarias divisum quinque horarum spatio continuo
per investes pueros curabis agitare, vasa ipsa concutiens;
tunc XL diebus ac noctibus patieris esse sub cœlo.

De aceto scillitico.

VIII. Scillæ albæ crudæ projectis duris, atque extrinsecus positis omnibus, teneram medietatem ad libram et
sex uncias per minutas partes recides, et in aceti acer-
rimi duodecim sextariis merges. Vas signatum XL diebus patieris esse sub sole. Post, abjecta scilla, acetum
diligentius excolabis, et in bene picato vase transfundes. Aliud acetum digestioni et saluti accommodum :
Scillæ dragmas VIII, aceti sextarios XXX mittis in vasculo,
et piperis unciam unam, menthæ et casiæ aliquantum,
et post aliquod tempus uteris.

De sinapi.

IX. Sinapis semen ad modum sextarii unius et semis
redigere curabis in pulverem, cui mellis pondo v, olei
Hispani unam libram, aceti acris unum sextarium misces, et tritis omnibus diligenter uteris.

de vin guérit la toux, dégage le ventre, expulse les flegmes, soulage les maux de rate, éclaircit la vue et facilite la digestion.

De l'hydromel.

VII. Dans les premiers jours de la canicule, puisez de l'eau pure à une fontaine ; le lendemain, mettez dans trois setiers de cette eau un setier de miel non écumé, partagez avec soin ce mélange dans des chaudières où l'on cuit le *sapa*, et faites-le agiter constamment pendant cinq heures par des enfants impubères, tandis que vous remuerez vous-même les vases ; ensuite laissez-le exposé à l'air durant quarante jours et quarante nuits.

Du vinaigre de scille.

VIII. Dépouillez une scille blanche et crue de toutes ses parties dures et externes ; hachez-en le cœur, et plongez-en une livre et six onces dans douze setiers de vinaigre concentré. Bouchez le vase, et laissez-le exposé durant quarante jours au soleil. Ensuite jetez la scille, passez soigneusement ce vinaigre, et versez-le dans un vase bien poissé. Voici comment on fait un autre vinaigre digestif et salutaire : Mettez dans un vase huit drachmes de scille et trente setiers de vinaigre avec une once de poivre et un peu de menthe et de cannelle, et faites usage de cette composition quelque temps après.

De la moutarde.

IX. Réduisez en poudre un setier et demi de graine de moutarde ; mettez-y cinq livres de miel, une livre d'huile d'Espagne et un setier de fort vinaigre ; quand le tout sera bien broyé, vous pourrez en faire usage.

De horis.

X. Julii et junii horas par mensurarum libra composuit.

Hora	i et xi	pedes xxii
Hora	ii et x	pedes xii
Hora	iii et ix	pedes viii
Hora	iv et viii	pedes v
Hora	v et vii	pedes iii
Hora	vi	pedes ii.

Des heures.

X. Les heures des mois de juillet et de juin sont d'une égale durée.

1ᵉ et xiᵉ heures	xxii	pieds.
iiᵉ et xᵉ heures	xii	pieds.
iiiᵉ et ixᵉ heures	viii	pieds.
ivᵉ et viiiᵉ heures	v	pieds.
vᵉ et viiᵉ heures	iii	pieds.
viᵉ heure	ii	pieds.

DE RE RUSTICA

LIBER IX.

—•—

AUGUSTUS.

—•—

De agris exilibus arandis, de apparanda vindemia, de occatione vinearum locis frigidis.

I. Augusto mense ultimo, circa kalendas septembris, ager planus, humidus, exilis incipiat exarari. Nunc maritimis locis vindemiæ apparatus urgetur. Hoc etiam mense locis frigidissimis occatio vinearum fit.

De exili et misera vinea reficienda.

II. Hoc tempore, si terra exilis in vinea est, et vinea ipsa miserior, tres vel quatuor lupini modios in jugero spargis, atque ita occabis. Quod ubi fruticaverit, evertitur, et optimum stercus præbet in vineis, quia lætamen propter vini vitium non convenit inferre vinetis.

De pampinandis vitibus, et exstirpandis carectis atque filictis.

III. Nunc locis frigidis pampinatur, locis vero ferventibus ac siccis obumbratur potius uva, ne vi solis arescat, si aut vineæ brevitas, aut facultas operarum per-

DE L'ÉCONOMIE RURALE

LIVRE IX

AOUT.

Du labourage des champs maigres, des apprêts de la vendange, de la rupture des mottes de terre des vignes dans les pays froids.

I. On commence, à la fin du mois d'août, vers les calendes de septembre, à labourer les terrains plats, humides et maigres. On prépare maintenant avec activité les travaux de la vendange dans les pays voisins de la mer. On brise aussi, à présent, les mottes de terre des vignes dans les pays froids.

Comment on répare un vignoble maigre et chétif.

II. Avez-vous un vignoble maigre et des souches plus chétives encore, semez-y, à cette époque, trois ou quatre boisseaux de lupins par arpent, et brisez les mottes de terre. Quand ces lupins seront venus, vous les retournerez en terre, et ils engraisseront parfaitement vos vignes. Le fumier ne convient pas aux vignobles, parce qu'il nuit à la qualité du vin.

De l'épamprement, de l'extirpation de la fougère et du caret.

III. On épampre maintenant la vigne dans les pays froids ; mais, dans les pays secs et brûlants, on met les raisins à l'ombre afin que l'ardeur du soleil ne les dessèche

mittit. Hoc etiam mense exstirpare possumus carecta
atque filicta.

De urendis pascuis.

IV. Nunc urenda sunt pascua, ut et altorum fruti-
cum festinatio reprimatur ad stirpes, et incensis aridis
nova lætius succedant.

De rapis et napo, de radice et pastinaca.

V. Hoc etiam mense ultimo, siccis locis, rapa et napus serenda sunt, hac ratione qua ante dictum est. Hoc
mense ultimo, locis siccioribus radices seruntur quæ
hieme sui usum ministrent. Amant terram pinguem, solutam et diu subactam, qualem rapa. Tofum et glaream reformidant; gaudent cœli statu nebuloso. Serendæ
sunt spatiis grandibus et alte fossis. Meliores proveniunt
in arenis. Serantur post novam pluviam, nisi possint
forte rigari. Quod satum est statim debet operiri levi
sarculo. Jugerum duo sextarii, vel, ut quidam, quatuor,
quum seruntur, implent. Lætamen non est ingerendum,
sed potius paleæ, quia inde fungosæ sunt. Suaviores
fiunt, si eas aqua salsa frequenter aspergas.

Radices fœminini generis putantur, quæ **minus** acres
sunt, et habent folia latiora et lævia, et **cum jucunditate**
virentia. Ex his ergo semina colligemus. Majores fieri
creduntur, si, sublatis omnibus foliis, et solo tenui caule
dimisso, sæpe terris operiantur. Si ex nimis acra dulcem
fieri velis, semina die et nocte melle macerabis, aut
passo. Raphanum tamen, sicut brassicam, constat esse
vitibus inimicam; nam si circa se serantur, natura dis-
cordante refugiunt. Hoc etiam mense pastinacas seremus.

point, si toutefois le peu d'étendue des vignobles ou la
facilité de se procurer des ouvriers le permet. On peut
également, ce mois-ci, arracher le caret et la fougère.

De la nécessité de brûler les prairies.

IV. Mettez à présent le feu aux prairies, afin de réduire
à leurs racines les brins qui montent trop vite, et de faire
succéder à l'aridité une végétation vigoureuse.

Des raves, des navets, des radis et des panais.

V. Semez encore, à la fin de ce mois, des raves et des
navets dans les pays secs, de la manière indiquée ci-dessus.
Semez-y également des raiforts que vous consommerez en
hiver. Ennemis du tuf et du gravier, ils aiment, comme
les raves, une terre grasse, ameublie et longtemps remuée.
Ils se plaisent sous un ciel nébuleux, et demandent à être
semés sur de grands espaces fouis profondément. Les meilleurs sont ceux qui viennent dans les sables. On les sème
immédiatement après la pluie, à moins qu'on ne soit à
même de les arroser. Dès qu'ils sont semés, on les recouvre de terre à l'aide d'un léger sarcloir. Deux setiers,
ou quatre, suivant quelques-uns, remplissent un arpent.
Couvrez ces semences de paille : le fumier les rendrait
fongueuses. Elles acquièrent un goût plus délicat quand
on les arrose souvent d'eau salée.

On regarde comme les femelles des raiforts ceux qui,
moins âcres, ont les feuilles plus larges, plus lisses et d'un
beau vert. Vous en recueillerez la graine. On croit qu'ils
grossissent davantage lorsqu'on en arrache toutes les
feuilles en ne leur laissant qu'une tige mince, et qu'on
les couvre souvent de terre. Si vous voulez en adoucir
l'âcreté, détrempez-en la graine pendant un jour et une
nuit dans du miel ou dans du *passum*. Les raiforts, ainsi
que les choux, n'aiment pas les vignes : semés autour d'un
cep, ils s'en éloignent par antipathie. On sème encore les
panais ce mois-ci.

De arboribus emplastrandis.

VI. Etiam nunc emplastrantur arbusta. Pirum nunc plerique inserunt, et locis irriguis arborem citri.

De apibus.

VII. Hoc mense crabrones molesti sunt alveariis apum, quos persequi ac necare debemus. Nunc etiam, quæ julio non occurrimus, exsequamur.

De aqua invenienda.

VIII. Nunc, si deerit aqua, eam quærere ac vestigare debebis : quam taliter poteris invenire. Ante ortum solis iis locis quibus aqua quærenda est, æqualiter pronus, mento ad solum depresso, jacens in terra spectabis orientem, et in quo loco crispum subtili nebula aerem surgere videbis, et velut rorem spargere, signo aliquo vicinæ stirpis aut arboris prænotabis; nam constat siccis locis, ubi hoc fiet, aquam latere. Sed terrarum genus considerabis, ut possis vel de tenuitate vel de abundantia judicare. Creta tenues nec optimi saporis venas creabit; sabulo solutus exiles, insuaves, limosas, et spatio altiore submersas; nigra terra humores et stillicidia non magna, ex hibernis imbribus et liquore collecta, sed saporis egregii; glarea mediocres et incertas venas, sed suavitate præcipuas; sabulo masculus, et arena, et carbunculus certas et ubertate copiosas. In saxo rubro bonæ et abundantes sunt.

Sed providendum est ne inventæ inter rimas refugiant, et per intervenia dilabantur. Sub radicibus montium et in

Des arbres à écussonner.

VI. On écussonne aussi à présent les arbustes. Presque tout le monde greffe maintenant le poirier, et le citronnier dans les terrains entrecoupés d'eaux vives.

Des abeilles.

VII. Les frelons incommodent, ce mois-ci, les ruches : il faut les pourchasser et les détruire. On fait aussi, à cette époque, tout ce qu'on a omis en juillet.

De la découverte de l'eau.

VIII. Si vous manquez d'eau, vous devez maintenant chercher à en découvrir. Voici comment vous pourrez y parvenir. Dans l'endroit où vous voulez trouver de l'eau, étendez-vous tout du long, avant le lever du soleil, le menton appuyé contre terre et les yeux tournés vers l'orient. Si vous voyez alors se lever, sous la forme d'un nuage, une vapeur légère qui répande une espèce de rosée, marquez la place à l'aide de quelque souche ou de quelque arbre du voisinage ; car il y a de l'eau cachée dans tout lieu sec où se manifeste un tel phénomène. Vous observerez aussi la nature du terrain, afin de pouvoir juger de la quantité d'eau plus ou moins grande qu'il renferme. L'argile donnera des veines maigres et d'un goût peu agréable ; le sablon mouvant produira aussi un filet d'eau d'un mauvais goût, trouble, et qui se perdra dans des couches profondes ; la terre noire donnera goutte à goutte une très-petite quantité d'eau provenant des pluies et de l'humidité de l'hiver ; mais cette eau sera d'un goût parfait. Le gravier donnera des veines médiocres et incertaines, mais d'une douceur remarquable ; le sablon mâle, le sable et le carboncle, des veines sûres et intarissables. Celles des roches rouges sont bonnes et copieuses.

Vous examinerez si les eaux découvertes ne fuient pas à travers des crevasses ou des excavations souterraines.

saxis silicibus uberes, frigidæ, salubres; locis campestribus salsæ, graves, tepidæ, insuaves; quarum sapor
si optimus fuerit, noveris eas sub terris exordium de
monte sumpsisse; sed in mediis campis montanorum fontium suavitatem consequentur, si umbrantibus tegantur
arbustis.

Sunt et hæc signa vestigandæ aquæ, quibus tunc
credimus, si neque lacuna est, neque aliquis ibi ex con-
suetudine humor insidet aut præterit. Juncus tenuis, salix silvatica, alnus, vitex, arundo, hedera, ceteraque,
si qua humore gignuntur. Locus ergo, ubi supra dicta
signa repereris, fodiatur latitudine pedibus tribus, altitudine pedibus quinque, et proxime solis occasum, mun-
dûm vas ibi æreum vel plumbeum, interius unctum, in-
versum ponatur in solo ipsius fossionis. Tunc supra fossa
labra crate facta de virgis ac frondibus, additaque terra,
spatium omne cooperiatur. Sequenti die, aperto loco,
si in eodem vase sudores intrinsecus invenientur aut stillæ,
aquas ibi esse non dubites.

Item si vas figuli siccum, neque coctum, eadem ratione ponatur ac similiter operiatur; altero vero die, si
aquarum vena est, in præsenti vas concepto humore
solvetur. Item vellus lanæ æque positum vel coopertum,
si tantum colligit humoris ut alia die fundat expressum,
copias inesse testabitur. Item lucerna oleo plena et ac-
censa, si ibi similiter tecta ponatur, et sequuto die inve-
niatur exstincta superantibus alimentis, aquas idem locus
habebit. Item si in eo loco focum feceris, et terra vapo-
rata humidum fumum nebulosumque ructaverit, aquas

Au pied des montagnes et dans les roches siliceuses les eaux sont abondantes,. fraîches et salubres; dans les terrains plats, elles sont saumâtres, lourdes, tièdes et désagréables. Si, par hasard, elles ont bon goût, c'est une preuve qu'avant de couler sous terre elles sortent d'une montagne. Du reste, elles acquerront, même dans les plaines, la douceur des eaux des montagnes, si elles sont ombragées d'arbustes.

Voici d'autres indices propres à éclairer vos recherches (on peut s'y fier, lorsqu'il n'y a point de mares dans l'endroit, et que l'eau n'y séjourne ou n'y passe point habituellement) : ce sont les joncs déliés, le saule des forêts, l'aune, l'agnus-castus, le roseau, le lierre et les végétaux aquatiques. Vous creuserez l'endroit où se trouveront ces indices jusqu'à cinq pieds de profondeur sur trois de large; et, vers le coucher du soleil, vous mettrez dans cette fosse un vase d'airain ou de plomb propre et graissé dans l'intérieur, l'orifice tourné vers le fond de la fosse. Ensuite vous étendrez sur les bords une claie de baguettes et de branchages, et vous recouvrirez le tout de terre. Le lendemain, en ouvrant la fosse, si vous trouvez que le vase sue en dedans ou que l'eau en dégoutte, n'en doutez pas, cet endroit renferme de l'eau.

Mettez aussi dans cette fosse un vase de terre sec et non cuit, et recouvrez-le de la même manière. Le lendemain, s'il y a une veine d'eau, il sera dissous par l'humidité dont il aura été imprégné. Une toison de brebis, également déposée dans la fosse et recouverte de même, vous indiquera qu'il y a là beaucoup d'eau, si elle dégoutte quand on la pressera le lendemain. Cet endroit renfermera encore de l'eau, si, après avoir mis dans la fosse recouverte une lampe allumée et pleine d'huile, vous la trouvez éteinte le lendemain, quoiqu'elle n'ait pas manqué d'aliments. De même, si vous vous faites du feu quelque part, et que le sol échauffé ré-

inesse cognosces. His itaque repertis, certa signorum firmante notitia, puteum fodies et aquæ caput requires, vel, si plura sunt, in unum colliges. Tamen maxime sub radicibus montium, in septentrionali parte, quærendæ sunt aquæ, quia in his locis magis abundant utilioresque nascuntur.

De puteis.

IX. Sed in fodiendis puteis cavendum est fossorum periculum, quoniam plerumque terra sulfur, alumen, bitumen educit, quorum spiritus mixti anhelitum pestis exhalant, et occupatis statim naribus extorquent animas, nisi quis fugæ sibi velocitate succurrat. Prius ergo quam descendatur ad intima, in eis locis lucernam ponis accensam : quæ si exstincta non fuerit, periculum non timebis; si vero exstinguetur, cavendus est locus quem spiritus mortifer occupabit.

Quod si alio loco aqua non potest inveniri, dextera lævaque puteos fodiemus, usque ad aquæ ipsius libramentum, et ab his foramina hinc inde patefacta, velut nares, intus agemus, qua nocens spiritus evaporet : quo facto, latera puteorum structura suscipiat. Fodiendus est autem puteus, latitudine octo pedum quoquoversum, ut binos pedes structura concludat. Quæ structura vectibus ligneis subinde densetur, et structa sit lapide tofacio vel silice. Si aqua limosa fuerit, salis admixtione corrigatur. Sed dum foditur puteus, si terra non stabit vitio generis dissoluti, aut humore laxabitur, tabulas objicies directas undique, et eas transversis vectibus sustinebis, ne fodientes ruina concludat.

exhale une fumée épaisse et nébuleuse, vous saurez qu'il y a de l'eau dans cet endroit. Quand ces découvertes seront confirmées par des indices certains, creusez un puits pour tâcher de découvrir la source; s'il y en a plusieurs, réunissez-les en une seule. Au reste, c'est particulièrement au pied des montagnes et du côté du nord qu'il faut chercher les eaux, parce que nulle part elles ne sont plus abondantes ni meilleures.

Des puits.

IX. Quand vous creuserez des puits, vous examinerez s'il n'y a pas de danger pour les ouvriers, parce que la terre exhale ordinairement une odeur de soufre, d'alun et de bitume qui empoisonne l'air, saisit vivement l'odorat, et asphyxie, à moins qu'on ne se retire promptement. En conséquence, avant qu'ils ne descendent au fond, vous y placerez une lampe allumée : si elle ne s'éteint pas, il n'y aura aucun danger à craindre; si elle s'éteint, vous abandonnerez un lieu rempli d'exhalaisons mortelles.

Si néanmoins vous ne pouvez pas trouver d'eau ailleurs, vous creuserez des puits à droite et à gauche jusqu'au niveau du liquide, et, dans l'intérieur, vous pratiquerez des soupiraux ouverts de chaque côté en forme de narines, par où s'échapperont les vapeurs délétères; ensuite vous soutiendrez les parois des puits au moyen d'une maçonnerie. La largeur d'un puits doit être en tous sens de huit pieds, sur lesquels la maçonnerie en prendra deux. Celle-ci sera étayée d'espace en espace avec des pièces de bois, et construite en pierre de tuf ou en caillou. Si l'eau est limoneuse, vous la corrigerez en y jetant du sel. Si, en creusant le puits, la terre, trop friable, vient à s'échapper ou à se détacher par le contact de l'eau, vous la maintiendrez de tous côtés avec des planches droites soutenues par des traverses, afin que l'éboulement n'écrase pas les travailleurs.

De aqua probanda.

X. Aquam vero novam sic probabis : in vase æneo nitido spargis, et si maculam non fecerit, probabilis judicetur. Item decocta æneo vasculo, si arenam vel limum non relinquit in fundo, utilis erit. Item si legumina cito valebit excoquere, vel si colore perlucido carens musco, et omni labe pollutionis aliena. Sed qui in alto sunt putei, perforatis usque ad infimam partem terris ad loca inferiora, possunt vice fontis exire, si vallis subjectæ natura permittat.

De aquæductibus.

XI. Quum vero ducenda est aqua, ducitur aut forma structili, aut plumbeis fistulis, aut canalibus ligneis, aut fictilibus tubis. Si per formam ducetur, solidandus est canalis, ne per rimas aqua possit elabi. Cujus magnitudo pro aquæ mensura facienda est. Si per planum veniet, inter sexagenos vel centenos pedes sensim reclinetur structura in sesquipedem, ut vim possit habere currendi. Si quis mons interjectus occurrerit, aut per latera ejus aquam ducemus obliquam, aut ad aquæ caput speluncas librabimus, per quarum structuram perveniat. Sed si se vallis interserat, erectas pilas vel arcus usque ad aquæ justa vestigia construemus, aut plumbeis fistulis clausam dejici patiemur, et explicata valle consurgere.

Sed, quod est salubrius et utilius, fictilibus tubis quum ducitur, duobus digitis crassi et ex una parte reddantur angusti, ut palmi spatio unus in alterum possit intrare ; quas juncturas viva calce oleo subacta debemus illinire. Sed antequam in iis aquæ cursus admittatur, favilla per

De l'essai de l'eau.

X. Voici la manière d'essayer l'eau nouvelle. Vous en verserez dans un vase d'airain bien net; si elle n'y fait point de taches, c'est une preuve qu'elle est bonne. Elle l'est également, lorsqu'après avoir bouilli dans un vase d'airain, elle n'y dépose ni sable ni limon. Elle sera aussi de bonne qualité, si elle peut cuire promptement des légumes, ou si elle est transparente, dégagée de mousse et exempte de toute espèce de souillure. Quand les puits sont sur une hauteur, on peut en faire jaillir l'eau par en bas, comme celle d'une fontaine, en perçant la terre jusqu'à son lit, si la vallée le permet.

Des aqueducs.

XI. Pour amener l'eau d'un lieu dans un autre, on a recours à des ouvrages de maçonnerie, à des canaux de bois, à des tuyaux de plomb ou d'argile. Si elle passe dans un canal en maçonnerie, vous le consoliderez pour qu'elle ne fuie pas à travers les joints. La largeur en sera proportionnée au volume d'eau. S'il traverse un terrain plat, vous lui donnerez une pente insensible d'un pied et demi sur soixante ou cent pieds de longueur, pour faciliter l'écoulement. S'il rencontre une montagne, vous dirigerez l'eau sur ses flancs, ou vous la ferez passer par des souterrains construits au niveau de la source. Si c'est une vallée, vous élèverez des piliers ou des arcs jusqu'à la hauteur du plan que l'eau doit suivre, ou bien vous la ferez descendre dans la vallée au moyen de tuyaux de plomb, qui lui permettront de remonter ensuite quand elle l'aura traversée.

Lorsque, suivant la méthode la meilleure et la plus avantageuse, vous conduirez l'eau dans des tuyaux d'argile, donnez-leur deux doigts d'épaisseur, en les rétrécissant par une de leurs extrémités, afin qu'ils puissent s'emboîter sur la longueur d'un palme, et bouchez-en les joints

eos mixta exiguo liquore decurrat, ut glutinare possit, si qua sunt vitia tuborum. Ultima ratio est plumbeis fistulis ducere, quæ aquas noxias reddunt; nam cerusa plumbo creatur attrito, quæ corporibus nocet humanis. Diligentis erit aquarum receptacula fabricari, ut copiam vel inops vena procuret.

De mensuris et ponderibus tuborum.

XII. Mensura vero fistularum plumbo servetur hujusmodi: centenaria x pedum mille ducentas libras habeat; octogenaria noningentas LX; quinquagenaria similiter x pedum pondo sexcenta; quadragenaria pondo quadringenta LXXX; tricenaria pondo trecenta sexaginta; vicenaria pondo ducenta XL; octonaria pondo nonaginta sex.

De viridi acino in melle condito.

XIII. In uvæ semiacerbæ succi sextariis sex, mellis triti fortiter duos sextarios debebis infundere, et sub solis radiis diebus XL decoquere.

De horis.

XIV. Augustum maio par solis cursus æquavit.

Hora	ı et xı	pedes xxııı
Hora	ıı et x	pedes xııı
Hora	ııı et ıx	pedes ıx
Hora	ıv et vııı	pedes vı
Hora	v et vıı	pedes ıv
Hora	vı	pedes ııı.

avec un mastic de chaux vive et d'huile. Mais, avant de l'y introduire, passez-y de la cendre chaude mêlée d'un peu d'eau, pour remplir les fissures des tubes. La pire des méthodes est d'employer des tuyaux de plomb : ils rendent l'eau dangereuse à boire, parce que le frottement produit de la céruse qui nuit à la santé. Un bon agronome construira ses réservoirs de manière que le plus petit filet lui procure de l'eau en abondance.

Du poids et de la mesure des tuyaux.

XII. Voici la quantité de plomb qui doit entrer dans la fabrique des tuyaux. Il en entrera 1200 livres dans ceux dont la feuille a 100 doigts de large sur 10 pieds de long; 960 dans ceux dont la feuille a 80 doigts de large; 600 livres dans ceux dont la feuille a 50 doigts de large; 480 livres dans ceux dont la feuille a 40 doigts de large; 360 livres dans ceux dont la feuille a 30 doigts de large; 240 livres dans ceux dont la feuille a 20 doigts de large; 96 livres dans ceux dont la feuille a 8 doigts de large.

Du verjus confit dans du miel.

XIII. Versez deux setiers de miel bien battu sur six de verjus, et faites confire ce mélange aux rayons du soleil durant quarante jours.

Des heures.

XIV. La marche du soleil est la même dans le mois d'août que dans le mois de mai.

I^e et XIe	heures	XXIII	pieds
IIe et X^e	heures	XIII	pieds
IIIe et IXe	heures	IX	pieds
IVe et VIIIe	heures	VI	pieds
V^e et VIIe	heures	IV	pieds
VIe	heure	III	pieds.

DE RE RUSTICA

LIBER X.

——

SEPTEMBER.

——

De agris proscindendis et stercorandis.

I. SEPTEMBRI mense, ager pinguis, et qui diu tenere consuevit humorem, tertia vice arabitur, quamvis humido anno possit et antea tertiari. Nunc ager humidus, planus, exilis, quem primo augusto arari diximus, iteratur et seritur. Graciles clivi nunc primum arandi sunt, et serendi statim circa æquinoctium.

Agri nunc stercorandi sunt, sed in colle spissius, in campo rarius lætamina disponentur, quum luna minuitur: quæ res si servetur, herbis officiet. Uni jugero asserit Columella xxiv stercoris carpenta sufficere, in plano vero xviii. Sed iidem cumuli tot dissipandi sunt, quot ea die poterunt exarari, ne stercora exsiccata nihil prosint. Ejiciuntur quidem lætamina et qualibet hiemis parte. Sed si tempore suo ejici aliqua ratione non poterunt, antequam seras, more seminis, per agros pulverem stercoris sparge, vel caprinum manu projice, et terram sar-

DE L'ÉCONOMIE RURALE

LIVRE X.

SEPTEMBRE.

Du labour et de l'engrais des champs.

I. Au mois de septembre, on laboure pour la troisième fois les terrains gras et ceux qui conservent longtemps l'humidité, quoiqu'on puisse aussi le faire plus tôt quand l'année a été humide. On bine et l'on ensemence à présent les terrains humides, plats et maigres, auxquels nous avons dit qu'il fallait donner le premier labour au mois d'août. Labourez à présent, pour la première fois, les coteaux maigres, et ensemencez-les immédiatement après, vers l'équinoxe.

Répandez maintenant, au déclin de la lune, d'épaisses couches de fumier sur les collines, et de plus légères dans les champs : par là vous empêcherez les herbes de croître. Columelle dit que vingt-quatre tombereaux de fumier suffisent pour un arpent, et même dix-huit pour un terrain plat. Ne répandez que la quantité de fumier que vous pourrez enterrer le même jour, afin qu'il ne perde pas sa qualité en se desséchant. On fume en quelque partie de l'hiver que ce soit. Mais quand un motif vous aura empêché de le faire dans le temps convenable, avant les semailles, répandez dans le champ du fumier en poudre, comme vous le feriez

culis misce. Nec prodest nimium stercorare uno tempore, sed frequenter et modice. Ager aquosus plus stercoris, siccus vero minus requirit. Sed si lætaminis copia non abundat, hoc pro stercore optime cedit, ut sabulosis locis cretam vel argillam spargas, cretosis ac nimium spissis sabulonem. Hoc etiam segetibus proficit, et vineas pulcherrimas reddit; nam lætamen in vineis saporem vini vitiare consuevit.

De serendo tritico et adoreo in locis frigidis aut opacis.

II. Hoc mense uliginosis locis, aut exilibus, aut frigidis, aut opacis, circa æquinoctium triticum et adoreum seretur, dum serenitas constat, ut radices frumenti ante hiemem convalescant.

De remedio salsi humoris et animalium segetibus nocentium.

III. Solet terra humorem salsum vomere, qui segetes necat. Ubi hoc fit, columbinum stercus aut cupressi folia oportet inspergere, et ita, ut eadem misceantur, inarare. Melius tamen omnibus remediis erit, si aquarius sulcus noxium deducat humorem. In mediocris agri jugero v tritici modios et adorei totidem conseremus; nam quatuor ager pinguis accipiet. Si modium quo seretur, hyænæ pelle vestieris, et ibi aliquandiu, quod serendum est, esse patieris, sata bene provenire firmantur.

Item, quoniam quædam animalia subterranea sectis radicibus necant plerumque frumenta, contra hæc proderit, si herbæ quæ sedum dicitur, succus aquæ mixtus una nocte madefaciat, quæ spargenda sunt semina; vel agrestis cucumeris humor expressus, et ejus radix trita,

pour de la graine, ou jetez-y du crottin de chèvre, que vous mêlerez avec la terre au moyen de sarcloirs. Il n'est pas profitable de répandre beaucoup de fumier à la fois ; il vaut mieux le faire modérément et à plusieurs reprises. Un sol aqueux en demande plus qu'un terrain sec. Si vous avez peu d'engrais, vous y substituerez avec succès de la craie ou de l'argile pour les terres sablonneuses, et du sablon pour les terres crétacées et trop compactes. Cette méthode est aussi utile aux blés et rend les vignes très-belles. Un vignoble fumé donne ordinairement un méchant vin.

De l'ensemencement du froment et de l'*adoreum* dans un terrain froid ou ombragé.

II. Quand le temps est au beau fixe, semez, ce mois-ci, vers l'équinoxe, le froment et le blé *adoreum* dans les terrains marécageux, maigres, froids ou ombragés, afin que leurs racines prennent de la consistance avant l'hiver.

Des remèdes contre l'humidité amère et contre les animaux qui nuisent aux blés.

III. La terre rend ordinairement une humidité amère qui fait périr les blés. Répandez alors de la fiente de pigeon ou des feuilles de cyprès, et ensuite labourez-les pour les mêler avec la terre. Il existe encore un meilleur remède, c'est de détourner l'humidité pernicieuse au moyen d'une rigole. On sème dans un arpent de terre médiocre cinq boisseaux de froment et autant de blé *adoreum* : un terrain gras n'en demande que quatre. Recouvrez d'une peau d'hyène le boisseau du semeur, et laissez-y quelque temps le grain à semer : il viendra, dit-on, parfaitement.

Pour que certains animaux qui vivent sous terre ne détruisent pas souvent vos blés en les coupant par la racine, faites tremper les grains pendant une nuit, avant de les semer, dans du jus de vermiculaire étendu d'eau ; ou bien encore exprimez le jus d'un concombre sauvage, broyez-

si aqua diluatur, et eodem, quæ serenda sunt, mace-
réntur humore. Aliqui, ubi hæc segetes suas perferre
senserint, inter initia vitiorum insulsa amurca vel prædicta aqua sulcos et aratra perfundunt.

De hordeo cantherino.

IV. Nunc gracili solo hordeum seritur cantherinum,
modiis v per jugerum. Post hoc genus agros cessare patieris, nisi forte lætamen aspergas.

De lupino.

V. Nunc vel maturius aliquanto lupinus seritur in
qualicumque terra vel crudo solo. Cui hoc proderit ut
seratur antequam frigus incipiat. Limoso agro non nascitur; cretam reformidat; amat exilem terram atque rubricam; x modiis jugeri mensura completur.

De piso.

VI. Hoc mense postremo pisum seremus. Terra facili
et soluta, loco tepido, cœlo delectatur humecto. Jugero
quatuor modios vel tres sparsisse sufficiet.

De sisamo et medica.

VII. Nunc sisamum seritur putri solo, vel pinguibus
arenis, vel terra congesticia. Jugero quatuor vel sex
sextarios sevisse conveniet. Hoc mense postremo, prima
vice agros proscindemus qui habituri sunt medicam.

De vicia et Græco fœno et farragine.

VIII. Nunc viciæ prima satio est et fœni Græci, quum

en la racine, faites-la dissoudre dans l'eau, et trempez-y les grains que vous devez semer. Quelques-uns, lorsqu'ils voient leurs moissons atteintes par ce fléau, pour en prévenir les ravages, versent sur les sillons et sur les charrues du marc d'huile sans sel, ou de l'eau dont nous venons de parler.

De l'orge *cantherinum*.

IV. C'est maintenant qu'on sème l'orge *cantherinum* dans les terrains maigres : il en faut cinq boisseaux par arpent. On laissera reposer les terres qui auront porté ce grain, à moins qu'on n'aime mieux les fumer.

Des lupins.

V. Semez à présent, ou un peu plus tôt, les lupins dans quelque terrain que ce soit, même dans un sol en friche. Il sera profitable de les semer avant les premiers froids. Ils ne viennent point dans un champ fangeux; ils craignent les terrains crétacés; ils aiment la terre maigre et la terre rouge. Dix boisseaux de cette graine remplissent un arpent.

Des pois.

VI. A la fin de ce mois-ci vous sèmerez les pois. Ils se plaisent dans une terre meuble et légère, un pays chaud et un climat humide. Il suffira d'en répandre trois ou quatre boisseaux par arpent.

De la sésame et de la luzerne.

VII. Semez, à cette époque, la sésame dans un sol léger, dans des sables gras, ou dans une terre rapportée. Il en faudra quatre ou six setiers par arpent. A la fin de ce mois, vous labourerez, pour la première fois, les terres où vous voudrez semer de la luzerne.

De la vesce, du fenugrec et des herbages.

VIII. C'est à présent qu'on fait le premier ensemence-

pabuli causa seruntur. Viciæ vii modii jugerum, æque
et fœni.Græci semen implebit. Farrago etiam loco restibili stercorato seritur. Hordei cantherini jugero x modios spargimus circa æquinoctium, ut ante hiemem convalescat. Si depasci sæpius velis, usque in maium mensem
ejus pastura sufficiet; quod si ex ea semen etiam redigere, usque ad martias kalendas, et dehinc pecora pro-
hibebis.

De lupino serendo ut loca fecundet exilia.

IX. Hoc mense, ut loca fecundentur exilia, lupinus
circa idus seritur, et ubi creverit, vertitur vomere, ut
putrefiat excisus.

De pratis novellis.

X. Nunc prata, si libuerit, possumus novella formare.
Si eligendi facultas est, locum pinguem, roscidum, planum, leniter inclinatum, vel hujusmodi vallem deputabimus, ubi humor nec statim præcipitari cogitur, nec
diu debet inhærere. Potest quidem et soluto et gracili
solo prati forma, si rigetur, imponi. Exstirpandus est
itaque locus hoc tempore, et liberandus impedimentis
omnibus, vel herbis latioribus et solidis, atque virgultis.
Deinde quum frequenter exercitatus fuerit ac multa aratione resolutus, submotis lapidibus, et glebis ubique
confractis, stercoretur luna crescente recenti lætamine.
Ab ungulis jumentorum summa intentione servetur
intactus, præcipue quoties humescit, ne inæquale solum
reddant multis locis impressa vestigia. Sed si prata vetera muscus obduxerit, abradendus est, et scalptis eisdem locis fœni spargenda sunt semina, et quod ad ne-

ment de la vesce et du fenugrec, quand on veut en faire
du fourrage. Sept boisseaux de l'un ou de l'autre rempli-
ront un arpent. Vous sèmerez aussi les herbages dans un
terrain fumé qui aura produit tous les ans. On sème dix
boisseaux d'orge *cantherinum* par arpent, vers l'équinoxe,
afin qu'elle soit forte avant l'hiver. Si on veut la faire
brouter souvent, elle suffira aux bestiaux jusqu'au mois
de mai ; mais si l'on veut en retirer du grain, on ne leur
abandonnera cette pâture que jusqu'aux calendes de mars :
passé ce temps, on la leur interdira.

Des lupins qu'on sème pour fertiliser les terrains maigres.

IX. On sème les lupins, vers les ides de ce mois, pour
fertiliser les terrains maigres, et, dès qu'ils sont venus,
on les retourne avec la charrue afin qu'ils se pourrissent
après avoir été coupés.

Des nouvelles prairies.

X. Vous pouvez maintenant faire à votre gré de nouvelles prairies. Si vous avez le choix du sol, préférez un
terrain gras, couvert de rosée, plat et légèrement incliné,
ou une vallée dont les eaux ne tombent pas précipitam-
ment et ne séjournent pas longtemps. Vous pouvez encore,
au moyen d'irrigations, mettre en prairies un terrain
meuble et maigre. Vous en arracherez maintenant tout ce
qui l'embarrasse, les herbages hauts et forts ainsi que les
arbrisseaux ; ensuite, lorsqu'il aura été souvent remué
et ameubli par des labours multipliés, vous enlèverez les
pierres, vous briserez toutes les mottes, et vous l'engrais-
serez de fumier frais, à la nouvelle lune.

Attachez-vous particulièrement à en écarter les bêtes
de somme, surtout dans les temps humides, de peur que
leur piétinement ne rende le sol inégal en beaucoup d'endroits. Si la mousse couvre les vieilles prairies, ratissez-la
et semez du foin dans les parties que vous aurez grattées.
Répandez-y souvent aussi de la cendre : c'est un bon re-

candum muscum prodest, cinis sæpius ingerendus. Quod si sterilis factus est locus carie, incuria, vetustate, exaretur, ac de novo rursus æquetur; nam prata sterilia plerumque arare conveniet.

Sed in novo prato rapa conserere possumus, quorum messe finita, cetera quæ dicta sunt exsequemur. Viciam tamen fœni seminibus mixtam post hæc spargemus. Rigari vero, antequam durum solum fecerit, non debebit, ne ejus cratem minus solidam vis interflui corrumpat humoris.

De vindemia.

XI. Hoc mense locis tepidis maritimisque celebranda vindemia est, frigidis apparanda. In doliis picandis hic modus erit, ut dolium ducentorum congiorum XII libris picetur; deinde pro minoris æstimatione subducas. Sed maturitatem vindemiæ cognoscimus hoc genere, si expressa uva, vinacia quæ in acinis celantur, hoc est grana, sint fusca et nonnulla propemodum nigra : quam rem naturalis maturitas facit. Diligentiores optimæ ceræ in decem picis libras unam miscent, quæ et odori proficit, et sapori, et picem lenitate permulcens, frigoribus eam non patitur dissilire. Picis tamen gustu exploranda dulcedo est, quia sæpe vina ejus amaritudine vitiantur.

De panico, milio et faselo.

XII. Nunc quibusdam locis panicum metetur et milium. Tempore hoc faselus ad escam seratur. Nunc in amitibus apparetur aucupium noctuæ, ceteraque instrumenta capturæ, ut circa kalendas exerceatur octobris.

mède pour détruire la mousse. Si une portion de prairie est devenue stérile par moisissure, par négligence ou par vétusté, il faut la labourer et l'aplanir de nouveau; car on doit souvent retourner les prés stériles.

Vous pouvez semer des raves dans les prairies nouvelles, et, quand vous les aurez récoltées, vous exécuterez pour le surplus tout ce qui a été dit. Vous pourrez néanmoins y semer ensuite du foin mêlé avec de la vesce, en ayant soin de ne pas arroser ces graines avant qu'elles aient durci le sol, pour que l'eau, en s'infiltrant, n'en détruise pas le peu de solidité.

De la vendange.

XI. Faites la vendange, ce mois-ci, dans les pays chauds et voisins de la mer, et préparez-la dans les pays froids. Vous employerez douze livres de poix pour poisser les futailles de deux cents conges, et moins, à proportion, pour celles d'une moindre capacité. Vous connaîtrez qu'il est temps de vendanger, lorsqu'en exprimant les pépins renfermés dans les grains, vous en trouverez de gris, et quelques-uns même presque noirs : c'est un effet de la maturité. Les bons agronomes mêlent une livre d'excellente cire sur dix livres de poix : ce mélange donne du parfum et du goût au vin, adoucit la poix, et l'empêche de s'écailler dans les temps froids. Vous goûterez la poix pour vous assurer de sa douceur, parce que son amertume gâte souvent le vin.

Du panic, du millet et des haricots.

XII. Récoltez à présent, dans quelques cantons, le panic et le millet. Semez en ce temps-ci les haricots destinés à la table. Apprêtez maintenant les perches nécessaires pour la chasse aux hiboux, et les autres instruments à l'usage de cette chasse, dont on s'occupe vers les calendes d'octobre.

De hortis.

XIII. Nunc papaver seritur locis siccis et calidis. Potest et cum aliis oleribus seminari. Fertur utilius provenire, ubi virgæ et sarmenta combusta sunt. Tempore hoc brassicam seres utilius, ut plantas ejus novembri inchoante transponas : de quibus et hieme olus, et vere possit cyma produci. Hoc mense spatia hortorum, quæ per vernum seminibus impleturus es, alte tribus pedibus pastinare debebis, et luna decrescente his stercus inferre. Hoc mense ultimo thymum seremus, sed melius plantis nascitur, quamvis possit et semine. Agrum diligit apricum, macrum, maritimum. Nunc circa æquinoctium seres origanum. Stercorari ac rigari, donec convalescat, appetit. Amat loca aspera atque saxosa. Iisdem diebus seritur capparis : late serpit; succo suo terris nocet. Serendum est ergo, ne procedat ulterius, circumveniente fossato vel luto structis parietibus, solo sicco et gracili. Herbas sponte persequitur; floret æstate. Sub occasu Vergiliarum capparis arescit. Gith hoc mense ultimo bene seritur. Hoc mense nasturtium seremus et anethum locis temperatis et calidis, et radices locis siccis, et pastinacas, et cærefolium circa octobres kalendas, et lactucas, et betas, et coriandrum, et primis diebus rapa et napos.

De tuberibus.

XIV. Mense septembri, circa kalendas octobres, vel februario tuberes seremus sobole vel nucleis, cujus tenera diligenter nutriri debet infantia. Sumatur cum radicibus

Des jardins.

XIII. On sème, à cette époque, le pavot dans les pays chauds et secs; on peut aussi le semer avec d'autres plantes potagères. Il vient mieux, dit-on, dans les terrains où l'on a brûlé des broussailles et des sarments. Dans ce temps-ci on sème utilement les choux pour les transplanter au commencement de novembre, et pouvoir en récolter la tête pendant l'hiver, et les rejetons au printemps. Vous bêcherez, ce mois-ci, à trois pieds de profondeur, les planches des jardins que vous devez ensemencer au printemps, et vous les fumerez au déclin de la lune. Semez le thym à la fin du mois : il viendra mieux en pied, quoiqu'il puisse aussi venir de graine. Il aime les terrains exposés au soleil, maigres et voisins de la mer. Vous sèmerez aussi l'origan vers l'équinoxe. Il demande à être fumé et arrosé jusqu'à ce qu'il ait pris de la force. Il se plaît dans les lieux sauvages et au milieu des rochers. Semez à la même époque le câprier : il serpente au loin; son suc nuit aux terres. Pour l'empêcher de trop s'étendre, vous le sèmerez dans un terrain sec et maigre, entouré d'un fossé ou d'une muraille construite avec de la boue. Il fait naturellement la guerre aux herbes, fleurit en été, et se dessèche vers le coucher des Pléiades. Il est bon de semer la nielle à la fin de ce mois. On sème maintenant le cresson et l'aneth dans les pays chauds ou tempérés, les raiforts dans les terrains secs, les panais et le cerfeuil vers les calendes d'octobre, les laitues, la poirée, la coriandre, les raves et les navets dans les premiers jours du mois.

Des jujubiers étrangers.

XIV. Au mois de septembre, vers les calendes d'octobre, ou au mois de février, propagez les jujubiers étrangers par rejetons ou par noyaux, et donnez tous vos soins

planta divulsa; bubulo fimo linatur ac luto; statuatur
pingui terra et subacta, subditis conchis et marina alga;
terris magna sui parte condatur. Alii pomis statim grana
decussa et sole siccata, pingui et prope cribrata terra,
autumno tria simul ponunt, quæ feruntur in unum
coire virgultum. Quod assidua rigatione juvandum est,
atque fossura quæ solum .eviter scalpens teneritudini robur inducat. Post annum deindĕ vel aliquanto tardius,
quæ fuerit de semine planta, transfertur, et hoc genere
fructus efficit dulciores.

Mense januario ultimo vel februario tuberum surculus mirabiliter proficit cydonio insitus. Inseritur autem
malis omnibus, et piris, et prunis. Et Calabrici melius
trunco fisso quam cortice. Desuper qualo vel fictili vase
munitur, repletis usque prope summitatem surculis terra
subacta cum stercore. Prosunt tuberibus, quæ malis prodesse memoravi. Tuberes servabuntur, si obruantur in
milio vel urceolis picatis et oblitis.

De pavimentis solariorum et lateribus.

XV. Hoc etiam mense pavimenta in solariis et lateres
faciemus eo more quo maio mense descripsi.

De diamoro.

XVI. Succum mori agrestis paululum facies defervere.
Tunc succi ipsius duas partes, et unam mellis admisces,
et mixta curabis ad pinguedinem mellis excoquere.

De servandis uvis.

XVII. Uvas, quas servare volumus, legamus illæsas,

à leur âge tendre. Détachez de l'arbre un rejet● avec
ses racines, et, après l'avoir enduit de boue et de fiente
de bœuf, plantez-le dans un sol gras et travaillé, sur un lit
de coquilles et d'algue marine; puis recouvrez-le presque
entièrement de terre. D'autres, dès que les noyaux sont
tombés et ont séché au soleil, en mettent trois ensemble,
en automne, dans une terre grasse et à demi criblée. De
leur réunion naît, dit-on, un seul arbuste, dont on fortifie la jeunesse par de nombreux arrosements et de légers
labours. On transplante ensuite, au bout d'un an ou
un peu plus tard, le sujet né de ces semences : il donne
ainsi des fruits plus doux.

Entés sur le cognassier, à la fin du mois de janvier
ou au mois de février, les scions des jujubiers étrangers
réussissent à merveille. On les greffe aussi sur tous les
pommiers, les poiriers et les pruniers. Ceux de Calabre se
greffent mieux en fente sur le tronc que sous l'écorce.
On couvre l'arbre d'un panier ou d'un vase d'argile, et
l'on entoure les scions, presque jusqu'à la cime, de terre
labourée et de fumier. Les soins dont j'ai parlé au sujet
des pommiers sont également profitables aux jujubiers
étrangers, dont on conserve les fruits en les plaçant dans
du millet ou dans des cruchons poissés et bouchés.

Des pavés de plates-formes et des briques.

XV. Vous ferez encore, ce mois-ci, des pavés de
plates-formes et des briques de la manière que j'ai dé-
crite au mois de mai.

Du sirop de mûres.

XVI. Faites légèrement bouillir du jus de mûres sauvages; mêlez-en deux tiers avec un tiers de miel, et laissez
cuire ce mélange jusqu'à ce qu'il ait acquis la consistance
du miel.

De la manière de conserver les raisins.

XVII. Voulez-vous conserver du raisin, cueillez des

nequ●cerbitate rigidas, neque maturitate defluentes,
sed quibus est et granum luce penetrabili splendidum,
et tactus cum molli jucunditate callosus. Si qua sunt
corrupta vel vitiosa resecemus, nec patiamur interesse,
quibus inexpugnabilis acerbitas contra blandimenta æstivi
caloris induruit. Tunc incisos botryonum tenaces calida
pice oportet amburi, atque ita in loco sicco, frigido et
obscuro sine luminis irruptione suspendi.

De vite cujus fructus humore putrescit.

XVIII. Vitis, cujus fructus humore putrescit, per latera
pampinanda est ante tricesimum vindemiæ diem, et sola
frons illa servanda est, quæ, in summitate posita, solem
nimium defendit a vertice.

De horis.

XIX. Septembris et aprilis dies horis similibus conferuntur.

Hora	i et xi	pedes xxiv
Hora	ii et x	pedes xiv
Hora	iii et ix	pedes x
Hora	iv et viii	pedes vii
Hora	v et vii	pedes v
Hora	vi	pedes iv.

grappes saines, dont les grains ne soient ni durs par trop de verdeur, ni flasques par trop de maturité ; qu'ils aient une belle transparence, et résistent mollement au toucher. Enlevez ceux qui sont gâtés ou pourris ; rejetez également ceux dont l'invincible aigreur a bravé les bénignes influences du soleil d'été. Coupez ensuite les queues des grappes, plongez-les dans de la poix bouillante, et suspendez-les dans un endroit sec, frais, et impénétrable à la clarté du jour.

Des ceps dont les fruits se moisissent.

XVIII. Trente jours avant la vendange, épamprez sur les flancs les ceps dont l'humidité fait moisir les fruits, et ne laissez que les feuilles d'en haut, qui garantiront la cime de la trop grande ardeur du soleil.

Des heures.

XIX. Les jours des mois de septembre et d'avril se ressemblent pour les heures.

i^e et xi^e	heures	xxiv	pieds
iie et x^e	heures	xiv	pieds
iiie et ix^e	heures	x	pieds
iv^e et viii^e	heures	vii	pieds
v^e et vii^e	heures	v	pieds
vi^e	heure	iv	pieds.

DE RE RUSTICA

LIBER XI.

OCTOBER.

De adoreo et tritico, de hordeo cantherino, de ervo, lupino, piso,
sisamo et fasclo.

I. Octobri mense adoreum seremus ac triticum. Justa
satio est a decimo kalendarum novembrium, usque ad
sextum idus decembris regionibus temperatis. Nunc etiam
lætamen effertur ac spargitur. Hoc etiam mense seremus
hordeum quod dicitur cantherinum. Seritur macra et
sicca terra, vel multum pingui; nam quia hoc semine
macescunt arva, pingui vincitur agro. Alteri non habet
quod amplius nocere possit, quum propter macritatem
semen aliud ferre non valeat. Læto agro non est serendum. Etiam nunc ervum, lupinum et pisum, et sisamum
seremus, ut dixi; sisamum usque ad idus octobres, et
faselum, tamen terra pingui, ac restibili agro. Quatuor
modiis jugerum complebimus.

De lini semine.

II. Hoc mense lini semen seremus, si placet, quod pro
malitia sui serendum non est; nam terræ uber exhaurit.
Sed, si velis, loco pinguissimo et modice humido, se-

DE L'ÉCONOMIE RURALE

LIVRE XI.

OCTOBRE.

Du blé, de l'orge *cantherinum*, de l'ers, des lupins, des pois, de la sésame et des haricots.

I. On sèmera le blé *adoreum* et le froment au mois d'octobre. L'époque convenable est, dans les climats tempérés, depuis le dix des calendes de novembre jusqu'aux ides de décembre. On transporte aussi à présent et l'on disperse le fumier dans les champs. On sème encore, ce mois-ci, l'orge appelée *cantherinum* dans une terre maigre et sèche, ou dans une terre très-grasse. En effet, comme elle amaigrit les guérets, un terrain gras triomphe de son influence; d'un autre côté, elle ne peut nuire à une terre que sa maigreur met hors d'état de rapporter autre chose. On ne la sèmera pas dans un champ fumé. Semez aussi maintenant l'ers, les lupins, les pois et la sésame, comme je l'ai dit. La sésame et le haricot se sèment jusqu'aux ides d'octobre, mais dans une terre grasse et dans un sol qui rapporte tous les ans. Quatre boisseaux couvrent un arpent.

De la graine de lin.

II. On sèmera, ce mois-ci, la graine de lin, si on le juge convenable, quoiqu'il vaille mieux s'en abstenir, parce qu'elle nuit à la terre, dont elle épuise les sucs. Néan-

retur in jugero VIII modiis. Aliqui macro solo spissum serunt : ita assequuntur ut linum subtile nascatur.

De sarmentis fertilibus eligendis.

III. Nunc opportuna vindemia est , cujus tempore notanda est fecunditas vitium , et notis quibuscumque signanda , ut ex his ad ponendum sarmenta possimus eligere. Asserit autem Columella , explorari fecunditatem uno anno non posse, sed quatuor; quo numero cognoscitur vera generositas surculorum.

De ponendis vineis.

IV. Hoc mense postremo , ubi calidi ac sicci aeris qualitas est, ubi exilis et aridus est campus , ubi collis praeruptus aut macer, vites utilissime ponuntur, de quibus satis mense februario disputavi. Nunc locis siccis , calidis , exilibus , macris , arenosis , aridis , quaecumque de pastinis , de vitibus ponendis , putandis , propagandis , reparandis , vel arbusto faciendo, ante dicta sunt , rectius fiunt, ut contra exilitatem glebae hibernis imbribus adjuventur. Sic et humorem sitientibus conferunt , et recisa vel mersa glacie non adurunt, quia talibus locis pruinarum vis et natura nescitur.

De ablaqueanda novella.

V. Post idus octobris ablaqueanda est omnis novella vinea seu in pastino , seu in scrobibus aut sulcis , ut amputentur radices supervacuae quas produxit aestate; quae si convaluerint , inferiores radices faciunt interire;

moins, si cet inconvénient ne vous rebute pas, vous en sèmerez huit boisseaux par arpent dans un terrain très-gras et peu humide. Quelques-uns le sèment dru dans un sol maigre, et obtiennent ainsi du lin très-fin.

Du choix des ceps les plus féconds.

III. C'est à présent le temps de la vendange. Vous examinerez quelles sont les souches les plus fécondes, et vous les marquerez d'un signe quelconque, afin de pouvoir en tirer des sarments propres à être plantés. Columelle dit qu'il ne faut pas seulement un an, mais quatre, pour reconnaître la fécondité d'une souche, et que c'est alors qu'on est sûr de la vigueur de ses rejetons.

De la plantation des vignes.

IV. A la fin de ce mois, dans les pays où l'air est chaud et sec, où la campagne est pauvre et aride, où les coteaux sont maigres ou escarpés, il est très à propos de planter les vignes. J'ai suffisamment parlé de cette opération au mois de février. C'est à présent le meilleur temps pour faire, dans les terrains secs, chauds, maigres, chétifs, sablonneux, arides, tout ce que j'ai dit relativement aux façons des terres, à la plantation et à la taille des vignes, à la manière de les provigner, de les renouveler et de les marier aux arbres, afin que les pluies d'hiver les aident à combattre la pauvreté du sol. Elles seront ainsi désaltérées, sans être coupées par la glace ou ensevelies sous la neige, parce qu'on ignore en ces lieux la rigueur et l'âpreté des frimas.

Du déchaussement des nouvelles vignes.

V. Après les ides d'octobre, déchaussez toutes les jeunes vignes dans les terrains façonnés, dans les fosses ou dans les tranchées, afin de couper les racines superflues qu'elles ont jetées en été. En se fortifiant, ces racines étouffe-

et ita remanebit vitis in summitate suspensa : quæ res
eam frigori obnoxiam faciet et calori. Sed hæ radiculæ
non ad siccum debent recidi, ne aut plures inde nascantur, aut nova plaga corpori vitis impressa vi sequuturi
algoris uratur. Recidemus autem, relicto digiti spatio, et,
si placida ibi hiems est, apertas relinquemus vites; si
violenta, ante decembres idus operiemus; si præfrigida,
aliquantum columbini stercoris sub ipsa hieme circa vi-
ticularum vestigia largiemur : quod contra frigus nimium
Columella dicit toto faciendum esse quinquennio.

De propaganda vinea.

VI. Hoc tempore idcirco, locis quibus dixi, propa-
gatio melior est, quia firmandis radicibus vitis incum-
bit, quum proferendi palmites eam cura non permovet.

De inserendis arboribus et vitibus.

VII. Hoc mense aliqui vites et arbores locis calidissimis inserere consueverunt.

De olivetis.

VIII. Nunc etiam locis calidis et apricis oliveta instituemus, more vel ordine quem februarius mensis ostendit. Seminaria quoque olearum locis talibus faciemus hoc
tempore, et omnia quæ ad oleam pertinebunt. Olivas
quoque albas condiemus, sicut postea referetur. Hoc
tempore ablaqueandæ sunt arbores oleæ provinciis siccioribus ac tepidis; ita ut eis a superiori parte humor possit induci. Omnem sobolem convelli Columella præcipit.

raient celles qui sont inférieures, et la vigne, dont le pied serait ainsi libre, aurait également à souffrir du froid et du chaud. Néanmoins ne coupez pas les petites racines qui sont hors de terre, de peur qu'il n'en sorte un plus grand nombre, ou que la plaie faite au corps de la vigne ne soit surprise toute fraîche par la rigueur du froid. Vous les couperez à un doigt au-dessous du sol, et, si les hivers sont doux, vous laisserez les vignes découvertes ; s'ils sont rudes, vous les recouvrirez avant les ides de décembre ; s'ils sont très-rigoureux, vous répandrez au pied des jeunes vignes, à l'entrée de l'hiver, un peu de fiente de pigeon. Columelle veut qu'on emploie ce moyen durant cinq années consécutives pour combattre l'âpreté du froid.

Des provins.

VI. C'est à présent le meilleur temps pour provigner les vignes dans les pays dont j'ai parlé, parce que, débarrassée du soin de donner des branches à fruits, la sève ne travaille qu'à fortifier les racines.

De la greffe de la vigne et des arbres.

VII. Quelques-uns sont dans l'usage de greffer, ce mois-ci, les vignes et les arbres dans les climats très-chauds.

Des plants d'oliviers.

VIII. On fera encore à présent, dans les pays chauds et exposés au soleil, des plants d'oliviers d'après la méthode et l'ordre que j'ai prescrits pour le mois de février. On fera également, en ce temps-ci et dans les mêmes pays, des pépinières d'oliviers, et tout ce qui concerne cette espèce d'arbres. On confira aussi les olives blanches, comme je le dirai plus tard. C'est maintenant qu'on déchausse les oliviers dans les pays chauds et secs, afin qu'ils puissent être humectés par l'eau du ciel. Columelle

Mihi autem videtur, paucas dimitti semper ac solidas, ex quibus vel in vetustate, matris loco delecta succedat, vel melius nutrita, et aggestæ terræ beneficio, et jam suas habens radices, ad olivetum faciendum sine cura seminarii transferatur arbuscula.

Nunc, si suppetit, intermisso triennio stercoranda sunt oliveta locis maxime frigidis. Caprini stercoris sex libræ uni arbori, vel cineris modii singuli sufficient. Muscus tamen semper radatur arbóribus, et putentur, sicut Columella dicit, octo annorum ætate transacta. Videtur mihi, unoquoque anno sicca et infructuosa cum aliqua debilitate nascentia debere recidi. Quod si fructus arbor læta non afferet, terebretur Gallica terebra usque ad medullam foramine impresso, cui oleastri informis talea vehementer arctetur, et ablaqueatæ arbori amurca insulsa vel vetus urina fundatur. Hoc enim velut coitu steriles arbores uberantur, quas tamen durante malitia oportebit inserere. Hoc mense fossas rivosque purgabimus.

De remedio, si uva compluta est.

IX. Græci jubent, si uvam nimius imber infuderit, posteaquam mustum ejus primò ardore ferbuerit, ut ad alia vascula transferatur. Ita propter naturæ gravitatem remanens aqua subsidet, et translatum vinum pure servabitur, relicto quidquid se illi ex imbre miscuerit.

De oleo viridi et laurino.

X. Nunc oleum viride faciemus hoc genere. Olivam quam recentissimam, quum varia est, colligis, et, si diebus aliquot collegeris, expandis ne calefiat. Si qua

veut qu'on arrache tous les rejetons. Pour moi, je pense
qu'il convient d'en laisser croître toujours quelques-uns
de forts. On en choisira un pour remplacer son vieux
père; et, après l'avoir bien élevé et engraissé de plusieurs couches de terre, on transplantera le jeune arbuste
muni de ses racines, afin de se procurer ainsi des plants
d'oliviers sans former de pépinières.

Si vous le pouvez, fumez ce mois-ci, dans les pays très-
froids, les plants d'oliviers de trois en trois ans. Six livres
de crottin de chèvre ou un boisseau de cendres suffiront à
chacun. Ratissez constamment la mousse des arbres, et
taillez-les, suivant Columelle, quand ils auront passé
huit ans. Il me semble néanmoins qu'il faut en couper
chaque année les branches sèches, infécondes et naturellement faibles. Si un olivier vigoureux ne rapporte point
de fruits, percez-le jusqu'à la moelle avec une tarière
gauloise, et enfoncez-y fortement une bouture informe
d'olivier sauvage; ensuite déchaussez l'arbre, et arrosez-le
avec du marc d'huile sans sel ou de la vieille urine. Tout
arbre stérile devient fécond par cette espèce d'accouplement. Ne cessez pas de greffer les sujets affectés de ce vice.
Nettoyez, à cette époque, les fossés et les ruisseaux.

Remède contre l'humidité du raisin qui a souffert de la pluie.

IX. Quand le raisin a trop souffert de la pluie, les Grecs
veulent qu'on transvase le moût qui a déjà fermenté. Par
l'effet naturel de son poids, l'eau reste ainsi au fond, et
le vin transvasé se conserve pur, après avoir déposé
toute la partie aqueuse dont il était chargé.

De l'huile verte et de l'huile de laurier.

X. On fera maintenant l'huile verte de la manière qui
suit. Cueillez les olives les plus nouvelles lorsqu'elles
commencent à tourner; et, si vous avez mis quelques jours

ibi putris aut sicca est, removes. Ubi vero compleveris modum factorii, sales tritos, vel non tritos, quod est melius, in olivam eamdem mittis per decem modios tres salis; et molis primo, et sic salitam in novis canistris esse patieris, ut pernoctet cum salibus, et ducat in se eosdem sapores: ac mane premi incipiat olei meliorem fluxum redditura, salis sapore concepto. Canales sane et omnia receptacula olei calida aqua prius lavabis, ut nihil de anni præteriti rancore custodiant. Focos etiam non propius admovebis, ne olei saporem fumus inficiat. Nunc mense postremo locis siccis et calidis ad oleum faciendum lauri baccas legemus.

De hortis.

XI. Mense octobri serenda sunt intyba, quæ hiemi serviant. Amant humores et terram solutam. Arenosis et salsis locis atque maritimis summa proveniunt. Area his planior apparetur, ne radices eorum terra fugiente nudentur. Quatuor foliorum transferantur ad locum stercoratum.

Nunc plantæ cardui ponuntur. Quas quum ponemus, radices earum summa ferro resecamus ac fimo tingimus. Ternum pedum spatio separamus incrementi causa, pedali scrobe depositas binas aut ternas. Cinerem sæpe sub hieme, diebus siccis, fimumque miscebimus.

Hoc mense sinapim seremus. Terram diligit aratam, et, si fieri potest, congestitiam, quamvis ubicumque nascatur. Sarculari debet assidue ut respergatur pulvere

à les cueillir, étendez-les pour qu'elles ne s'échauffent pas.
Rejetez celles qui sont sèches ou pourries. Quand vous en
aurez amassé suffisamment pour remplir le pressoir, vous
les saupoudrerez de sel égrugé, ou mieux de gros sel,
et vous en mettrez trois boisseaux sur dix d'olives. Vous
les écraserez, puis vous les déposerez dans des paniers
neufs où vous les laisserez toute la nuit avec leur sel pour
qu'elles s'en imprègnent. Vous commencerez à les pressurer le matin, pour en extraire une huile d'autant
plus exquise qu'elle aura pris le goût du sel. Vous la-
verez à l'eau chaude les canaux et tous les réservoirs,
pour qu'ils ne conservent rien de rance de l'année précédente. Vous n'approcherez pas, non plus, le feu de l'huile,
de peur que la fumée n'en altère le goût. On cueille à la
fin de ce mois, dans les pays secs et chauds, les baies de
laurier pour en faire de l'huile.

Des jardins.

XI. Semez au mois d'octobre des chicorées que vous
consommerez en hiver. Les chicorées aiment l'eau et un
sol léger. Dans les terrains sablonneux, salés et voisins de la
mer, elles montent très-haut. Préparez-leur des planches
battues pour en assurer les racines contre le dégravoie-
ment du sol. Quand elles auront quatre feuilles, vous les
transplanterez dans un terrain fumé.

Plantez à présent les artichauts en pied. Avant de les
enterrer, coupez avec le fer le bout de leurs racines, et
trempez-les dans du fumier. Pour en favoriser le développement, mettez-en deux ou trois ensemble dans des
fosses d'un pied, et à trois pieds de distance les uns des
autres. Dans les temps secs, à l'entrée de l'hiver, répandez-y souvent de la cendre et du fumier.

Semez la moutarde ce mois-ci. Elle se plaît dans une
terre travaillée, et, s'il se peut, rapportée, quoiqu'elle
vienne partout. Il faut la sarcler constamment pour la

quo fovetur. Non minus gaudet humore. De quo semen
legere disponis, suo loco esse patieris. Quod ad escam
parabis, robustius facies transferendo. In sinapi vetus
semen inutile est vel sationi vel usui. Quod dentibus
fractum, si intus viride videbitur, novum est; si album
fuerit, vetustatem fatetur.

Hoc mense malva serenda est, quæ occursu hiemis ab
incrementi longitudine reprimetur. Loco pingui delectatur et humido; gaudet lætamine. Transferuntur plantæ
ejus, quum cœperint folia quatuor habere vel quinque.
Melius comprehendit ejus planta quæ tenera est; major
enim translata languebit. Sapor illis melior est si non
transferantur; sed, ne cito erigantur in caulem, in medio earum glebulas constitues aut lapillos. Rara ponenda
est. Sarculo delectatur assiduo : sic liberandæ sunt herbis, ne motum sentiant in radice. Si transferendis plantis nodum facias in radice, sessiles fient.

Nunc etiam locis temperatis et calidis anethum seremus. Cepullæ seruntur etiam hoc mense, vel mentha,
et pastinaca, thymum et origanum, et cappar mensis
initio. Item betam locis siccioribus, nec non armora-
ceam seremus, vel transferemus ad culta, ut melior
fiat; nam hæc agrestis est raphanus. Nunc porrum verno
satum transferre debemus, ut crescat in caput. Sane
sarculis circumfodiatur assidue, et comprehensa porri
planta velut tenacibus allevetur, ut inanitas spatii quæ
radicibus suberit, incremento capitis suppleatur. Ocimum quoque etiam nunc seremus, quod citius nasci
fertur hoc tempore, si aceti imbre leviter spargatur
infusum.

couvrir d'une poussière qui l'échauffe : elle n'en aime pas moins l'humidité. Laissez à sa place la moutarde dont vous voulez recueillir la graine; quant à celle que vous destinez à la table, vous la rendrez plus forte en la transplantant. La vieille graine n'est bonne ni à semer ni à manger. Celle qui paraît verte à l'intérieur, quand on la casse sous les dents, est nouvelle; au contraire, la blancheur de la graine indique qu'elle est vieille.

Semez la mauve ce mois-ci : plus tard, l'hiver l'empêcherait de se développer. Elle se plaît dans les terrains gras et humides; elle aime le fumier. On la transplante quand elle commence à avoir quatre ou cinq feuilles. Jeune, elle prend mieux; transplantée déjà grande, elle languit. Son goût est meilleur quand elle reste où elle a été semée. Pour l'empêcher de monter trop vite, mettez au milieu de sa tige un peu de terre ou de petits cailloux. Semez-la clair. Elle aime à être sarclée constamment. Débarrassez-la, sans en ébranler les racines, des herbes qui l'entourent. Si vous nouez les racines en la transplantant, elle pommera.

Semez aussi à cette époque l'aneth dans les pays chauds ou tempérés. Semez encore ce mois-ci les ciboules, la menthe, le panais, le thym et l'origan, ainsi que la câpre au commencement du mois. Semez également la poirée dans les terrains secs, de même que le raphanisaigre, ou transplantez-le, pour l'adoucir, dans un sol cultivé; car c'est un raifort sauvage. Transplantez maintenant le poireau semé au printemps, afin que sa tête prenne de l'accroissement. Sarclez-le constamment; saisissez-le en le soulevant comme avec des pinces, afin que le développement de sa tête remplisse le vide laissé sous les racines. Semez aussi à présent le basilic. On prétend qu'il vient plus tôt en ce temps-ci quand on l'arrose légèrement de vinaigre.

De arboribus pomiferis.

XII. Cui placet curas agere sæculorum, de palmis cogitet conserendis. Hoc igitur mense dactylorum non veterum, sed novorum ac pinguium recentia ossa debebit obruere, terræ cinerem miscere; si plantam velit, ponenda est aprili mense vel maio. Locis delectatur apricis et calidis. Fovenda est, ut crescat, humore. Terram solutam vel sabulonem requirit, ita tamen ut, quando planta deponitur, circa eam vel sub ea pinguis terra fundatur. Annicula transferatur aut bima, junio mense vel julio incipiente. Circumfodiatur assidue, ut rigatione continua æstatis vincat ardores. Aquis palmæ aliquatenus salsis juvantur, quæ infici debent salibus, etiam si tales eas natura non præbuit. Si ægra est arbor, fæces vini veteris ablaqueatæ oportet infundi, vel radicum supervacua capillamenta decidi, vel cuneum salicis interfossis radicibus premi. Constat autem locum prope nullis utilem fructibus, in quo palmæ sponte nascuntur.

Pistacia seruntur autumno, mense octobri, et sobole et nucibus suis; sed melius ipsa pistacia juncta ponuntur, mas ac fœmina : marem dicunt, cui sub corio velut ossei longi videntur latere testiculi. Qui diligentius facere voluerit, pertusos caliculos, et stercorata terra repletos parabit, et in his pistacia terna constituet, ut ex omnibus germen quodcumque procedat. Quod, ubi convaluerit planta, hinc facilius transferatur mense februario. Amat locum calidum, sed humectum; et rigatione gaudet et sole. Inseritur terebintho mense februario vel martio; at alii amygdalo inseri posse firmarunt.

Des arbres fruitiers.

XII. Celui qui veut travailler pour les siècles futurs, pensera à semer des palmiers. Il enterrera, ce mois-ci, des noyaux frais de dattes jeunes et grasses, en mêlant de la cendre avec la terre. S'il veut planter l'arbre en pied, il le devra faire au mois d'avril ou de mai. Le palmier se plaît dans les terrains chauds et exposés au soleil. On l'arrose souvent pour le faire croître. Il demande une terre meuble ou du sablon; cependant, quand on le plante en pied, il veut autour de lui ou sous lui une couche de terre grasse. On le transplante au bout d'un an ou de deux, au mois de juin ou au commencement de juillet. On le fouit constamment pour qu'un arrosement continuel le fasse résister aux feux de l'été. L'eau un peu salée lui est salutaire. On met du sel dans de l'eau, si l'on n'en a pas qui soit naturellement salée. Quand un palmier est malade, on le déchausse, et on l'arrose avec de la lie de vin vieux, ou l'on en coupe les racines superflues, ou bien on perce les racines, et l'on y enfonce un coin de saule. Le terrain où naît cet arbre ne convient à presque aucune espèce de fruits.

On plante les pistachiers en automne, au mois d'octobre, soit en rejetons, soit en amandes; mais il vaut mieux encore semer les pistaches en nature, mâles et femelles accouplés ensemble. On appelle pistache mâle, celle dont l'écorce renferme des noyaux pareils à des testicules. Quand on veut cultiver avec soin le pistachier, on prépare des pots percés qu'on remplit de terreau, et dans lesquels on met trois pistaches ensemble, afin que chacune donne un germe. Lorsque la plante a pris des forces, on la transfère ainsi plus aisément au mois de février. Le pistachier se plaît dans un sol chaud, mais humide; il aime les arrosements et le soleil. On le greffe sur le térébinthe au mois de février ou de mars; des auteurs cependant assurent qu'on peut le greffer sur l'amandier.

Cerasus amat cœli statum frigidum, solum vero positionis humectæ. In tepidis regionibus parva provenit. Calidum non potest sustinere. Montana vel in collibus constituta regione lætatur. Cerasi plantam silvestrem transferre debemus mense octobri vel novembri, et eam primo januario, quum comprehendit, inserere. Plantaria vero creari possunt, si prædictis mensibus spargantur poma, quæ summa facilitate nascentur. Ego sic hujus arboris facilitatem probavi, ut virgulta ex ceraso pro adminiculis per vineam posita in arborem prosiluisse confirmem. Et januario mense seri potest.

Inseritur mense novembri melius, vel, si necesse sit, extremo januario. Alii et octobri inserenda esse dixerunt. Martialis in trunco inseri jubet. Mihi inter corticem et lignum feliciter semper evenit. Qui in trunco inserunt, sicut Martialis dicit, omnem lanuginem quæ circa est auferre debebunt; quam, si remanserit, insitis nocere manifestat. In cerasis hoc servandum est, et in omnibus gummatis, ut tunc inserantur, quando his vel non est, vel desinit gumma effluere. Cerasus inseritur in se, in pruno, in platano; ut alii, in populo. Amat scrobes altas, spatia largiora, assiduas fossiones. Putari in ea putria et sicca debebunt, vel quæ densius arctata protulerit, ut rarescat. Fimum non amat, atque inde degenerat.

Cerasa ut sine osse nascantur, fieri Martialis hoc dicit. Arborem teneram ad duos pedes recides, et eam usque ad radicem findes, medullam partis utriusque ferro curabis abradere, et statim utrasque partes in se vinculo

Le cerisier aime les climats froids et les terrains humides. Il est de petite venue dans les pays tempérés. Il ne peut supporter le chaud. Il se plaît dans les pays montagneux ou sur les collines. Transplantez, au mois d'octobre ou de novembre, des pieds de cerisier sauvage que vous grefferez au commencement de janvier, quand ils auront pris. On forme des pépinières de cerisiers en semant dans ces mêmes mois, des cerises qui viendront avec une extrême facilité. J'ai acquis la preuve de l'heureuse disposition qu'a le cerisier à pousser, en voyant monter en arbre des baguettes que j'avais échalassées dans un vignoble. On peut encore semer les cerises au mois de janvier.

On greffe avantageusement le cerisier au mois de novembre, ou, s'il est nécessaire, à la fin de janvier. Des auteurs prétendent qu'on le greffe aussi en octobre. Martialis veut qu'on greffe les cerisiers sur le tronc. Pour moi, je me suis toujours bien trouvé de les avoir greffés entre l'écorce et le bois. Ceux qui les grefferont sur le tronc, d'après Martialis, ôteront tout le duvet qui l'entoure, et qui, comme l'assure cet auteur, nuirait aux greffes si on le laissait. On aura soin de ne greffer les cerisiers et tous les autres arbres à gomme qu'à l'époque où la gomme n'a pas encore paru, ou quand elle a cessé de couler. On greffe le cerisier sur lui-même, sur le prunier, sur le platane et, selon quelques auteurs, sur le peuplier. Il aime les fosses profondes, un emplacement large, et demande à être foui souvent. Vous en élaguerez les branches pourries et sèches, et vous éclaircirez celles qui seront trop serrées. Il est ennemi du fumier, qui le fait dégénérer.

Voici la méthode de Martialis pour faire venir des cerises sans noyaux. Coupez un jeune arbre à deux pieds de terre, et fendez-le jusqu'à la racine; ratissez avec le fer la moelle de chaque moitié; rapprochez-les immédiatement

stringis, et oblinis fimo, et summam partem, et laterum divisuras. Post annum cicatrix ducta solidatur. Hanc arborem surculis, qui adhuc fructum non attulerunt, inseres, et, ut asserit, ex his sine ossibus poma nascentur.

Si cerasus concepto humore putrescit, in trunco foramen accipiat, quo possit educi. Si formicas patitur, succum portulacæ debebis infundere, cum aceti media parte permixtum, vel vini fæcibus truncum arboris florentis adlinire. Si æstu canicularum fatigatur, trium fontium singulos sextarios sumptos, post solis occasum, radicibus arboris jubeamus influere sic, ne remedium luna deprehendat; vel herbam symphoniacam circa arboris truncum torquebimus in coronam, vel ex ea juxta imum codicem cubile faciemus. Cerasa non aliter quam in sole usque ad rugas siccata servantur.

Mense octobri aliqui mali arborem calidis et siccis regionibus ponunt, et cydonia circa novembres kalendas, et sorbum vel amygdala in seminariis obruunt, et pini semen aspergunt. Hoc mense poma condienda sunt, atque servanda eo more quo in singulorum titulis continetur, velut quæque matura processerint.

De apibus.

XIII. Hoc etiam mense alvearia castrabuntur more quo dictum est. Quæ tamen oportet inspicere, et, si abundantia est, demere; si mediocritas, partem mediam relinquere pro hiemis inopia; si vero sterilitas apparet in cellis, nil prorsus auferre. Mellis vero et ceræ superius est demonstrata confectio.

après avec un lien, et enduisez de fumier la tête de l'arbrisseau, ainsi que les joints des côtés. Au bout d'un an, la fente aura disparu. Vous grefferez cet arbre avec des rejetons qui n'aient pas encore porté de fruits, et, comme cet auteur l'assure, il en naîtra des cerises sans noyaux.

Si un cerisier vient à se carier à cause de l'humidité, percez-en le tronc pour la faire écouler. S'il est infesté par des fourmis, versez-y du jus de pourpier mêlé, à parties égales, avec du vinaigre, ou bien frottez le tronc avec de la lie de vin lorsque l'arbre est en fleur. S'il est fatigué par les chaleurs de la canicule, rafraîchissez-en les racines, entre le coucher du soleil et le lever de la lune, avec trois setiers d'eau puisés à des sources différentes. Vous pourrez encore tresser autour du tronc de la jusquiame en forme de festons, ou étendre au pied de l'arbre une couche de la même plante. La seule manière de conserver les cerises, est de les faire sécher au soleil jusqu'à ce qu'elles soient ridées.

Quelques-uns plantent au mois d'octobre les pommiers dans les pays chauds et secs, mettent en terre dans des pépinières, vers les calendes de novembre, les coings, les sorbes ou les amandes, et sèment la graine de pin. Il faut confire les fruits à cette époque, et les conserver à mesure qu'ils mûrissent, d'après la méthode que j'ai indiquée sous les titres qui concernent chacun d'eux.

Des abeilles.

XIII. Vous châtrerez les ruches, ce mois-ci, de la manière que j'ai prescrite, en vous réglant sur la quantité de miel. Vous en enlèverez la plus grande partie, s'il s'en trouve abondamment; s'il y en a peu, vous en laisserez la moitié pour les besoins de l'hiver; si les alvéoles sont pauvres, vous n'en ôterez absolument rien. J'ai enseigné plus haut la méthode pour préparer le miel et la cire.

De vinis condiendis secundum Græcos.

XIV. Ne lecta præteream, quæ Græci sua fide media de condiendi vini genere disputarunt, demonstrare curavi. Qui vini naturam tali ratione discernunt, et hanc in eo volunt esse distantiam, ut, quod dulce est, gravius dicant; quod album et aliquatenus salsum, convenire vesicæ; quod croceo colore blanditur, digestioni accommodum; quod album et stypticum, prodesse stomacho laxiori; transmarinum, pallorem facere et tantum sanguinem non creare; uvis nigris fieri forte, rubeis suave, albis vero plerumque mediocre.

In condiendo ergo vino aliqui Græcorum mustum decoctum ad medietatem vel tertiam partem vino adjiciunt. Alii Græci ita jubent, aquam marinam mundam de puro et quieto mari, quam anno ante compleverint, reservari. Cujus talem esse naturam, ut et salsedine vel amaritudine per hoc tempus careat et odore, et dulcis fiat ætate. Ergo ejus octogesimam partem musto admiscent, et gypsi quinquagesimam. Post tertiam deinde diem fortiter commovent, ac pollicentur non ætatem solum vino, sed splendorem quoque coloris afferre. Oportet autem nona quaque die vinum moveri atque curari, vel, si tardius, undecima; frequens enim respectus faciet judicare utrum vendenda sit species an tenenda. Quidam resinæ siccæ tritæ uncias tres dolio immergunt et permovent, et vina diuretica sic fieri posse persuadent.

Mustum vero, quod per pluvias frequentes leve est, sic curari debere jusserunt, quod probari gustu ipsius poterit. Omne mustum decoqui jubent, donec pars ejus vicesima possit absumi; melius quoque fieri, si centesi-

De la manière de travailler les vins d'après les Grecs.

XIV. Afin de ne rien omettre de ce que j'ai lu, je vais faire connaître ce qu'ont dit les Grecs, avec leur bonne foi équivoque, de la manière de travailler le vin. Voici les différences qu'ils établissent, suivant la nature et la qualité des vins : le vin doux est lourd; le vin blanc et peu salé est diurétique; le vin dont la couleur orangée flatte la vue, facilite la digestion; le vin blanc et styptique donne du ton à l'estomac; le vin d'outre mer rend pâle et ne fait que peu de sang; le raisin noir donne du vin fort, le rouge du doux, et le blanc communément du médiocre.

Pour travailler le vin, quelques auteurs grecs y mettent du moût cuit jusqu'à réduction de moitié ou d'un tiers. D'autres veulent que l'on conserve, durant un an, de l'eau pure puisée dans la mer au moment où elle est calme et limpide. Ils soutiennent que telle est la nature de cette eau, que ce temps suffit pour lui faire perdre son goût salé, son amertume et son odeur, et qu'elle s'adoucit en vieillissant. Ils en mêlent un quatre-vingtième avec le moût en y joignant un cinquantième de plâtre. Trois jours après, ils agitent fortement ce mélange, et prétendent que cette opération non-seulement permet au vin de vieillir, mais encore lui donne une belle couleur. On remue et on soigne le vin tous les neuf jours, ou, au plus tard, tous les onze jours, parce qu'en le surveillant souvent on est à même de juger si on doit le vendre ou le garder. Quelques-uns jettent dans une futaille trois onces de résine sèche broyée et l'agitent. Par ce moyen, disent-ils, le vin devient diurétique.

Suivant les Grecs, voici comment il faut soigner le moût qu'auront affaibli des pluies fréquentes, ce dont on pourra s'assurer en le goûtant. Laissez-le cuire en entier jusqu'à diminution d'un vingtième, ou plutôt ajoutez-y

mam partem gypsi adjicias. Lacedæmonii vero eo usque
decoquere, donec vini quinta pars pereat, et quarto
anno usibus ministrare.

Suave vinum de duro fieri docent, si hordeacei pol-
linis cyathos duos simul cum vino subactos mittas in vini
vasculo, et hora una ibi esse patiaris. Aliqui fæces vini
dulcis admiscent; aliqui addunt glycyrrhizæ siccæ aliquantulum, et utuntur, quum diu vasorum commotione
miscuerint. Vinum quoque intra paucos dies optimi odoris effici, si baccas myrti agrestis montanas, siccas et
tunsas mittas in cadum, et decem diebus requiescere patiaris : tunc coles et utaris. Vitis etiam flores arbustivæ
collectos in umbra siccare curabis. Tunc diligenter tun-
sos et cretos habebis in vasculo novo, et, quum volueris, tribus cadis unam floris mensuram, quam Syri chœ-
nicam vocant, adjicies, et superlines dolium, et sexta
vel septima die aperies et uteris.

Vinum fieri ad potandum suave ita dicunt : Fœniculi vel
satureiæ singulorum congruum modum vino immergi atque turbari, vel fructum quem duæ nuces pineæ pro-
duxerint, torrefactum et linteo ligatum mitti in vasculo,
ac superliniri et usui esse quinque diebus exactis. Vinum
autem velut vetus effici de novello, si amygdala amara,
absinthium, pini frugiferi gumen, fœnum Græcum simul
frangas, quantum sufficere æstimaris, et pariter tundas,
et ex his unum cyathum per amphoram mittas, et magna
vina conficies. Si vero senseris peccatura, huic confe-
ctioni aloen, myrrham, crocomagma, singula modis
æqualibus tunsa et in pulverem redacta cum melle miscebis, et uno cyatho unam amphoram condire curabis.

un centième de plâtre. Les Lacédémoniens le font cuire jusqu'à diminution d'un cinquième, et le boivent quatre ans après.

Pour rendre moelleux un vin dur, les Grecs conseillent de mettre dans un petit vase de vin deux cyathes de fleur de farine·d'orge pétric avec le vin, et de la laisser reposer pendant une heure. Quelques-uns y mêlent de la lie de vin doux ; d'autres y ajoutent un peu de réglisse sèche, et le boivent après avoir longtemps agité le vase. Les Grecs disent encore que le vin acquiert en peu de jours un parfum exquis, lorsqu'on jette dans un tonneau des baies sèches et pilées de myrte sauvage cueillies sur des montagnes : on laisse reposer le vin pendant dix jours, et on le passe avant de le boire. Vous amasserez aussi des fleurs de vigne mariée à des arbres, et vous les ferez sécher à l'ombre. Après les avoir pilées et passées au crible avec soin, vous les conserverez dans un vase neuf, pour en mettre, à votre gré, sur trois tonneaux de vin, la valeur de la mesure appelée *chœnica* par les Syriens. Vous boucherez ensuite ces pièces, et vous les ouvrirez six ou sept jours après pour votre usage.

On rend, selon les Grecs, le vin agréable en y plongeant une quantité suffisante de fenouil ou de sarriette que l'on agite, ou en mettant dans un vase deux pignons provenant de deux pins différents, grillés et enveloppés d'un linge : on bouche ensuite le vase, et on boit le vin au bout de cinq jours. Pour donner au vin nouveau le goût du vin vieux, concassez et pilez ensemble une certaine quantité d'amandes amères, d'absinthe, de gomme de pin à fruits et de fenugrec ; mettez-en un cyathe par amphore, et vous aurez un vin de première qualité. Si vous craignez qu'il ne contracte quelque vice, ajoutez-y à doses égales de l'aloès, de la myrrhe et du marc de safran battus et réduits en poudre ; mêlez-y du miel, et mettez-en un cyathe par amphore. De même, si vous voulez donner

Anniculum quoque vinum, ut longam simulare videatur aetatem, meliloti unciam unam, glycyrrhizae uncias tres, nardi Celtici tantumdem, aloes hepatices uncias duas tundis et cernis, et in sextariis quinquaginta cochlearia sex reconde, et vas ponis in fumo.

In album colorem vina fusca mutari asserunt, si ex faba lomentum factum vino quis adjiciat, vel ovorum trium lagenae infundat alborem, diuque commoveat, sequenti die candidum reperiri. Quod si ex Afra pisa lomentum adjiciatur, eadem die posse mutari. Vitibus quoque hanc esse naturam, ut alba vel nigra si redigantur in cinerem, vinoque adjiciantur, ei unamquamque formam sui coloris imponere, ut ex nigra fuscum, candidum vero reddatur ex alba; ea ratione scilicet, ut combusti sarmenti cineris modii unius mensura mittatur in dolio quod habebit amphoras x, et triduo sic relictum post operiatur ac lutetur : album, vel, si ita visum fuerit, nigrum reperiri quadraginta diebus exactis.

Vinum quoque asserunt ex molli forte sic fieri : Altheae, hoc est ibisci, folia vel radices, aut ejus caulem tenerum decoctum mitti, aut gypsum, aut ciceris cotulas duas, aut cupressi pilulas tres, aut buxi folia, quantum manus ceperit, aut apii semen, aut cinerem sarmentorum, cui vis flammae corpus reliquit exile, omni soliditate detracta. Vinum vero eadem die ex austero limpidum atque optimum fieri, si grana piperis decem, pistacia viginti, adjecto modico vino, simul conteras, et in sex vini sextarios mittas, diu omnibus ante commotis, tunc requiescere patiaris, et coles usui mox futurum. Item faeculentum statim limpidum reddi, si vii pini nu-

au vin de l'année l'apparence de vin vieux, broyez et passez au crible une once de mélilot, trois de réglisse et de nard celtique, deux d'aloès hépatique ; mettez six cuillerées de cette composition dans cinquante setiers de vin, et exposez le vase à la fumée.

Voulez-vous changer du vin rouge en vin blanc, suivant les Grecs, jetez-y de la fécule de fèves, ou versez dans une amphore de vin rouge trois blancs d'œufs, et remuez longtemps ce mélange : le lendemain le vin sera blanc. Ajoutez-y de la fécule de pois d'Afrique : le même jour, il changera de couleur. Telle est aussi la propriété des vignes : brûlez des ceps qui produisent du raisin blanc ou du rouge, et mettez-en les cendres dans du vin ; elles lui imprimeront chacune leur couleur. La cendre de la vigne qui porte du raisin rouge rougira le vin ; l'autre le blanchira, pourvu que vous versiez dans une futaille de dix amphores un boisseau de cendres de sarment, et qu'après les avoir laissées pendant trois jours dans le vin, vous le teniez couvert et bouché : au bout de quarante jours, vous le trouverez blanc ou rouge, selon la couleur que vous aurez choisie.

Voulez-vous fortifier un vin faible ; d'après les Grecs, suivez la méthode que voici : Mettez dans le vin une décoction de feuilles, ou de racines, ou de tiges tendres d'althéa, c'est-à-dire de grande mauve, ou bien du plâtre, ou deux cotyles de pois chiches, ou trois noix de cyprès, ou une poignée de feuilles de buis, ou de la graine d'ache, ou des cendres de sarments que le feu aura réduits à un filet délié en les dépouillant de toute partie solide. Pour clarifier et bonifier, en un même jour, du vin amer, broyez ensemble dans une petite quantité de vin, dix grains de poivre et vingt pistaches. Après les avoir remués, mettez-les dans six setiers de vin ; ensuite laissez le vin reposer, et passez-le pour le boire peu de temps après. De même, pour clarifier sur-le-champ un

cleos in unum vini sextarium mittas, diuque commoveas, et paululum cessare patiaris : mox sumere puritatem colarique debere, et in usum referri.

Item (quod Cretensibus oraculum Pythii Apollinis monstrasse memoratur) fieri sic candidum, et sumere vetustatis saporem, si squinuanthos uncias quatuor, aloes hepaticæ uncias quatuor, mastici optimi unciam unam, cassiæ fistulæ unciam unam, piperis unciam unam, spicæ Indicæ semunciam, myrrhæ optimæ unciam unam, thuris masculi non rancidi unciam unam : tundis universa, et in tenuissimum pulverem cribro excutiente deducis. Quum vero mustum ferbuerit, despumabis, et omnia uvarum grana, quæ fervor in summum rejecit, expelles. Tunc gypsi triti atque cribrati tres Italicos sextarios mittis in vini amphoras decem, prius tamen partem quartam vini condiendi in alia vasa transfundes, et ita gypsum adjicies, et dolium viridi ac radicata canna per biduum fortiter agitabis. Tertia vero die, ex supra scriptis pulveribus quaterna cochlearia completa modestius in denas vini amphoras mittes, et vini, sicut supra dictum est, quartam partem, quam alibi diffuderas, superadjicies, et dolium replebis, et item diu agitare curabis, ut specierum vis omne musti corpus inficiat. Tunc operies atque oblinies, relicto brevi foramine, quo æstuantia vina suspirent. Sed exemptis quadraginta diebus, et hoc spiraculum claudis, et deinde, ut libuerit, gustas. Illud memento servare præ ceteris, ut, quoties vinum movetur, investis puer hoc, aut aliquis satis purus efficiat. Linimentum quoque dolii non gypso, sed sarmentorum cinere debebis inducere.

Item vinum, quod salutare contra pestilentiam sit, et

vin chargé de lie, mettez sept pignons dans un setier de
vin, remuez-le longtemps, puis laissez-le un peu reposer :
il s'éclaircira bientôt. Vous le passerez, et vous pourrez
le boire.

Les Grecs prétendent encore (et c'est, dit-on, un secret
révélé aux Crétois par l'oracle d'Apollon Pythien) que,
pour rendre le vin blanc et lui faire prendre un goût de
vétusté, il faut broyer ensemble les drogues suivantes et
les réduire en une poudre très-fine, passée au crible, savoir : quatre onces de fleurs de jonc odorant et d'aloès
hépatique, une once de bon mastic, autant de cannelle
et de poivre, une demi-once de spica-nard, et une once
d'excellente myrrhe et d'encens mâle qui ne soit pas
rance. Quand le moût aura fermenté, on l'écumera et on
enlèvera tous les pépins de raisin qu'il aura renvoyés à
sa surface ; ensuite on mettra sur dix amphores de vin
trois setiers italiques de plâtre battu et passé au crible,
après avoir transvasé le quart du vin qu'on veut travailler.
On y remettra du plâtre, et l'on agitera fortement la pièce
pendant deux jours avec un roseau vert et garni de ses
racines. Le troisième jour, on jettera doucement dans dix
amphores de vin quatre cueillerées de la poudre prescrite,
et l'on ajoutera par-dessus le quart du vin transvasé,
comme je l'ai dit, pour remplir la pièce, qu'on remuera
encore longtemps, afin que toute la masse du moût se
pénètre de la vertu de ces drogues. On couvrira et on
fermera la pièce, en y laissant un petit trou qui donnera
de l'air au vin pendant sa fermentation. Mais, au bout de
quarante jours, on bouchera le trou, et alors on pourra
goûter le vin à son gré. On n'oubliera pas, avant tout,
de faire remuer le vin par un enfant impubère ou par
une personne assez propre. On n'enduira pas non plus
la pièce avec du plâtre, mais avec de la cendre de sarments.

Enfin, d'après les mêmes auteurs, voici comment on

stomacho prosit, fieri hoc genere fertur. In optimi musti
metreta una, antequam ferveat, tunsi absinthii octo
uncias linteo involutas demittes, et exactis XL diebus
curabis auferre : id vinum refundis lagenis minoribus,
et uteris. Nunc condiunt, primo amne musti spumantis
egesto, quibus moris est gypso vina medicari. Sed si
natura lenius vinum est, et saporis humecti, in congiis
centum, duos gypsi sextarios misisse sufficiet. Quod si
vinum nascitur virtute solidius, medietas abunde prædictis poterit satis esse mensuris.

De rosato sine rosa.

XV. Nunc rosatum sine rosa facies sic : Folia citri viridia sporta palmea missa in musti nondum ferventis vase
depones, et claudes, et exemptis quadraginta diebus melle
addito, ad modum rosati, quum placebit, uteris.

De vinis pomorum.

XVI. Hoc mense omnia, quæ locis suis leguntur, ex
pomis vina conficies.

De vino mellito.

XVII. Mustum de majoribus et egregiis vitibus, post
XX dies quam levatum fuerit ex lacu, quantum volueris
sumis, et ei mellis non dispumati optimi quintam partem, prius tritam fortiter, donec albescat, admisces, et
agitabis ex canna radicata vehementer. Movebis autem
sic per dies XL continuos, vel quod est melius, quinquaginta, ita ut quum moveris, mundo linteo tegas, per
quod facile confectio æstuabunda suspiret. Post dies au-

fait un vin anti-pestilentiel et stomachique : Déposez dans
un *métrétès* d'excellent moût, avant que la liqueur fermente, huit onces d'absinthe broyée et enveloppée dans
un linge ; retirez les au bout de quarante jours, survidez
le vin dans de plus petits vases, et faites-en usage. Ceux
qui ont coutume de travailler le vin avec du plâtre, le
font, ce mois-ci, quand le moût a jeté sa première écume.
Si le vin est naturellement trop doux et d'un goût aqueux,
il suffira d'y mettre deux setiers de plâtre sur cent conges
de vin. Mais s'il est fort, contentez-vous de la moitié de
cette dose pour une pareille quantité.

Du vin rosat sans roses.

XV. Vous ferez à présent, de la manière suivante, du
vin rosat sans roses : Mettez dans une corbeille de palmier des feuilles vertes de citronnier, et déposez-les dans
un vase rempli de moût qui ne fermente pas encore ;
puis bouchez le vase. Quarante jours après, ajoutez-y
du miel, et servez-vous-en comme de vin rosat, quand
vous le jugerez à propos.

Du vin de divers fruits.

XVI. On fait, ce mois-ci, des vins avec tous les fruits
dont nous avons déjà parlé.

Du vin miellé.

XVII. Prenez la quantité que vous voudrez de moût
provenant de grandes et belles vignes, vingt jours après
qu'on l'aura tiré de la cuve ; mêlez-y un cinquième d'excellent miel, non écumé, après l'avoir fortement battu
jusqu'à ce qu'il blanchisse, et agitez-le vivement avec un
roseau garni de ses racines. Vous le remuerez ainsi pendant quarante ou mieux cinquante jours consécutifs,
et, après chaque opération, vous le couvrirez d'un linge
propre, à travers lequel pourra aisément passer le gaz

tem quinquaginta, munda manu purgas quodcumque supernatabit, et in vasculo gypso diligenter includis, et ad vetustatem reservas. Melius tamen si in minora et picata vascula proximo vere transfundas, et gypsata diligenter operias, et in terrena et frigida cella recondas, vel arenis fluvialibus, vel eodem solo, vascula ex aliqua parte submergas : hoc nulla vitiatur ætate, si tam diligenter effeceris.

De defruto, carœno et sapa.

XVIII. Nunc defrutum, carœnum, sapam conficies. Quum omnia uno genere conficiantur ex musto, modus his et virtutem mutabit et nomina. Nam defrutum a defervendo dictum, ubi ad spissitudinem fortiter despumaverit, effectum est; carœnum, quum, tertia perdita, duæ partes remanserint; sapa, ubi ad tertiam redacta descenderit. Quam tamen meliorem facient cydonia simul cocta, et igni supposita ligna ficulnea.

De passo.

XIX. Passum nunc fiet ante vindemiam, quod Africa suevit universa conficere pingue atque jucundum, et quo ad conditum, si utaris mellis vice, ab inflatione te vindices. Leguntur ergo uvæ passæ quamplurimæ, et in fiscellis clausæ junco factis aliquatenus rariore contextu, virgis primo fortiter verberantur. Deinde ubi uvarum corpus vis contusionis exsolverit, cochleæ supposita sporta comprimitur. Hinc passum est, quidquid effluxerit, et conditum vasculo, mellis more, servatur.

produit par la fermentation. Au bout des cinquante
jours, vous enlèverez avec la main, après l'avoir lavée,
toutes les immondices qui surnageront; puis vous mettrez le vin dans un vase que vous boucherez soigneusement avec du plâtre, et vous le laisserez vieillir. Néanmoins il vaudra mieux le survider au printemps suivant
dans de plus petits vases enduits de poix, que vous couvrirez avec soin après les avoir garnis de plâtre, et le
serrer dans un cellier frais et souterrain, ou dans du sable de rivière, ou le tenir, sur ce même sol, en partie
plongé dans l'eau. Moyennant ces précautions, le temps
ne l'altèrera jamais.

Du *defrutum*, du *carœnum* et du *sapa*.

XVIII. Faites à présent le *defrutum*, le *carœnum* et
le *sapa*. Comme ces vins se font également tous avec du
moût, ce n'est que la nature de la fabrication qui en
change la qualité, ainsi que le nom. En effet, le *defrutum*,
dont le nom dérive de *defervere*, est le moût fortement
bouilli jusqu'à ce qu'il soit épaissi; le *carœnum* est le moût
réduit aux deux tiers; le *sapa* est le moût réduit à un tiers.
Ce dernier vin gagne en qualité lorsqu'on le cuit avec des
coings, et qu'on le chauffe avec du bois de figuier.

Du *passum*.

XIX. Le *passum* se fait à cette époque avant la vendange. Tous les Africains l'épaississent et lui donnent un
goût agréable. Il préserve des flatuosités lorsqu'on l'emploie, en guise de miel, pour faire du vin épicé. On cueille
une très-grande quantité de grappes qu'on renferme dans
des paniers de jonc à claire voie, et qu'on bat vigou-
reusement avec des verges. Ensuite, lorsque la masse entière des grappes est divisée par la violence des coups,
on pressure ce raisin. Tout ce qui s'écoule du pressoir est
du *passum*. On le renferme dans un vase, et on le conserve comme le miel.

De cydonite.

XX. Abjecto corio mala cydonia matura in brevissimas ac tenuissimas particulas recides, et projicies durum quod habetur interius; dehinc in melle decoques, donec ad mensuram mediam revertatur, et coquendo piper subtile consperges. Aliter : Succi cydoniorum sextarios duos, aceti sextarium unum semis, et mellis duos sextarios miscebis, et decoques donec tota permixtio pinguedinem puri mellis imitetur; tunc triti piperis atque zinziberis binas uncias miscere curabis.

De fermento musteorum servando.

XXI. Ex novo tritico purgato farriculum facies, et ex musto sub pedibus rapto curabis infundere, ita ut modio farris lagenam musti adjicias; deinde sole siccabis, et item similiter infundis ac siccas. Hoc quum tertio feceris, panes ex eo brevissimos ad modum facies musteorum, et in sole siccatos vasculis novis fictilibus recondis et gypsas. Pro fermento, quo tempore anni musteos facere volueris, hoc uteris.

De acino conficiendo secundum Græcos.

XXII. Uvam passam Græcam sic facies. Melioris acini et dulcis et lucidi botryones in ipsa vite torquebis, et patieris sponte inarescere; deinde sublatos in umbra suspendis, et uvam constrictam quum ponis in vasculis, substernis pampinos sicco algore frigentes, et manu comprimis; et, ubi vas impleveris, item pampinos addis nihilominus non calentes, et operculabis, ac statues in loco frigido sicco, quem nullus fumus infestet.

Du cotignac.

XX. Pelez des coings mûrs, coupez-les en petites tranches bien minces, et rejetez les parties dures qui forment le cœur. Ensuite faites bouillir ces fruits dans du miel jusqu'à réduction de moitié, en les saupoudrant de poivre fin pendant la cuisson. Autre recette : Mêlez ensemble deux setiers de jus de coings, un et demi de vinaigre et deux de miel ; faites bouillir ce mélange jusqu'à ce qu'il soit aussi épais que du miel pur ; joignez-y deux onces de poivre pilé et de gingembre.   .

De la manière de conserver du levain pour faire des gâteaux au vin doux.

XXI. On compose une pâte avec du froment nouveau bien mondé qu'on arrose avec du moût de première serre, en mettant une amphore de moût sur un boisseau de farine, et on la fait sécher au soleil. On renouvelle ces deux opérations jusqu'à trois fois, et l'on fabrique avec cette pâte de petits pains semblables à des gâteaux au vin doux. Après les avoir fait sécher au soleil, on les met dans des vases d'argile neufs qu'on enduit de plâtre. Ils servent de levain lorsqu'on veut faire des gâteaux au vin doux.

Manière de faire le raisin sec selon les Grecs.

XXII. Voici comment on fait le raisin sec à la manière des Grecs. Tordez sur le cep même les grappes du raisin le meilleur, le plus doux, le plus transparent, et laissez-les y sécher d'elles-mêmes. Une fois cueillies, suspendez-les, attachez-en plusieurs pour les mettre dans des vases, posez-les sur des feuilles de vigne sèches et fraîches, et pressez-les avec la main. Quand les vases seront pleins, remettez par-dessus des feuilles fraîches comme les premières, couvrez les vases et placez-les dans un lieu frais et sec, à l'abri de toute fumée.

De boris.

XXIII. October martium similibus umbris sibi fecit æquari.

Hora	ı et xı	pedes xxv
Hora	ıı et x	pedes xv
Hora	ııı et ıx	pedes xı
Hora	ıv et vııı	pedes vııı
Hora	v et vıı	pedes vı
Hora	vı	pedes v.

Des heures.

XXIII. Le mois d'octobre ressemble à celui de mars pour la longueur des ombres.

ı^e et xı^e	heures	xxv	pieds
ıı^e et x^e	heures	xv	pieds
ııı^e et ıx^e	heures	xı	pieds
ıv^e et vııı^e	heures	vııı	pieds
v^e et vıı^e	heures	vı	pieds
vı^e	heure	v	pieds.

DE RE RUSTICA

LIBER XII.

NOVEMBER.

De frumentis, de faba, lenticula et lino.

I. Novembri mense triticum seremus et far, satione
legitima ac semente solemni. Jugerum utriusque seminis
modiis quinque tenebitur. Nunc et hordeum maturum
adhuc seremus. In hujus principio fabam spargimus, quæ
pinguissimum vel stercoratum desiderat locum, vel vallem
quam succus veniens a summitate fecundet. Primo seritur, deinde proscinditur, et tunc sulcatur; occanda est
large, ut tegi plurimum possit. Aliqui locis frigidis dicunt in fabæ satione glebas non esse frangendas, ut per
eas gelicidiorum tempore possint germina obumbrata defendi. Satione ejus generis, sicut opinio habet, non fecundatur terra, sed minus læditur; nam Columella dicit agrum frumentis utiliorem probari, qui anno superiore
vacuus fuerit, quam qui calamos fabaceæ messis eduxit.
Pingue jugerum sex modii occupant; mediocre, amplius.
Spisso bene provenit; macrum solum nebulosumque non
patitur. Curandum est præcipue ut luna xv seratur, si
adhuc ictum solis repercussa non sensit. Aliqui dicunt

DE L'ÉCONOMIE RURALE

LIVRE XII.

NOVEMBRE.

Des grains, des fèves, des lentilles et du lin.

I. Au mois de novembre, on sème le froment et le blé : c'est, du reste, le temps véritable des semailles ; et l'ensemencement est alors général. Cinq boisseaux de l'un et de l'autre grain couvrent un arpent. C'est aussi le moment de semer l'orge. On sème les fèves au commencement du mois. Elles demandent un terrain gras ou fumé, ou une vallée fertilisée par les sucs qu'elle reçoit des hauteurs voisines. On commence par les semer, ensuite on laboure, et l'on forme des sillons. Elles veulent être bien hersées pour être mieux couvertes. Selon quelques agriculteurs, lorsqu'on sème des fèves dans un terrain froid, il ne faut pas briser les mottes, afin que les germes puissent s'y tenir à l'abri des gelées blanches. On croit généralement que si les fèves font peu de tort à la terre, elles ne la fertilisent point. Aussi Columelle dit-il qu'un champ resté oisif l'année précédente, sera plus propre aux blés que celui où l'on aura récolté des fèves. Six boisseaux de fèves suffisent pour ensemencer un arpent de terre grasse ; il en faut davantage quand elle est médiocre. Elles réussissent bien dans un sol compacte ; elles ne supportent pas un terrain maigre et couvert de brouillards. On doit

quartamdecimam potius eligendam. Sanguine caponis
Græci asserunt fabæ semina macerata herbis adversanti-
bus non noceri ; aqua pridie infusa citius nasci, nitrata
aqua respersa cocturam non habere difficilem. Nunc seritur prima lenticula, sicut februario mense narratum
est. Hoc etiam toto mense poterit lini semen aspergi.

De pratis novis et vitibus novellis.

II. In hujus maxime mensis principio possumus instituere nova prata more quo dictum est. Hoc etiam toto
mense locis calidis et siccis, vel apricis, erit vitium celebranda positio. Nunc et propago jure ducetur, et locis
frigidis novellas vites et arborum plantas circumfodere
atque operire conveniet, et ante idus. Nunc mergus, hoc
est propaginis curvatura, post triennium quam pressa
fuerat, recidetur a vite.

De vinea veteri.

III. Nunc ac deinceps vinea vetus, quæ in jugo est vel
pergula, si robusto et integro trunco sit, ablaqueata
fimo satietur, et angustius putata inter quartum et tertium pedem a terra viridissima parte corticis, acuto
ferramenti mucrone feriatur, ac fossa frequentius incite-
tur. Nam, sicut asserit Columella, ex eo loco germen
plerumque producit, et veniente vere fundit materiam
qua vitis reparetur antiqua.

avoir soin de les semer au quinzième jour de la lune,
pourvu qu'elle n'ait pas encore reflété les rayons du soleil. Quelques-uns préfèrent le quatorzième jour. Suivant
les Grecs, si l'on trempe les fèves dans du sang de cha-
pon, avant de les semer, elles n'auront aucune herbe
nuisible à redouter. Elles viendront plus tôt si on les
attendrit, la veille, dans l'eau, et cuiront aisément si on
les arrose d'eau de nitre. On sème à présent les premières
lentilles, comme il a été dit au mois de février. On
pourra aussi semer la graine de lin dans tout le mois
de novembre.

Des nouveaux prés et des nouvelles vignes.

II. C'est surtout au commencement de ce mois qu'on
peut former de nouvelles prairies, d'après la méthode
que j'ai indiquée. Plantez aussi des vignes, durant tout
ce mois, dans les terrains chauds et secs ou exposés au
soleil. Il est encore à propos de les provigner, de fouir
la terre, dans les pays froids, au pied des jeunes ceps,
ainsi que des plants d'arbres, et de les recouvrir à cette
époque et avant les ides. Coupez maintenant les marcottes, c'est-à-dire la partie arquée des provins, trois
ans après qu'ils ont été mis en terre.

Des vieilles souches de vignes.

III. Vous déchausserez, à présent et plus tard, pour les
saturer de fumier, si leur souche est saine et vigoureuse,
les vieilles vignes qui forment le berceau ou qui grimpent
le long des perches. Taillez de près avec un instrument
aigu, à trois ou quatre pieds au-dessus du sol, les sarments les plus verts, et excitez la sève en remuant fréquemment la terre. A l'endroit de la taille, comme le
dit Columelle, s'élève ordinairement un bourgeon qui,
aux approches du printemps, produit un bois destiné à
remplacer les vieilles souches.

IV. Nunc putatio autumnalis celebratur in vitibus et arboribus, maxime ubi invitamur tempore provinciæ. Et putantur oliveta; et oliva, quum varia cœperit esse, colligitur, ex qua primum fiet oleum; nam quum tota nigrescet, quod speciei merito posteravit, fundendi ubertate compensat. Est utilis olearum putatio ceterarumque arborum, si loci patitur disciplina, ut, decisis cacuminibus, rami fluentes per latera prona fundantur. Quod si regio insolens et incustodita contigerit, agendum prius toto arboris corpore ab inferiore parte purgato, ut, altitudine animalium supergressa, modus transcendatur injuriæ, et arbor jam spatio suo tuta curetur.

De olivetis.

V. Nunc etiam locis calidis ac siccis regionibus oliveta ponuntur, sicut februario disputatum est. Amat hæc arbor arduo locorum situ mediocriter ab humore suspendi, scalpi assidue, lætaminis ubertate pinguescere, feracibus ventis clementer agitari. Hoc etiam mense oleis sterilibus, quæ supra dicta sunt, remedia faciemus. Nunc et corbes, et pali, et ridicæ bene fieri possunt. Etiam nunc locis temperatis est laurini olei justa confectio.

De hortis.

VI. Hoc mense allium bene seritur et ulpicum terra maxime alba, fossa et subacta sine stercore. Sulcos in areis facies, et semina in locis altioribus pones iv digitis

De la taille des vignes et des plants d'oliviers.

IV. La taille d'automne a lieu maintenant pour les vignes et pour les arbres, surtout dans les pays dont la température est douce. On élague aussi les plants d'oliviers, et on récolte les olives dont on doit faire la première huile, quand elles commencent à tourner; car lorsqu'elles sont toutes noires, elles perdent en qualité, quoique l'abondance de leur huile dédommage de cette perte. La taille des oliviers et celle des autres arbres est salutaire, si le climat s'y prête, lorsqu'on en coupe les cimes et qu'on laisse croître en liberté les surgeons sur les flancs. Mais dans un pays inculte et abandonné, on dépouille tout le tronc de l'arbre par le bas, afin que, dépassant la stature des animaux, il s'élève au-dessus de leurs atteintes, et se protége ainsi lui-même par sa hauteur.

Des plants d'oliviers.

V. On forme aussi, à présent, des plants d'oliviers dans les pays chauds et les climats secs, de la manière qui a été prescrite au mois de février. L'olivier se plaît sur les collines qui le défendent d'une trop grande humidité. Il aime à être fréquemment ratissé, engraissé à force de fumier, et mollement agité par les vents qui le fertilisent. On applique encore, ce mois-ci, aux oliviers stériles les remèdes que nous avons indiqués plus haut. C'est le temps favorable pour fabriquer les paniers, les pieux et les échalas. C'est aussi l'époque convenable pour faire l'huile de laurier dans les climats tempérés.

Des jardins.

VI. Ce mois-ci, il est bon de semer l'ail ordinaire et l'ail d'Afrique, surtout dans une terre blanche bêchée et travaillée, mais non fumée. Vous tracerez des sillons sur

separata, neque altius pressa. Sarculabis frequenter, inde plus crescent. Si capitatum facere volueris, ubi cœperit caulis prodire, proculca : succus revertetur ad spicas. Fertur, si luna sub terris posita seratur, et item sub terris luna latente vellatur, odoris fœditate cariturum. Vel paleis condita allia, vel fumo suspensa durabunt. Nunc et cepulla seri potest, et carduorum planta disponi; et armoracea seritur et cunila.

De arboribus pomiferis.

VII. Hoc mense locis calidis, ceteris vero januario, persici ossa in pastinatis areis sunt ponenda, binis a se pedibus separata, ut, quum ibi plantæ excreverint, transferantur. Sed ossa ponantur acumine deorsum verso, et non amplius quam duobus aut tribus digitis obruantur. Ossa vero, quæ ponenda sunt, aliqui siccata prius paucis diebus cineris mixtione terra soluta in qualis reservant. Ego vero usque ad serendi tempus sine ulla cura sæpe servavi. Locis quidem qualibuscumque proveniunt; sed et pomis et frondibus, et durabilitate præcipua sunt, si cœlum calidum, solum arenosum et humidum sortiantur; frigidis vero et maxime ventosis, nisi objectu aliquo defendantur, intereunt.

Dum tenera sunt germina, sæpe herbis circumfossa liberentur. Bimam plantam recte transferemus scrobe brevi. Nec a se longe statuendæ sunt, ut invicem se a calore solis excusent. Ablaqueandæ sunt per autumnum,

des planches, et vous déposerez ces semences sur la
crête, à quatre doigts l'une de l'autre, sans trop les
enfoncer. Vous les sarclerez souvent pour les faire
croître davantage. Si vous voulez que l'ail ait une grosse
tête, il faudra le fouler dès que sa tige commencera à
monter : la sève se reportera vers les gousses. Semé et
arraché quand la lune n'est pas sur l'horizon, il n'a
point, dit-on, de mauvaise odeur. On le conserve en
le couvrant de paille, ou en le suspendant à la fumée.
On peut encore semer à présent la ciboule et planter
des pieds d'artichauts. On sème aussi le raphanisaigre et
la sarriette.

Des arbres fruitiers.

VII. A cette époque, dans les pays chauds, et en janvier dans les autres, semez les noyaux de pêche dans des
planches façonnées, en mettant deux pieds d'intervalle
entre l'un et l'autre, pour les transplanter lorsque les
tiges auront grandi. Vous tournerez la pointe des noyaux
en bas, sans les enfoncer à plus de deux ou trois doigts
de profondeur. Quelques-uns font sécher les noyaux peu
de jours avant de les semer, et les gardent dans des paniers
qu'ils remplissent de terre meuble mêlée de cendre. Pour
moi, j'en ai souvent conservé sans aucune précaution
jusqu'au temps où je les ai mis en terre. Les pêchers réussissent partout ; mais, pour qu'ils soient aussi remarqua-
bles par la beauté de leurs fruits et de leur feuillage que
par leur durée, il leur faut un climat chaud, un sol
sablonneux et humide. Dans les pays froids et tour-
mentés par les vents, ils meurent, à moins qu'ils ne
soient abrités.

Tant que les tiges des pêchers sont délicates, remuez
souvent la terre à leurs pieds pour les délivrer des mauvaises herbes. Quand ils auront deux ans, vous ferez
bien de les transplanter dans une petite fosse, en ayant

et suis stercorandæ foliis. Putanda persicus in autumno est, ut arida et putrida tantum virgulta tollantur; nam si quid viride resecemus, arescit. Languenti arbori veteris vini fæces aquæ mixtas oportet infundi. Affirmantibus Græcis, persicus scripta nascetur, si ossa ejus obruas, et post dies vii, ubi patefieri cœperint, apertis his nucleos tollas, et his cinnabari quod libebit inscribas; mox ligatos simul cum suis ossibus obruas diligentius adhærentes. Genera eorum sunt hæc, duracina, præcoqua persica, armenia.

Si hæc arbor ardore solis inarescit, frequenti aggestione cumuletur, vespertino juvetur humore, objectis defendatur umbraculis. Juvat in ea et spolium serpentis appendi. Nunc jam contra pruinas stercus ingeratur persico, vel fæces vini cum aqua permixtæ, vel, quod magis prodest, aqua in qua faba decocta est. Si vermes persicus patitur, cinis eos amurcæ mixtus exstinguit, vel bovis urina cum aceti tertia parte confusa. Si poma caduca sunt, nudatæ radici ejus, vel trunco, lentisci aut terebinthi cuneus affigitur, vel terebratæ in medio, palus salicis imprimetur. Si poma rugosa creabit aut putrida, circa imum truncum cortex recidatur, et quum inde modicus humor effluxerit, argilla vel paleato luto plaga retegatur. Magna poma persicus affert, si florenti per triduum ternos sextarios caprici lactis ingesseris. Contra vitia persici proficit spartum ligatum, vel spartea suspensa de ramis.

soin de ne pas les séparer beaucoup les uns des autres, afin qu'ils se protégent mutuellement contre l'ardeur du soleil. Déchaussez-les pendant l'automne, et fumez-les avec leurs propres feuilles. Ils se taillent en automne : on n'enlève que les rameaux arides et pourris ; car si on en coupe une branche verte, ils se dessèchent. Quand ils sont languissants, on les arrose avec de la lie de vin vieux mêlée d'eau. Suivant les Grecs, pour avoir des pêches qui portent des caractères, on enterre des noyaux, et, sept jours après, quand ils commencent à s'ouvrir, on en retire l'amande, et l'on y écrit ce qu'on veut avec du cinabre ; puis on les rajuste et on les attache soigneusement avant de les mettre en terre.

Les différentes espèces de pêches sont les duracines, les précoces de Perse, et celles d'Arménie. Si l'ardeur du soleil dessèche un pêcher, il faut l'environner souvent de terre entassée, l'arroser le soir, et le protéger par quelques ombrages. Il est bon d'y suspendre une peau de serpent. Pour le préserver maintenant des brouillards, entourez-le de fumier, ou bien arrosez-le avec de la lie de vin mêlée d'eau, ou mieux avec de l'eau où auront cuit des fèves. Si un pêcher souffre des vers, tuez-les avec de la cendre pétrie dans du marc d'huile ou avec de l'urine de bœuf mélangée avec un tiers de vinaigre. Si ses fruits sont sujets à tomber, enfoncez un coin de lentisque ou de térébinthe, soit dans la racine découverte, soit dans le tronc, ou bien percez l'arbre par le milieu, et mettez-y une cheville de saule. S'il donne des fruits ridés ou sujets à se pourrir, coupez l'écorce vers le bas du tronc, et, quand il en sera sorti un peu d'humidité, fermez la plaie avec de l'argile ou avec un mélange de boue et de paille. Le pêcher donne de gros fruits, si, durant sa floraison, on l'arrose pendant trois jours, avec trois setiers de lait de chèvre. Si cet arbre est malade, on le lie avec du genêt d'Espagne, ou bien on suspend une espartille à ses branches.

Mense januario vel februario locis frigidis, novembri calidis, persicus inseratur, maxime circa terram surculis plenioribus, et prope arborem natis ; nam cacumina vel non tenebunt, vel diu durare non poterunt. Inseritur in se, in amygdalo, in pruno : sed armenia vel præcoqua prunis, duracina amygdalis melius adhærescunt, et tempus ætatis acquirunt. Mense aprili vel maio locis calidis, in Italia vero utroque exeunte, vel junio, persicus inoculari potest, quod *emplastrari* dicitur, præciso super trunco, et emplastratis pluribus gemmis, more quo dictum est. Persicus rubescit, si platano inserta figatur.

Duracina servantur, condita muria et oxymelle, vel, detractis ossibus, ficorum more, in sole siccantur ac pendent. Item sæpe vidi, detractis ossibus duracina melle condiri, et saporis esse jucundi. Item bene servantur, si umbilicum pomi gutta picis calentis oppleveris, ut sic sapæ innatare cogantur vase concluso.

Pinus creditur prodesse omnibus quæ sub ea seruntur. Pinum seremus nucleis suis, calidis et siccis regionibus, mense octobri vel novembri ; frigidis et humectis, februario vel martio. Amat locum gracilem, sæpe maritimum ; inter montes et saxa vastior et procerior invenitur ; ventosis et humidis, arborum fiunt incrementa lætiora. Sed sive montes velis conserere, seu spatia quæcumque, hæc huic generi deputabis quæ alteri utilia esse non possunt.

Le pêcher se greffe au mois de janvier ou de février dans les pays froids, et au mois de novembre dans les pays chauds, presqu'à fleur de terre, avec des scions vigoureux qui auront poussé au pied de l'arbre; autrement la cime ne prendrait point, ou ne pourrait durer longtemps. Il se greffe sur lui-même, sur l'amandier et le prunier; mais les pêchers d'Arménie, ainsi que les pêchers précoces, prennent mieux sur les pruniers, comme les pêchers duracins sur les amandiers, et ils atteignent un âge avancé. On peut écussonner le pêcher au mois d'avril ou de mai dans les pays chauds. On les greffe de cette manière en Italie à la fin de l'un et de l'autre de ces mois, ou au mois de juin; c'est ce qu'on appelle *emplastration*. On coupe le tronc par en haut, et l'on y applique plusieurs bourgeons, suivant la méthode prescrite. L'amandier donne des fruits rouges, quand il a été greffé en fente sur le platane.

On conserve les pêches duracines en les confisant dans la saumure et l'oxymel, ou en les faisant sécher au soleil, comme des figues, après en avoir extrait les noyaux, et en les suspendant. J'ai encore vu confire dans du miel des pêches duracines dont on avait ôté les noyaux, et elles avaient un goût agréable. On les conserve également bien en bouchant leur ombilic avec une goutte de poix brûlante pour les faire nager dans un bocal de *sapa* que l'on tient fermé.

Le pin fait, dit-on, prospérer tout ce qui croît sous son ombre. On sème les pignons au mois d'octobre ou de novembre dans les pays chauds et secs, au mois de février ou de mars dans ceux qui sont froids ou humides. Les pins aiment un sol maigre, et particulièrement un sol voisin de la mer. Les plus gros et les plus élevés se trouvent dans les rochers et les montagnes; ils prennent un essor plus vigoureux dans les lieux humides et battus des vents. Mais, qu'on les plante sur les montagnes ou

Exarabis ergo ea loca diligenter atque purgabis, et frumenti more semen asperges, ac levi sarculo curabis operire; nec enim plus quam palmo debet abscondi.

Defendenda est tenera arbor a pecore, ne calcetur
invalida. Proficiet, si nucleos aqua ante triduum macerabis. Aliqui dicunt fructum pineum translatione mitescere. Sed plantas hoc modo procurant, ut prius multa
semina in caliculis terra et fimo repletis obruant, quæ
ubi processerint, relicto eo quod solidius est, auferunt
alia. Ubi justum cœperit incrementum, trimam plantam cum ipsis caliculis transferunt, quibus fractis, in
scrobe indulgent radicibus largitatem; terræ tamen equæ
stercus admiscent, facientes straturam alterno ordine
subinde crescentem. Servandum est tamen ut radix ejus
quæ una et directa est, usque ad summitatem suam possit integra et illæsa transferri.

Putatio novellas pini arbores tantum promovet, quod
expertus sum, ut quæ speraveras incrementa duplicentur.
Nuces pineæ et usque in hoc tempus in arbore esse
possunt, et maturiores legentur; prius tamen legendæ
sunt quam patescant. Nuclei nisi purgati durare non
possunt; tamen aliqui in vasis fictilibus novis et terra
repletis, cum testis suis missos asserunt custodiri.

Pruna si ossibus serantur autumno, mense novembri,
solo putri et subacto, duobus palmis obruantur. Ossa
eadem ponantur et mense februario. Sed tunc prius lixivio sunt maceranda per triduum, ut cito germinare

ailleurs, on leur assignera un terrain qui ne puisse convenir à aucun autre arbre. Après avoir bien labouré et nettoyé le sol, on y sèmera les pignons, comme du blé, en ayant soin de les recouvrir de terre avec un léger sarcloir, parce qu'ils ne doivent pas être enfoncés à plus d'un palme de profondeur.

Quand cet arbre est jeune et faible encore, il faut prendre garde que les bestiaux ne le foulent aux pieds. Il profitera si l'on trempe les pignons dans l'eau trois jours avant de les semer. Quelques personnes prétendent que la transplantation les adoucit. Voici les soins qu'elles prennent pour cette opération. Elles commencent par entasser dans des vaisseaux remplis de terre et de fumier une grande quantité de pignons. Lorsqu'ils sont venus, elles les retirent tous, à l'exception du plus vigoureux. Dès que l'arbrisseau a pris un accroissement convenable, elles le transplantent, à l'âge de trois ans, sans le retirer du vaisseau, qu'elles brisent. Ensuite, pour donner aux racines la liberté de s'étendre dans la fosse, elles mêlent avec la terre du fumier de cavale, en superposant des couches successives de l'une et de l'autre. On aura soin que la racine pivotante de l'arbrisseau soit transférée saine et entière jusqu'à la pointe qui la termine.

La taille avance tellement les jeunes pins, ainsi que je l'ai éprouvé moi-même, qu'elle double les progrès qu'on avait espérés. On peut aussi laisser les pignons sur l'arbre jusqu'à cette époque pour les cueillir plus mûrs; on doit néanmoins les cueillir avant qu'ils s'ouvrent. Il est nécessaire de les peler pour les conserver. Cependant quelques-uns assurent qu'on peut les garder avec leurs coques dans des vases d'argile neufs et remplis de terre.

Si vous semez en automne des noyaux de prunes, enfouissez-les à la profondeur de deux palmes, au mois de novembre, dans un terrain meuble et labouré. On les sème aussi au mois de février; mais il faut alors les laisser

cogantur. Ponuntur et plantis quas sumemus ex codice, mense januario exeunte, vel februario circa idus, radicibus fimo oblitis. Gaudent loco læto et humido. Cœlo tepido melius proferuntur, tamen queun t et frigidum sustinere. Locis lapidosis et glareosis si juvantur lætamine, excusant ne poma caduca et vermiculosa nascantur. Exstirpandæ sunt soboles a radice, exceptis rectioribus, quæ servabuntur ad plantas. Si languida pruni arbor est, amurca cum aqua æqualiter temperata radicibus debet infundi, vel bubulum lotium solum, vel humanum vetus cum duabus aquæ partibus mixtum, vel cineres ex furno, maxime sarmentorum. Si poma decurrant, oleastri epiurum terebratæ infige radici. Vermes ejus atque formicas, rubrica cum pice liquida si adlinatur, exstinguet; sed modestius propter arboris noxam, ne idem faciat remedium, quod venenum. Juvatur frequenti humore et assidua fossione.

Mense martio extremo prunus inseritur, melius trunco fisso quam cortice, vel mense januario, antequam incipiat gumen lacrymare. Inseritur in se, et persicum recipit, vel amygdalum, vel malum, sed eam degenerem reddit et parvam. Pruna siccantur in sole per crates loco sicciore disposita : hæc sunt quæ Damascena dicuntur. Alii in aqua marina vel in muria fervente recens lecta pruna demergunt, et inde sublata, aut in furno tepido faciunt aut in sole siccari.

Castanea seritur et plantis, quæ sponte nascuntur, et semine. Sed quæ plantis seritur, ita ægra est, ut bien-

tremper pendant trois jours dans de l'eau de lessive,
pour les faire germer promptement. On plante encore les
pruniers en rejetons tirés du tronc de l'arbre, à la fin du
mois de janvier ou vers les ides de février, après en avoir
fumé les racines. Ils se plaisent dans un terrain fertile et
humide. Ils réussissent mieux sous une latitude chaude,
quoiqu'ils puissent supporter un climat froid. Dans les
terrains remplis de pierres et de gravier, en les fumant, on
empêche leurs fruits de tomber et d'être attaqués par les
vers. Arrachez les surgeons de leurs racines, à l'exception
des plus droits, que vous conserverez pour les planter.
Lorsqu'un prunier languit, répandez sur ses racines du
marc d'huile à moitié coupé d'eau, ou simplement du
pissat de bœuf, ou de la vieille urine humaine mêlée de
deux tiers d'eau, ou enfin des cendres prises au four, et
surtout des cendres de sarment. Si les prunes sont sujettes
à tomber, percez la racine de l'arbre, et enfoncez-y une
cheville d'olivier sauvage. Vous tuerez les fourmis et les
vers en la frottant de terre rouge et de poix liquide ; mais
faites-le avec ménagement, si vous ne voulez pas nuire à
l'arbre et changer le remède en poison. Il profite lorsqu'on
l'arrose souvent et qu'on en remue constamment le sol.

On greffe le prunier en fente plutôt sur le tronc que
sous l'écorce, à la fin du mois de mars ou au mois de janvier, avant qu'il commence à jeter sa gomme. Il se greffe
sur lui-même et reçoit la greffe du pêcher, de l'amandier ou du pommier ; mais cette greffe ne donne que des
arbres petits et dégénérés. On sèche les prunes au soleil,
sur des claies, dans un lieu à l'abri de toute humidité : ce
sont celles qu'on appelle prunes de Damas. D'autres
plongent les prunes nouvellement cueillies dans de l'eau
de mer ou dans de la saumure bouillante, et, après les
en avoir retirées, les font sécher au four ou au soleil.

Les châtaigniers se propagent non-seulement par plants
qui viennent d'eux-mêmes, mais encore par la graine.

nio de ejus vita sæpe dubitetur. Serenda est ergo ipsis
castaneis, hoc est seminibus suis, mense novembri et
decembri, item februario. Eligendæ sunt castaneæ ad
ponendum recentes, grandes, maturæ. Quas si novembri mense seramus, facilem se præsentia fructus ipsius
præstat. Si vero februario ponamus, ut usque tunc durent, ita faciendum est. In umbra castaneæ siccentur
expansæ; tunc in angustum et siccum locum translatæ
cumulum faciunt, et eas omnes fluvialis arena diligenter
operiat. Post dies xxx eas remota arena in aquam frigidam mittis : quæ sanæ sunt merguntur, supernatat
quæcumque vexata est. Item quas probasti similiter
obrues, et post xxx dies æque probas. Hoc quum tertio feceris usque ad veris initium, serere debebis quæ
manserint illibatæ. Aliqui in vasculis servant, arena pariter missa.

Amant solum molle et solutum, non tamen arenosum;
in sabulone proveniunt, sed humecto. Nigra terra illis
apta est, et carbunculus, et tofus diligenter infractus.
In spisso agro et rubrica vix provenit; in argilla et glarea non potest nasci. Diligit cœli statum frigidum, sed
et tepidum non recusat, si humor assenserit; delectatur
clivis et opacis regionibus, ac maxime in septentrionem
versis. Pastinari ergo locus debebit qui huic destinatur
arbusto, altitudine pedis unius semis, vel duorum, vel
totus, aut sulcis in ordinem destinatis, aut certe aratris
resolvi hinc inde findentibus. Qui, fimo satiatus ac re-
dactus in pulverem, castanearum semen accipiat non amplius pedis dodrante demersum. Unicuique semini propter

Quand on les plante à l'état d'arbres, ils sont si languissants que souvent on doute pendant deux ans s'ils vivront.
Il faut donc semer les châtaignes elles-mêmes, c'est-à-
dire la semence du châtaignier, au mois de novembre et
de décembre, ainsi qu'au mois de février. Choisissez,
pour les mettre en terre, des châtaignes qui soient fraîches, grosses et mûres. Si vous les semez en novembre,
elles viendront aisément, car elles sont alors dans les con-
ditions favorables; mais si c'est en février, voici la méthode à suivre pour les conserver jusque-là. Faites-les
sécher en les étalant à l'ombre; puis transportez-les dans
un lieu étroit et sec, où vous les entasserez, en ayant soin
de les couvrir toutes de sable de rivière. Au bout de trente
jours, retirez-les du sable pour les tremper dans l'eau
fraîche : celles qui seront saines iront au fond, les autres
surnageront. Recouvrez de sable celles que vous aurez
éprouvées, et renouvelez l'épreuve trente jours après.
Quand vous aurez répété trois fois cette opération jusqu'au commencement du printemps, vous sèmerez celles
qui seront restées en bon état. Quelques-uns les conservent dans des vases qu'ils couvrent également de sable.

Les châtaigniers aiment un sol meuble et tendre, mais
non sablonneux; ils viennent néanmoins dans le sablon
humide. La terre noire leur convient, de même que le
carboncle et le tuf pulvérisé. Ils croissent difficilement
dans un sol compacte et dans la terre rouge; ils ne peuvent naître ni dans l'argile ni dans le gravier. Ils recher-
chent les latitudes froides, sans dédaigner pourtant les
climats qui joignent la chaleur à l'humidité. Ils se plaisent sur les pentes, dans des lieux frais, surtout dans
ceux qui regardent le nord. Vous façonnerez donc, à la
profondeur d'un pied et demi ou de deux pieds, tout
le terrain que vous destinerez aux châtaigniers, en y tra-
çant avec la charrue des sillons parallèles ou croisés.
Lorsque le sol sera saturé de fumier et bien dissous, vous

notam surculus debet affigi ; ipsa semina singulis locis
simul terna vel quina ponantur, et inter se quatuor pedum spatio separentur.

Quibus transferre placuerit, bimas plantas transferre
debebunt. Locus tamen deductoria liquoris accipiat, ne
humor insidens limo germen exstinguat. Cui placet, potest castaneæ in propaginem ducere ima virgulta quæ in
radice nascuntur. Novum castanetum circumfodi debet
assidue. Mense martio et septembri , incrementum majus acquirit, si putationibus adjuvetur. Castanea inseritur,
sicut probavi ipse, sub cortice mense martio vel aprili,
tamen genere utroque respondet. Potest et inoculari.
Inseritur in se et in salice; sed ex salice tardius maturat,
et fit asperior in sapore.

Castaneæ servantur vel in cratibus dispositæ , vel intra
sabulonem, ne invicem tangantur immersæ; vel in vasculis fictilibus novis conditæ, et loco sicciore defossæ;
vel inclusæ virgeis ex fago receptaculis et lutatæ, ut
spiracula non relinquas; vel hordei paleis minutissimis
obrutæ·, vel palustri ulva figuratis densioribus sportis
reclusæ.

Hoc mense, locis calidis ac siccis regionibus, agrestium
pirorum plantas ponimus, quas postea possimus inserere , et malorum, vel mali punici , et cydonii , et citri,
et mespili, fici, sorbi, siliquæ, et plantas agrestis cerasi,
post inserendas, et **mori taleas**, et amygdali semina, et
nuces juglandes, si in seminariis quo dictum est more
pangantur.

y sèmerez les châtaignes à neuf pouces au plus de profondeur, et vous planterez un piquet auprès de chaque ensemencement pour en reconnaître la place. Vous en mettrez trois ou cinq à la fois dans le même trou, en séparant les tas de quatre pieds l'un de l'autre.

Si l'on veut transplanter les châtaigniers, il faut attendre qu'ils aient deux ans. La châtaigneraie aura des rigoles, afin que les eaux, en séjournant, n'y déposent pas un limon qui étoufferait les germes. On peut, si l'on veut, propager les châtaigniers à l'aide des rejetons inférieurs qui sortent de leurs racines. On doit fouir sans cesse les nouveaux plants. Ils acquièrent plus de développement quand on les taille aux mois de mars et de septembre. On greffe le châtaignier sous l'écorce, comme j'en ai fait l'expérience, au mois de mars ou d'avril, quoiqu'il vienne également bien quand il est greffé sur le tronc. On peut aussi l'écussonner. Il se greffe sur lui-même et sur le saule; mais sur le saule, ses fruits sont plus tardifs et plus âpres au goût.

On conserve les châtaignes, soit en les étalant sur des claies ou en les enfonçant dans du sablon sans qu'elles se touchent; soit en les mettant dans des vases neufs d'argile et en les descendant dans un souterrain sec; soit en les serrant, enduites de boue, dans des coffres fabriqués avec des baguettes de hêtre et fermés hermétiquement; soit en les couvrant de paille d'orge hachée, ou en les enfermant dans des mannequins d'un tissu très-serré, faits avec des herbes marécageuses.

Plantez, ce mois-ci, dans les terrains chauds et secs, des poiriers sauvages, que vous pourrez greffer plus tard, ainsi que des pommiers, des grenadiers, des cognassiers, des citronniers, des néfliers, des figuiers, des cormiers, des caroubiers, des cerisiers sauvages et des boutures de mûrier. Semez également des amandes et des noix dans vos pépinières, suivant la méthode que j'ai indiquée.

De apibus.

VIII. Hujus mensis initio apes ex tamarisci floribus, reliquisque silvestribus mella conficiunt, quæ auferenda non sunt, quia servantur hiberno. Eodem mense sordibus liberandi sunt alvei, quia tota hieme eos movere aut aperire non decet. Sed hæc die aprico tepidoque facienda sunt, et pennis maxime avium majorum quæ habent rigorem, vel aliquo simili omnia interiora mundentur, quo manus non valebit attingere. Tum rimas omnes quæ sunt extrinsecus luto et fimo bubulo mixtis linamus, et insuper genistis vel aliis tegumentis similitudinem porticus imitemur, ut possint a frigore et tempestate defendi.

De vitibus quæ sine fruge luxuriant.

IX. Locis calidis et apricis vites quæ fructu carent, fronde luxuriant, et pauperiem fœtuum compensant ubertate foliorum, nunc putare pressius conveniet; frigidis vero mense februario. Si permanebit hoc vitium, circumfossas arena fluviali vel cinere debebimus aggerare. Quidam lapides inserunt inter flexuosa radicum.

De sterili vite.

X. Iisdem temporibus et locis vitem, quæ sterilis fuerit, Græci ita præcipiunt esse curandam. Trunco ejus fisso lapidem asserunt includendum, et ibi urinæ veteris humanæ quatuor cotulas circa truncum debere suffundi, ut ad radices instillatio ipsa descendat. Tunc adjiciendum

Des abeilles.

VIII. Au commencement de ce mois, les abeilles font du miel avec des fleurs de tamarin et d'autres plantes sauvages ; ne leur enlevez pas ce miel : réservez-le pour l'hiver. Nettoyez les ruches dans le courant de ce mois, parce que durant tout l'hiver on ne doit ni les remuer ni les ouvrir. Choisissez, pour cela, un beau jour de soleil, et, avec des plumes fermes de grands oiseaux, ou quelque autre instrument semblable, balayez toutes les parties de la ruche où votre main ne pourra pas atteindre. Bouchez ensuite avec un mélange de boue et de bouse de vache toutes les fentes extérieures, et pratiquez au-dessus des ruches des espèces de portiques avec du genêt ou d'autres matières propres à les couvrir, afin qu'elles puissent être à l'abri du froid et des mauvais temps.

Des vignes chargées de feuilles et qui ne portent pas de fruits.

IX. Taillez maintenant de près, dans les terrains chauds et exposés au soleil, les vignes qui, privées de raisins et couvertes de pampres, compensent la disette du fruit par l'abondance du feuillage. Cette taille se fera, dans les terrains froids, au mois de février. Si ce vice ne se corrige pas, il faudra les fouir, et entasser à leur pied du sable de rivière ou de la cendre. Quelques-uns enfoncent des pierres dans les sinuosités de leurs racines.

Des vignes stériles.

X. Une vigne stérile doit, suivant les Grecs, être soignée dans les mêmes temps et dans les mêmes lieux de la manière qui suit : Fendez la souche, enfoncez-y une pierre, et répandez à l'entour quatre cotyles de vieille urine humaine, de manière que les racines en soient imprégnées ; ensuite ajoutez-y un mélange de

terra lætamen admixta, et circa radices solum omne vertendum.

De rosario.

XI. Quamvis mense februario sint conserenda rosaria, tamen locis calidis, apricis atque maritimis, hoc etiam mense poterimus instituere roseta. Quæ si indigus plantarum volueris ex paucis virgulis habere copiosa, quaternorum digitorum surculos gemmantes cum geniculis suis debebis excidere, et in modum propaginis sternere, et stercore ac rigationibus adjuvare. Ubi anni ætatem compleverint, pedis spatio inter se transferre disjunctos, atque ita solum, quod huic generi deputabis, implere.

De uva ut usque ad ver reservetur in vite.

XII. Græcis asserentibus, ut uvam serves in vite usque ad veris initia, circa ipsam vitem, quæ fructu plena est, loco umbroso scrobem fodies, altitudine trium pedum, latitudine duorum, et mittis sabulonem, et ibi calamos figis, in quibus retorquebis assidue sarmenta fructibus plena, et illæsis botryonibus alligabis, ut solum non contingant, et cooperies, ut imber eo penetrare non possit. Item Græcis docentibus uvas in vite aut poma in arbore si diu servare volueris, vasculis clausa fictilibus ab ima parte pertusis diligenter a summo tecta suspende, quamvis poma et gypso cooperta in longam serventur ætatem.

De ovibus et capellis.

XIII. Hoc mense agnorum prima generatio est. Sed agnus statim natus uberibus maternis admovendus est; manu prius tamen exiguum lactis, in quo spissior est

terre et de fumier, et retournez le sol entier autour des racines.

Des plants de rosiers.

XI. C'est sans doute dans le mois de février qu'on forme les plants de rosiers; mais on pourra les faire ce mois-ci dans les terrains chauds, exposés au soleil et voisins de la mer. Manquez-vous de plants, et voulez-vous néanmoins vous procurer beaucoup de rosiers avec le petit nombre de ceux que vous possédez; coupez des rejetons de quatre doigts garnis de boutons et de nœuds; couchez-les en terre comme des provins, fumez-les et arrosez-les. Quand ils auront un an, vous les transplanterez en les espaçant d'un pied. Vous remplirez ainsi de rosiers le terrain que vous destinez à ce genre de plantation.

Moyens de conserver du raisin sur le cep jusqu'au printemps.

XII. Voulez-vous conserver du raisin sur le cep même jusqu'au commencement du printemps; d'après les Grecs, creusez dans un lieu frais, autour d'une vigne chargée de fruits une fosse de trois pieds de profondeur sur deux de large; étendez-y du sablon; plantez-y des roseaux, auxquels vous enlacerez avec soin les sarments garnis de raisins, en les attachant, sans altérer les grappes, de manière qu'elles ne touchent pas le sol, et recouvrez le tout pour que la pluie ne puisse pas y pénétrer. Désirez-vous conserver longtemps des grappes sur un cep ou des fruits sur un arbre; les Grecs nous prescrivent encore de les mettre dans des vases d'argile percés par le fond et bien fermés par le haut, quoiqu'il suffise de couvrir les fruits de plâtre pour les conserver longtemps.

Des brebis et des chèvres.

XIII. C'est dans ce mois-ci que naissent les premiers agneaux. Dès qu'un agneau sera né, approchez-le du pis de sa mère, en ayant soin de tirer auparavant un peu

natura, mulgendum est, quod pastores *colostram* vocant; namque hoc agnis, nisi auferatur, nocebit. Ac primo per biduum natus cum matre claudatur; tunc sæptis obscuris servetur et calidis; ita secluso parvulorum grege, matrices mittantur in pascua. Sufficiet autem, priusquam procedant matrices mane, et quum saturæ revertuntur ad vesperam, agnis ubera haurienda permittere. Qui donec firmentur, intra stabulum furfuribus vel medica herba, vel, si est copia, farina hordei pascantur ingesta, donec conceptum paulisper robur ætatis, pascuum matribus possint habere commune.

Pascua ovillo generi utilia sunt, quæ vel in novalibus vel in pratis siccioribus excitantur; palustria vero noxia sunt, silvestria damnosa lanatis. Salis tamen crebra conspersio, vel pascuis mixta, vel canalibus frequenter oblata, debet pecoris levare fastidium. Nam per hiemem, si penuria est fœni, vel palea, vel vicia, vel facilior victus ulmi servatis frondibus præbeatur aut fraxini. Æstivis mensibus pascantur sub lucis initio, quum graminis teneri suavitatem roris mixtura commendat; quarta hora calescente, potus puri fluminis aut putei præbeatur, aut fontis; medios solis calores vallis aut arbor umbrosa declinet; deinde, ubi flexo jam die ardor infringitur, et solum primo imbre vespertini roris humescit, gregem revocemus ad pascua. Sed canicularibus et æstivis diebus ita pascendæ sunt oves, ut capita gregis semper avertantur a solis objectu. Hieme autem vel vere, nisi resolutis gelicidiis, ad pascua prodire non debent; nam pruinosa herba huic generi morbos creabit, ac tunc semel adaquare sufficiet.

de lait, parce que ces premières gouttes que les bergers appellent *colostra*, étant d'une nature trop épaisse, incommoderaient les agneaux. Renfermez-les d'abord pendant deux jours avec leurs mères; ensuite gardez-les dans des enclos sombres et chauds, où vous les tiendrez à part, afin d'envoyer leurs mères aux pâturages. Il suffira de laisser teter les agneaux le matin avant la sortie de leurs mères, et le soir lorsqu'elles reviendront rassasiées. Vous les nourrirez dans l'étable avec du son, de la luzerne ou de la farine d'orge, si vous en avez suffisamment, jusqu'à ce que l'âge leur ait donné la force de paître avec leurs mères.

Les pâturages bons pour les brebis sont ceux que fournissent les jachères ou les prairies sèches. Ceux des marais leur sont funestes; ceux des forêts nuisent à leur laine. Pour vaincre leur dégoût, saupoudrez fréquemment leur pâture de sel, ou offrez-leur-en souvent dans des auges. En hiver, si vous manquez de foin, nourrissez-les de paille ou de vesce, ou, ce qu'on peut plus aisément se procurer, donnez-leur des feuilles d'orme ou de frêne mises en réserve. En été, menez-les paître au point du jour, lorsque la rosée ajoute une douceur exquise au gazon attendri. A la quatrième heure, quand la chaleur se fait sentir, présentez-leur de l'eau pure d'une rivière, d'un puits ou d'une fontaine. Vers le milieu du jour, qu'une vallée ou un arbre touffu les garantisse des feux du soleil. Lorsqu'ensuite, au déclin du jour, la chaleur s'amortira, et que les premières gouttes de la rosée du soir humecteront la terre, ramenez le troupeau aux pâturages. Pendant la canicule, et dans le cours de l'été, les brebis doivent paître la tête toujours détournée du soleil. Au printemps comme en hiver, ne les conduisez dans les prairies que lorsque les gelées blanches sont fondues, parce que l'herbe couverte de givre leur occasionne des maladies. Il suffira aussi de les mener boire alors une fois par jour.

Græcas oves, sicut Asianas vel Tarentinas, moris est potius stabulo nutrire quam campo, et pertusis tabulis solum in quo claudentur insternere, ut sic tuta cubilia, propter injuriam pretiosi velleris, humor reddat elabens. Sed tribus, per annum totum, diebus aprico die lotas oves ungere oleo oportebit et vino. Propter serpentes, qui plerumque sub præsepibus latent, cedrum, vel galbanum, vel mulieris capillos, aut cervina cornua frequenter uramus.

Nunc hirci admittendi sunt, ut fœtum primi veris fovere possit exortus. Sed caper eligendus est, cui sub maxillis duæ videntur pendere verruculæ, magni corporis, crassis cruribus, brevi plenaque cervice, auribus flexis et gravibus, parvo capite, nitido, spisso et longo capillo. Ad ineundas fœminas et ante anniculum congruus, non autem durat ultra sexennium. Capella similis corporis, sed magnis uberibus est eligenda. Non tamen ita multæ capræ, ut oves una statione claudantur, quam luto et stercore carere conveniet. Hœdis supra lactis abundantiam, hedera et arbuti et lentisci cacumina sunt sæpe præbenda. Trimæ educare optime possunt. Quod teneriores matres generant, transigendum est; sed ultra octo annos servandæ non sunt matrices, quia genus hoc longiore sterilescit ætate.

De glandibus legendis.

XIV. Hoc tempore glandis legendæ ac servandæ cura nos excitet; quod opus fœmineis ac puerilibus operis celebrabitur facile, more baccarum.

Les brebis grecques, comme celles d'Asie ou de Tarente, ne paissent pas communément dans les prés ; on les renferme dans une étable dont le sol est recouvert de planches trouées pour laisser un passage à l'humidité, qui n'endommage pas alors leur précieuse toison quand elles sont couchées. On les frotte trois fois l'an avec de l'huile et du vin, par un beau soleil, après les avoir lavées. Pour les préserver des serpents qui se cachent quelquefois sous les crèches, brûlez souvent dans les étables du cèdre, ou du galbanum, ou des cheveux de femme, ou du bois de cerf.

Donnez à présent le bouc à vos chèvres, afin de pouvoir élever les chevreaux au commencement du printemps. Choisissez ceux qui ont deux petites glandes pendant sous les mâchoires, la taille haute, les jambes grosses, le cou fort et ramassé, les oreilles souples et tombantes, la tête petite, le poil lisse, épais et long. Même avant l'âge d'un an, ils peuvent couvrir les chèvres ; mais pas après six années. Les chèvres auront à peu près la taille des boucs. Choisissez celles qui ont de grandes mamelles. Ne renfermez pas dans le même enclos une aussi grande quantité de chèvres que de brebis. Écartez-en la boue et le fumier. Outre le lait que les chevreaux auront en abondance, donnez-leur souvent du lierre, des cimes d'arbousier et de lentisque. A trois ans, les chèvres peuvent très-bien nourrir leurs petits. Vendez ceux dont les mères sont trop jeunes ; mais ne gardez pas celles-ci après leur huitième année, parce que ce bétail devient stérile dans un âge avancé.

De la récolte des glands.

XIV. Occupez-vous, dans ce temps-ci, de ramasser le gland et de le conserver. Les femmes et les enfants feront aisément cette récolte, comme celle des olives.

De materie cædenda.

XV. Nunc materies ad fabricam cædenda est, quum luna decrescit. Sed arbores quæ cædentur, usque ad medullam securibus recisas, aliquandiu stare patieris, ut per eas partes humor, si quis in venis continetur, excurrat. Utiles autem sunt hæ maxime : abies, quam Gallicam vocant, nisi perluatur, levis, rigida, et in operibus siccis perenne durabilis; larix utilissima, ex qua si tabulas suffigas tegulis in fronte atque extremitate tectorum, præsidium contra incendia contulisti : neque enim flammam recipiunt, aut carbones creare possunt; quercus durabilis, si terrenis operibus obruatur, et aliquatenus palis; æsculus ædificiis et ridicis apta materies.

Castanea mira soliditate perdurat in agris, et tectis, et operibus ceteris intestinis, cujus solum pondus in vitio est; fagus in sicco utilis, humore corrumpitur; populus utraque, et salix, et tilia, in scalpturis necessariæ; alnus fabricæ inutilis, sed necessaria, si humidus locus ad accipienda fundamenta palandus est; ulmus et fraxinus si siccentur, rigescunt, ante curvabiles, catenis utiles habentur; carpinus utilissima; cupressus egregia; pinus nisi in siccitate non durans. Cui contra celerem putredinem comperi in Sardinia hoc genere provideri, ut excisæ trabes ejus, aut in piscina qualibet anno toto mersæ laterent, post operi futuræ; aut arenis obruerentur in litore, ut aggestionem, qua tectæ essent, alternis æstibus reciprocans fluctus allueret. Cedrus durabilis, nisi humore tangatur. Quæcumque autem ex parte

Des bois à couper.

XV. Coupez à présent les bois de construction, quand la lune est en décours. Si vous voulez abattre un arbre, laissez-le quelque temps sur pied, après y avoir enfoncé la hache jusqu'à la moelle, pour que la sève qui reste dans ses vaisseaux s'écoule par cette plaie. Voici les arbres les plus utiles : le sapin des Gaules, s'il n'est pas lavé, est léger, ferme, et dure éternellement dans les ouvrages faits à sec ; le mélèze offre un bois excellent : soutenez les tuiles d'un bâtiment avec des planches de cet arbre, sur le devant comme aux extrémités des toits, et vous n'aurez pas à craindre d'incendie, parce que ces planches ne peuvent ni s'enflammer ni se carboniser ; le grand chêne résiste longtemps dans les constructions souterraines, et fournit des pieux qui ont quelque durée ; le petit chêne donne un bois propre aux édifices et bon pour les échalas.

Employé dans les champs, dans les maisons et dans tous les ouvrages intérieurs, le châtaignier est d'une admirable solidité : il n'a d'autre défaut que son poids ; le hêtre convient aux ouvrages faits à sec, l'humidité le pourrit ; les deux espèces de peupliers, le saule et le tilleul sont nécessaires à la sculpture ; l'aune, qui ne vaut rien pour les constructions, forme de solides pilotis dans un terrain humide ; la sécheresse roidit l'orme et le frêne : naturellement souples, ils servent à fabriquer des liens ; le charme est très-utile ; le cyprès est excellent ; le pin ne dure que dans les ouvrages faits à sec. J'ai vu en Sardaigne comment on l'empêche de se pourrir promptement : on place, durant une année entière, au fond d'un bassin, des poutres de ce bois avant de les mettre en œuvre, ou bien on les enterre dans le sable au bord de la mer, pour qu'à chaque marée montante le flot baigne la masse qui les recouvre. Le cèdre dure longtemps à l'abri

meridiana cæduntur, utiliores sunt; quæ vero septentrionali, proceriores, sed facile vitiantur.

De transferendis arboribus majoris ætatis.

XVI. Hoc mense locis siccis, calidis, et apricis majores arbores transferemus, truncatis ramis, illæsis radicibus, multo stercore et rigationibus adjuvandas.

De oleo faciendo secundum Græcos.

XVII. Græci in conficiendi olei præceptis ista jusserunt. Tantum legendum esse olivæ, quantum nocte veniente possimus exprimere; molam primo oleo debere leviter esse suspensam; ossa enim confracta sordescunt : quare de solis carnibus sit prima confectio; et de salignis canistros fieri debere virgultis, quia genus hoc oleum dicitur adjuvare. Nobilius erit quod sponte defluxerit. Sales deinde ac nitrum jubent novo oleo misceri, ut hæc res spissitudinem ejus absolvat; deinde, quum amurca subsederit, oleum durum, xxx diebus exactis, in vitrea vasa transferri; secundum, simili disciplina fieri, sed mola fortiore quassari.

De oleo, ut Liburnico simile fieri possit.

XVIII. Oleum primum Liburnico simile fieri asserunt Græci, si in optimo viridi oleo inulam siccam, et lauri folia, et cyperum, omnia simul tusa, et subtiliter creta permisceas cum salibus torrefactis ac tritis, et diu oleo injecta perturbes, deinde tribus aut aliquanto amplius decursis diebus, quum quieverit, utaris.

de l'humidité. Tous les arbres coupés à l'exposition du midi sont les meilleurs : ils sont plus hauts sans doute du côté du nord, mais ils s'altèrent aisément.

De la transplantation des grands arbres.

XVI. Transplantez, ce mois-ci, les grands arbres venus dans des terrains secs, chauds et exposés au soleil, après en avoir coupé les branches, sans endommager les racines. Ne leur épargnez ni le fumier ni les arrosements.

De la confection de l'huile selon les Grecs.

XVII. Voici la manière de faire l'huile, d'après les Grecs. Cueillez en un jour autant d'olives que vous pourrez en pressurer la nuit suivante. Appuyez légèrement sur la meule pour en extraire la première huile : le bris des noyaux la gâterait ; aussi ne doit-elle être faite qu'avec la chair des olives. Que les paniers soient faits de baguettes de saule : ce bois contribue, dit-on, à la bonté de l'huile. La meilleure est celle qui coule d'elle-même. Mettez du sel et du nitre dans l'huile nouvelle pour achever de l'épaissir ; puis, lorsque le marc sera déposé, transvasez-la pure, au bout de trente jours, dans des bocaux de verre. La seconde huile se fait comme la première ; mais on broie les olives avec une meule un peu plus forte.

De l'huile semblable à celle de Liburnie.

XVIII. Pour faire de l'huile semblable à celle de Liburnie, disent les auteurs grecs, mêlez dans de bonne huile verte de l'aunée sèche, des feuilles de laurier et du souchet, le tout broyé ensemble et passé par un crible fin avec du sel grillé et égrugé. Remuez longtemps ce mélange, et lorsque l'huile sera reposée, au bout de trois jours ou un peu plus tard, faites-en usage.

XIX. Si sordet oleum, frictos et adhuc calentes sales injici jubent, et diligenter operiri : ita mundum reddi post tempus exiguum.

XX. Si fuerit odoris horrendi, virides olivas sine ossibus tundi, et in olei metreta chœnicas duas mitti; si baccæ defuerint, caules tenerrimos oleæ similiter esse tundendos. Nonnulli utraque permiscent, adjecto etiam sale; sed omnia intra linteum clausa suspendunt, atque ita in vas olei demittunt; postea tribus diebus exemptis auferunt, et oleum in alia vasa transfundunt. Quidam mittunt vetustum laterem torrefactum; plerique hordeaceos panes breviter figuratos, et raro linteo involutos mergunt, et novos subinde permutant. Ubi hoc bis aut tertio fecerint, sales mittunt, et in alia vasa translatum per paucos dies subsidere patiuntur.

Quod si aliquod animal forte deciderit, et oleum putredine ac nidore vitiaverit, jubent Græci coriandri manipulum in olei metreta suspendi, atque ita paucis diebus manere. Si nihil de nidore decusserit, mutandum est coriandrum, donec superetur hoc vitium. Sed maxime proderit, post senos dies in vasa munda transferre; melius, si acetum ante vexerunt. Quidam fœni Græci semen siccum tritumque permiscent, vel incensos oleaginos carbones in ipso oleo frequenter exstinguunt. Si acerbus odor fuerit, uvæ excrementa, quæ Græci γίγαρτα vocant, præcipiunt, tusa et in massam redacta mersari.

De l'épuration de l'huile.

XIX. Quand l'huile est trouble, les Grecs conseillent d'y jeter du sel grillé tout chaud, et de la couvrir avec soin : par ce moyen, elle ne tarde pas à s'épurer.

De l'huile infecte.

XX. Si l'huile porte une odeur infecte, broyez des olives vertes, et mettez-en deux *chœnix* dans un *métrétès* d'huile ; si vous n'avez pas d'olives, broyez de même des tiges tendres d'olivier. Quelques-uns mêlent les unes et les autres, et y ajoutent du sel. Ils enveloppent le tout d'un linge, et les suspendent ainsi dans le vase d'huile : au bout de trois jours, ils le retirent et transvasent le liquide. D'autres y mettent de vieilles briques fortement chauffées. La plupart y plongent de petits pains d'orge entourés d'un linge clair, et de temps en temps les remplacent par d'autres. Après avoir répété cette opération deux ou trois fois, ils y jettent du sel, transvasent l'huile, et la laissent reposer quelques jours.

Quand un animal, en tombant dans l'huile, l'a corrompue et empestée par sa putréfaction, il faut, selon les Grecs, suspendre une poignée de coriandre dans un *métrétès* d'huile, et l'y laisser quelques jours. Si la coriandre ne diminue pas la mauvaise odeur, changez-la jusqu'à ce que l'infection disparaisse. Il sera surtout essentiel de survider l'huile au bout de six jours dans des vases propres, particulièrement dans ceux qui auront auparavant contenu du vinaigre. Quelques-uns mêlent dans l'huile de la graine de fenugrec sèche et broyée, ou y éteignent souvent des charbons de bois d'olivier enflammés. Si l'huile sent l'aigre, ils veulent qu'on y plonge des résidus de raisin que les Grecs appellent γίγαρτα, après les avoir broyés et réduits en pâte.

De oleo rancido.

XXI. Oleum rancidum Græci asserunt sic posse curari. Albam ceram mundo et optimo oleo resolutam, et adhuc liquentem mitti in oleo jubent; tunc sales frictos calentes addi, operiri atque gypsari; sic fieri ut oleum purgetur, sapore et odore mutato. Oleum tamen omne in terrenis locis esse servandum, et eam ejus esse naturam, ut sole vel igne purgetur, vel aqua ferventi, si simul misceantur in vasculo.

De condiendis olivis.

XXII. Hoc etiam mense olivas condiemus. Harum genera sunt diversa. Colymbades olivæ fiunt sic : alternis cratibus olivarum puleium spargis, et mel, et acetum, et sales modice, stratura intercedente, suffundes. Item sternes olivas supra surculos fœniculi vel anethi, sive lentisci, et ramulis olivæ subditis, aceti heminam et muriam superfundis, et has constructiones usque ad vasculi plenitudinem patieris insurgere.

Aliter : Electas olivas muria maturabis, post xl dies muriam fundis universam : tunc duas defruti partes, aceti unam, mentam minute incisam vasculo adjicies, et olivis replebis, ut justa infusione liquor supernatet.

Aliter : Olivas manu lectas, una nocte integra, in balnei vapore esse patieris, tabulæ vel crati superpositas. Mane balneis exemptas salibus tritis consperges, et uteris. Quæ non amplius, quam viii dies poterunt custodiri.

De l'huile rance.

XXI. Les Grecs disent qu'on peut corriger ainsi l'huile rance. Jetez-y de la cire blanche fondue dans de l'huile pure et excellente, tandis qu'elle est encore liquide. Ajoutez-y du sel grillé tout chaud, couvrez-le et enduisez-le de plâtre. Par ce moyen, l'huile s'épure, change de goût et d'odeur. Au reste, il faut conserver toutes les huiles dans des caves. Telle est la nature de ce liquide : on l'épure au soleil ou au feu, ainsi qu'avec de l'eau bouillante, quand on la mêle à l'huile dans le même vase.

Comment on confit les olives.

XXII. C'est aussi dans ce mois que l'on confit les olives. Il y en a de différentes espèces. Voici la manière de les confire dans la saumure. Étendez alternativement sur des claies des olives et du pouliot, et versez entre chaque couche du miel, du vinaigre et un peu de sel ; ou bien étalez les olives sur des tiges de fenouil, d'aneth ou de lentisque, en mettant dessous de petites branches d'olivier ; répandez par-dessus une hémine de sel avec de la saumure, et multipliez ces couches jusqu'à ce que le vase en soit rempli.

Autre recette : Faites macérer dans de la saumure des olives de choix. Quarante jours après, jetez toute la saumure ; mettez dans le vase deux tiers de *defrutum* et un tiers de vinaigre avec de la menthe hachée ; puis remplissez le vase d'olives jusqu'à ce que la liqueur qu'il contient cesse de les couvrir.

Autre recette : Laissez pendant une nuit entière exposées à la vapeur du bain des olives cueillies à la main, et étendues sur une planche ou sur une claie. Le matin, après les avoir retirées du bain, saupoudrez-les de sel égrugé, et mangez-les ; car vous ne pourrez pas les garder plus de huit jours.

Aliter : Olivas illæsas primo mittis in muria. Post dies
XL levabis, atque intercides acuto calamo; et, si dulciores habere volueris, duas sapæ partes; et aceti unam;
si acriores, aceti duas, et sapæ unam debebis infundere.

Aliter : Passi sextarium unum, cineris bene creti
quantum manus utraque gestabit, vini veteris unum
funiculum, et aliquantum cupressi foliorum. Mixtis omnibus olivas infundis, inculcas, et subinde crustam faciendo saturabis, donec ad vasculorum summa ora
pervenias.

Aliter : Olivas, quas jacentes repereris, rugis contra-
hentibus crispas colligis, et salibus tritis respersas expandis, donec sole inarescant; tunc substrato lauro al-
ternas crates baccarum sæpius ordinabis; tunc defrutum
cum satureiæ fasciculo duabus aut tribus undis fervere
patieris; et postquam tepuerit, supra compositas baccas
refundes admixto sale paululo, et origani fasce conjecto,
supra jus omne perfundes.

Aliter : Lectas baccas ex arbore statim condies, ru-
tam et petroselinum sternes inter spatia structionis, et
subinde cyminati salis aspersione cumulabis; postremum
mel et acetum superfundes; novissime optimi olei quantumcumque miscebis.

Aliter : Legis olivas ex arbore nigras, et compositas
muria diluis; tunc ollæ adjicis mellis partes duas, vini
unam, defruti dimidiam; et, ubi simul deferbuerint,
deponis, ac permoves, et acetum misces. Quum refrixe-

Autre recette : Mettez dans de la saumure des olives qui n'aient point été meurtries. Quarante jours après, vous les retirerez et les couperez avec un roseau tranchant; puis vous verserez dessus, si vous voulez qu'elles soient douces, deux tiers de *sapa* et un tiers de vinaigre, ou, si vous voulez qu'elles soient aigres, deux tiers de vinaigre et un tiers de *sapa*.

Autre recette : Mêlez ensemble un setier de *passum*, deux poignées de cendre bien criblée, un filet de vin vieux et quelques feuilles de cyprès. Entassez toutes les olives dans ce mélange, saturez-les de cette pâte en les garnissant de plusieurs couches, jusqu'à ce que vous ayez atteint les bords des vases.

Autre recette : Ramassez les olives racornies et ridées qui sont tombées à terre; saupoudrez-les de sel; étendez-les au soleil jusqu'à ce qu'elles soient sèches; disposez alternativement plusieurs couches de laurier et d'olives, en commençant par le laurier; laissez infuser un bouquet de sarriette dans du *defrutum* jusqu'à ce qu'il jette deux ou trois bouillons, et, quand ce vin sera refroidi, versez-en sur les olives que vous aurez disposées par couches, en y mêlant un peu de sel; puis mettez dans le vase une botte d'origan, et arrosez de ce jus les olives.

Autre recette : Faites confire les olives dès qu'elles seront cueillies. Entre chacune des couches, étendez de la rue et du persil, et saturez-les de temps en temps de sel égrugé avec du cumin; versez par-dessus du miel commun avec du vinaigre, et ajoutez-y encore quelques gouttes d'huile de première qualité.

Autre recette : Cueillez des olives noires, arrangez-les et arrosez-les de saumure. Mettez dans une marmite deux sixièmes de miel, un sixième de vin et une moitié de *defrutum*. Faites bouillir le tout ensemble; puis retirez a marmite du feu, remuez-la, et ajoutez-y du vinaigre.

rit, super olivas origani surculos sternis, et supra jus omne diffundes.

Aliter: Olivas manu lectas cum pediculis aqua spargis tribus diebus; deinde mittis in muria, et post VII dies exemptas in vase adjicis cum musti et aceti æquis ponderibus, et impletum vas ita operies, ut aliqua spiramenta dimittas.

De horis.

XXIII. Novembrem et februarium ratio temporis per horas dierum fecit æquales.

Hora	I et XI	pedes	XXVII
Hora	II et X	pedes	XVII
Hora	III et IX	pedes	XIII
Hora	IV et VIII	pedes	X
Hora	V et VII	pedes	VIII
Hora	VI	pedes	VII.

Couvrez les olives de tiges d'origan, et versez-y tout le bouillon, quand il sera refroidi.

Autre recette : Arrosez d'eau, pendant trois jours, des olives cueillies à la main avec leurs pédicules; trempez-les dans la saumure; retirez-les au bout de sept jours, et mettez-les dans un vase avec une dose égale de vin doux et de vinaigre. Lorsqu'il sera rempli, vous le couvrirez, en y laissant une ouverture pour lui donner de l'air.

Des heures.

XXIII. Les mois de novembre et de février se ressemblent parfaitement pour la durée des heures.

ı^e et xı^e	heures	xxvıı	pieds
ıı^e et x^e	heures	xvıı	pieds
ııı^e et ıx^e	heures	xııı	pieds
ıv^e et vııı^e	heures	x	pieds
v^e et vıı^e	heures	vııı	pieds
vı^e	heure	vıı	pieds.

DE RE RUSTICA

LIBER XIII.

DECEMBER.

De frumentis et faba et lini semine.

I. Decembri mense seruntur frumenta, triticum, far, hordeum, quamvis hordei satio jam sera sit. Et faba circa septimontium seri potest; nam post exactam brumam male seminantur. Hoc etiam mense adhuc lini semen spargi poterit, usque ad VII idus decembris.

De fodiendis pastinis, et cædenda materie, de palis et ridicis, de oleo laurino, myrtino, lentiscino, et vino myrtite.

II. Nunc ad instituendas vites, sed post idus pastina inchoemus effodere, sicut ante tractatum est. Et materiem bene hoc mense cædemus. Palos quoque et corbes faciemus, et ridicas. Et locis frigidis oleum faciemus ex lauro, et myrti baccas atque lentisci in olei sui confectione quassabimus, et vinum myrtite, sicut dictum est ante, retingemus.

De hortis.

III. Hoc tempore serenda est lactuca, ut planta ejus

DE L'ÉCONOMIE RURALE

LIVRE XIII.

DÉCEMBRE.

Du blé, des fèves et du lin.

I. Au mois de décembre, on sème les blés, le froment, l'*adoreum* et l'orge, quoiqu'il soit déjà tard pour semer ce dernier grain. On sème encore les fèves aux approches de la fête des Sept-Collines; mais l'ensemencement ne vaut plus rien après le solstice d'hiver. On peut également semer, ce mois-ci, la graine de lin jusqu'au sept des ides de décembre.

Des labours, des bois à couper, des pieux, des échalas, de l'huile de laurier, de myrte, de lentisque, et du vin de myrte.

II. Commencez à présent, mais après les ides, à façonner la terre, pour y planter des vignes selon la méthode que j'ai exposée précédemment. Il sera encore bon de couper le bois ce mois-ci. Fabriquez des pieux, des paniers et des échalas. Faites aussi, dans les pays froids, de l'huile de laurier; broyez les baies de myrte et de lentisque pour en extraire l'huile, et donnez une nouvelle cuisson au vin de myrte, d'après la méthode indiquée ci-dessus.

Des jardins.

III. Semez la laitue dans ce temps-ci pour la transplan-

februario transferatur. Et jam nunc allium et ulpicum, et cepullæ, et sinapi, et cunila seri poterunt, disciplina et more quo ante narratum est.

De hypomelidibus.

IV. Hypomelides poma sunt, ut Martialis asserit, sorbo similia. Mediocri arbore nascuntur, et flore candidulo. Dulcedo huic fructui cum acuto sapore commixta est. Seritur mense decembri nucleis in vasculis positis. Mense autem februario hypomelidis planta, sed pollicis magnitudine robusta transfertur brevissimo scrobe, soluta terra, plurimo stercore. Sed munienda est, quia cito arescit, si radices ejus ventus afflaverit. Terram qualemcumque non respuit. Amat loca tepida, aprica, maritima, et sæpe saxosa. Statum **rigidum** reformidat. Inseri non potest. Exigua durat ætate. Poma ejus aut in picatis et minutis urceolis, aut scrobe populi, aut in ollis inter uvas vinaceis obruta servabuntur.

De rapis condiendis.

V. Nunc rapa in partes minutas recisa, et leviter cocta, et tota die diligentius exsiccata, ne quid reservent humoris, et sinapi ex aceto, sicut moris est, temperato, mergere et condire curabimus, et repleta vasa claudemus, ac post aliquantos dies gustibus explorata, proferemus usuri. Quam rem januario quoque et novembri mense poterimus efficere.

De echinis, et pernis, et lardo, et avium laqueis.

VI. Nunc etiam, quibus litus in fructu est, ubi lunæ

ter au mois de février. Dès à présent aussi vous pouvez
semer l'ail ordinaire, l'ail d'Afrique, la ciboule, la moutarde et la sarriette, conformément à la méthode et à la
manière expliquées précédemment.

Des hypomélides.

IV. Suivant Martialis, les hypomélides sont des fruits
semblables à la corme. Ils viennent sur un arbre peu élevé,
à fleurs blanches. Leur saveur est douce et piquante. Au
mois de décembre, on les sème en noyaux dans des vases;
mais on les transplante au mois de février, lorsqu'ils ont
acquis de la force et sont de la grosseur du pouce, pour les
déposer dans une très-petite fosse garnie de terre meuble
et engraissée de fumier. Protégez cet arbrisseau contre les
vents, qui le dessècheraient bientôt s'ils en frappaient les
racines. Il s'accommode de tous les terrains. Il aime les
lieux chauds, exposés au soleil et voisins de la mer, souvent même les rochers. Il redoute les climats froids. On
ne peut le greffer. Il vit peu de temps. On en conserve
les fruits dans des cruchons poissés, dans la sciure de
peuplier, ou dans des marmites parmi des grappes de
raisin, en les recouvrant de marc.

De la manière de confire les raves.

V. Plongez à présent, pour les confire, dans de la
moutarde détrempée avec du vinaigre, suivant l'usage,
des raves coupées en menus morceaux, légèrement cuites
et bien séchées un jour entier, afin qu'il n'y reste aucune
humidité. Remplissez-en des vases, bouchez-les, et n'en
tirez pour votre usage qu'après y avoir goûté au bout de
quelques jours. Vous pourrez aussi faire la même chose
aux mois de janvier et de novembre.

Des hérissons, des jambons, du lard, et des pièges pour les oiseaux.

VI. Ceux qui habitent les côtes feront aussi confire à

juvabit augmentum, quæ omnium clausorum maris animalium, atque concharum jubet incremento suo membra turgere, echini carnes salibus condire curabunt. Quod solito more conficitur; hanc quoque rem per omnes menses bene faciemus hibernos. Pernas etiam et lardum conficimus non solum mense hoc, sed omnibus quos hiemalis algor adstringit. Tempore hoc per humiles silvas et baccis fecunda virgulta ad turdos et ceteras aves capiendas laqueos expedire conveniet. Hoc usque in martium mensem tendetur aucupium.

De horis.

VII. Decembrem januario in horis causa dispar adjunxit, quum linea simili ille augeatur, iste decrescat.

Hora	I	et	XI		pedes	XXIX
Hora	II	et	X		pedes	XIX
Hora	III	et	IX		pedes	XV
Hora	IV	et	VIII		pedes	XII
Hora	V	et	VII		pedes	X
Hora	VI				pedes	IX.

présent, dans du sel, la chair des hérissons de mer, quand
le cours de là lune favorisera cette opération, parce que
c'est l'époque où cette planète fait grossir les animaux et
les coquillages que la mer renferme dans son sein. Au
reste, cette opération se fait comme de coutume. On peut
la pratiquer également bien durant tout l'hiver. On fait
aussi des jambons, et on sale le lard non-seulement ce
mois-ci, mais dans tous les mois où le froid est rigoureux. C'est maintenant qu'on dresse des piéges au milieu
des taillis et des plants d'arbustes féconds en baies, pour
y prendre les grives et les autres oiseaux. On les tend
jusqu'au mois de mars.

Des heures.

VII. Le mois de décembre ressemble, pour la durée des
heures, à celui de janvier par des raisons contraires : les
jours de l'un croissent dans la même proportion que ceux
de l'autre décroissent.

Iᵉ et xiᵉ	heures	xxix	pieds
iiᵉ et xᵉ	heures	xix	pieds
iiiᵉ et ixᵉ	heures	xv	pieds
ivᵉ et viiiᵉ	heures	xii	pieds
vᵉ et viiᵉ	heures	x	pieds
viᵉ	heure	ix	pieds.

PALLADIUS AD PASIPHILUM,

VIRUM DOCTISSIMUM,

MITTIT SUOS DE RE RUSTICA LIBROS UNA CUM CARMINE DE INSITIONIBUS.

HABES aliud indultæ fidei testimonium. Pro usura temporis hoc opus de arte insitionis adjeci. Sed quod volumina hæc ruris colendi serius quam jusseras scripta sunt, librarii manus segnior fecit; cujus ego tarditatem nunquam maligne æstimo : scio enim quo frequenter inclinet argutia famulorum. Malo operam ejus exspectare potius quam timere. Nescio utrum commune sit dominis : mihi difficile contigit in servilibus ingeniis invenire temperiem ; ita sæpissime natura hæc vitiat commodum, si quod est, et miscet optanda contrariis. Velocitas procurrit in facinus ; segnities figuram benignitatis imitatur, et tantum recedit ab agilitate quantum recessit a scelere. Diu tamen apud te pudorem meum distuli, sed hoc quasi bonus famulus feci.

Verum nescio si tuum ad has modo minutias inclinetur ingenium. Grande erit et par desiderio suo, quod studii tui quæret affectio. Et licet de his nugis favorabiliter sentias, ego meas opes æstimare non differo. Non est magni loci assibus intuendis oculos duxisse per pulverem, quia nescio quomodo notæ sunt quædam maximarum personarum minuta compendia.

PALLADIUS AU SAVANT PASIPHILE,

EN LUI ENVOYANT A LA FOIS

SON TRAITÉ D'AGRICULTURE ET SON POËME SUR LA GREFFE.

VOICI un nouveau témoignage de la confiance que m'inspire l'amitié dont vous m'honorez. En compensation du temps que vous avez attendu, je joins à cet envoi un ouvrage sur la greffe. Si mon traité d'agriculture a été transcrit moins vite que vous ne le désiriez, c'est la faute de mon copiste ; mais je ne lui fais jamais un crime de sa lenteur, car je connais les finesses ordinaires des employés. J'aime mieux attendre la besogne du mien que de la craindre. Je ne sais si les autres maîtres me ressemblent : pour moi, j'ai rarement vu les serviteurs garder un juste milieu ; tant ces gens-là gâtent les services qu'ils rendent, et mêlent le mal au bien ! La promptitude les pousse dans le travers, tandis que la lenteur a un air de bonne volonté : elle évite les fautes en ne précipitant rien. J'ai sans doute différé à vous présenter mes excuses, mais j'ai agi en cela comme un bon serviteur.

J'ignore si votre esprit daignera descendre jusqu'à ces bagatelles. Elles acquerront de l'importance et répondront à votre attente, dès que votre bienveillante amitié les recherchera. Au reste, lors même que votre jugement leur serait favorable, je n'oserais les compter parmi mes richesses. Peut-on s'enorgueillir en contemplant de viles monnaies éparses dans la poussière, parce que, je ne sais comment, elles représentent en petit les traits des plus grands personnages ?

DE RE RUSTICA

LIBER XIV.

DE INSITIONIBUS.

PASIPHILE[1], ornatus fidei [2], cui jure fatemur,
  Si quid in arcano pectoris umbra tegit,
Bis septem parvos, opus agricolam, libellos[3],
  Quos manus hæc scripsit, parte silente pedum[4],
Nec strictos numeris, nec Apollinis amne fluentes,
  Sed pura tantum rusticitate rudes[5],
Commendas, dignaris, amas, et rustica dicta
  Affectu socii sollicitante[6] colis.
Nunc ideo modicum crescens fiducia carmen
  Obtulit, arbitrio lætificanda tuo.
EST nostræ studium non condemnabile musæ[7],
  Urbanum fari rusticitatis opus :
Sub thalami specie felices jungere silvas[8],
  Ut soboli mixtus crescat utrinque decor;
Connexumque nemus vestire affinibus umbris,
  Et gemina partum nobilitare coma ;
Fœderibus blandis dulces confundere succos,
  Et lætum duplici fruge saporis ali ;
Quæ quibus hospitium præstent virgulta docebo,
  Quæ sit adoptivis arbor onusta comis[9].
IPSE poli rector, quo lucida sidera currunt,
  Quo fixa est tellus, quo fluit unda maris,

DE L'ÉCONOMIE RURALE

LIVRE XIV.

POËME SUR LA GREFFE.

Gloire de l'amitié, digne confident des secrets de mon âme, Pasiphile, les quatorze livres que j'ai écrits sur l'économie rurale, sans m'astreindre aux lois de la mesure et du rhythme poétique, ces humbles essais qui n'ont d'autre parure que la simplicité des champs, ont obtenu l'accueil empressé de ton affectueuse bienveillance : tu les honores de ton estime, de tes éloges, de tes suffrages. Enhardi par le succès, j'ose t'offrir ce petit poëme. Trop heureux s'il peut aussi mériter ton approbation !

Ma muse entreprend une noble tâche : elle va chanter les savantes merveilles de l'agriculture. Je veux, par une sorte d'hymen, unir les arbres fertiles pour doter les rejetons de leur beauté rivale; je veux couvrir d'un double feuillage leurs branches assorties, et parer ainsi leurs productions de différents ombrages; je veux, par une heureuse alliance, mêler des sucs délicieux, et parfumer les fruits d'une double saveur. Je ferai connaître les arbres qui peuvent marier leurs rameaux hospitaliers, et couronner leurs fronts d'une chevelure adoptive.

Le roi du ciel, qui dirige le cours des astres radieux, qui a fixé la terre et imprimé le mouvement aux flots,

Quum posset mixtos ramis inducere flores,
   Et varia gravidum pingere fronde nemus,
Dignatus nostros hoc insignire labores,
   Naturam fieri sanxit ab arte novam.
Non segne officium nostræ reor esse camœnæ,
   Aut operis parvi gratia fiet inops.
Si velocis equæ pigro miscetur asello
   Ardor, ut in sterilem res cadat acta gradum [10],
Fecundumque genus productus deleat hæres,
   Et sibi defectum copia prolis agat;
Cur non arbor inops [11] pinguescat ab hospite gemma,
   Et decus externi floris adepta micet?
Incipiam, quidquid veteres scripsere coloni,
   Sacráque priscorum verba labore sequar.

Principio multas species industria solers
   Protulit [12], et doctam jussit inire manum.
Nam quæcumque virens alienis frondibus arbos
   Comitur, his discit credita ferre modis :
Aut nova discreto [13] figuntur germina libro,
   Aut aliud summo robore fissa capit,
Aut viridès oculos externi gemma tumoris
   Accipit, et lento stringitur uda sinu.

Primus Echionii palmes se jungere Bacchi [14]
   Novit, et externo tenditur [15] uva mero.
Nexilibus gemmis fecundos implicat artus
   Vitis, et amplexum pascit adulta genus,
Degenerisque comæ vestigia [16] mitis inumbrat
   Pampinus, et pingui curvat onusta deo [17].

aurait pu, sans doute, couvrir les arbres de fleurs différentes et orner leurs têtes de divers feuillages; mais, dai-
gnant ennoblir mes travaux, il a permis à l'art de créer
une nature nouvelle.

C'est une entreprise laborieuse dont se charge ma muse;
mais la difficulté fait seule le mérite de ce petit ouvrage.
Si l'ardeur de la cavale rapide mêlée à l'indolence de
l'âne ne donne qu'un rejeton stérile dans lequel s'éteint
une race féconde, et qu'ainsi la puissance de la reproduction se fait défaut à elle-même, pourquoi l'improductif arbuste ne s'enrichirait-il pas des bourgeons qu'on
lui confie? pourquoi sa tête ne brillerait-elle pas d'une
couronne étrangère? J'exposerai la doctrine des anciens
agronomes, et je suivrai scrupuleusement leurs préceptes sacrés.

Dans l'origine, le génie de l'homme inventa plusieurs
sortes de greffes, et les soumit à de savantes mains. Tout
arbre dont la tête se pare d'une chevelure étrangère,
apprend de trois manières à porter le dépôt qui lui est
confié : ou l'on entr'ouvre l'écorce par une entaille, ou
l'on fend le bout d'une branche pour y insérer un germe
nouveau, ou, à la place d'un bouton vermeil, on ino-
cule un bourgeon étranger que l'on tient captif sous de
flexibles liens.

Ce fut Thèbes qui la première sut greffer la vigne
consacrée à Bacchus, et qui en gonfla les grappes de
sucs étrangers. La vigne enlaça de ses rameaux fertiles
les bourgeons adoptifs, et, en croissant elle-même, les
nourrit entre ses bras. Ses pampres régénérés ombra-
gèrent ainsi les restes d'un feuillage déchu, et plièrent
sous le poids du dieu qui les fécondait.

Robora Palladii decorant [18] silvestria rami,
    Nobilitat partus bacca superba feros.
Fecundat sterilis pingues oleaster olivas [19],
    Et quæ non novit munera [20] ferre docet.

Germine cana pirus [21], niveos haud invida flores
    Commodat, et varium nectit amore nemus.
Nunc rapit hirsutis horrenda sororibus arma,
    Et docet indomitas ponere tela piros.
Nunc teretem pingui producit acumine malum,
    Fraxineasque novo flectit honore manus.
Phyllida [22] quin etiam grandi mitescere fructu
    Instituens, duræ dat sua membra cuti.
Et steriles spinos [23], et inertem fœtibus ornum
    Dotat, et ignotum cogit amare decus.
Hujus et immissi vertere cydonia [24] rami;
    Pomaque confusus blanda creavit odor.
Castaneæ sæptos aspro velamine fœtus
    Exuit, et placido pondere mutat onus;
Mespilaque exarmat pugnacibus horrida membris,
    Et mala tranquillo cortice vota premit.
Creditur in Libycis sua germina nectere ramis,
    Lætaque puniceo posse decore frui.

Punica [25] non alios unquam dignata sapores
    Mala, nec externis associata comis;
Ipsa suas augent mutato semine gemmas,
    Et sibi cognato picta rubore placent.

Insita proceris [26] pergit concrescere ramis,
    Et sociam mutat malus amica pirum.
Seque feros silvis hortatur linquere mores,
    Et partu gaudet nobiliore frui.
Spiniferas prunos, armataque robora sentes
    Levigat, et pulchris vestit adulta comis.

Les rameaux de l'arbre de Pallas embellissent les chênes des forêts, et la superbe olive ennoblit des fruits sauvages. Le stérile olivier féconde l'olivier fertile, et lui apprend à porter des trésors qui lui étaient inconnus.

Le poirier prête volontiers sa blanche parure de fleurs à différents arbres, et se plaît à les enlacer des nœuds de l'amour. Tantôt il enlève à ses frères sauvages leur appareil menaçant ; tantôt, à l'aide d'un rameau fertile, il allonge la tête arrondie du pommier, et courbe les branches du frêne sous un poids nouveau. Il se marie même à l'amandier, dont il amollit l'écorce, et lui enseigne à mûrir de plus gros fruits. Il enrichit le stérile prunellier, l'orne improductif, et leur fait aimer une parure étrangère. Sa greffe change la nature des produits du cognassier, et de leur union naît un fruit d'une exquise saveur. Il dépouille le châtaignier de sa bogue épineuse, et lui substitue un fardeau plus doux. Il arrache au belliqueux néflier sa piquante armure, et, sous une paisible écorce, en étouffe les pernicieux desseins. Il peut, dit-on, s'unir au grenadier et s'enorgueillir du vif éclat de ses fleurs.

Les grenadiers dédaignèrent toujours une sève étrangère et un feuillage emprunté. Ils régénèrent leurs produits en échangeant eux-mêmes leurs propres germes, et se plaisent à étaler la pourpre de leur famille.

Le pommier greffé élève promptement ses longs rameaux vers le ciel. Il aime à s'unir au poirier. Sa nature le porte à abandonner aux forêts ses mœurs sauvages, et il est fier de voir ses productions ennoblies. Il polit les prunelliers épineux, les chênes armés de dards, et revêt leurs jeunes têtes d'un élégant feuillage. Il sait, au moyen d'un

Exiguam sorbum dulci distendere succo
    Novit, et ad cupidas flectere poma manus [27].
Stipitibus gaudet nomen mutare salignis,
    Et gratum Nymphis spargere flore nemus.
Robora thyrsigero platani concordia Baccho [28]
    Fœtibus instituit [29] plena rubere novis.
Illius insolitas miratur persicus umbras,
    Populeæque ferunt candida dona comæ.
Mespilus huic paret, lapidosaque viscera mutans
    Tenditur, et niveo plena liquore rubet.
Pro sudibus fœtis [30] et pro prægnantibus armis,
    Castaneæ fulvum dant nova mala decus.

Ipsa suos onerat meliori germine ramos
    Persicus, et pruno scit sociare genus.
Imponitque leves in stipite Phyllidis umbras,
    Et tali discit fortior esse gradu.

Quum præstet cunctis se fulva cydonia [31] pomis,
    Alterius nullo creditur hospitio [32].
Roboris externi librum aspernata superbit,
    Scit tantum nullo crescere posse decus.
Sed, propriis pandens cognata cubilia ramis,
    Stat, contenta suum nobilitare bonum.

Æmula dura piri despecti mala saporis
    Mespilus admisso germine tuta subit;
Et geminis sese violentior inserit armis,
    Atque avidas terrent robora sæva manus.

Nec non et citrei patiuntur mutua rami
    Pignora, quæ gravido cortice morus alit.
Pomaque pasturi blando redolentia succo
    Armatis mutant spicula nota piris.

Pruna suis addunt felicia germina membris,
    Donaque cognato corpore læta ferunt.

suc délicieux, grossir le volume de la corme, et la mettre à la portée des mains avides. Il permet volontiers au saule d'usurper son nom, et embellit de ses fleurs cet arbre chéri des Nymphes. Il force le platane, aimé de Bacchus, à étaler une fécondité vermeille. Le pêcher s'étonne de son nouvel ombrage, et la chevelure du peuplier se pare de produits éclatants de blancheur. La nèfle lui obéit, et, dépouillant ses entrailles de pierre, elle rougit et se gonfle d'une blanche liqueur. A la place de ses bogues épineuses hérissées de dards, qui renferment un germe dans leur sein, le châtaignier se couvre de fruits dorés.

Le pêcher donne lui-même à ses branches un meilleur fruit, et peut s'unir au prunier. Il couvre l'amandier de son léger feuillage, et acquiert ainsi lui-même plus de vigueur.

Élevé au-dessus de ses rivaux par ses fruits dorés, le cognassier ne demande l'hospitalité à aucun, et dédaigne fièrement une enveloppe étrangère. Il sait que nul arbre ne peut ajouter à la beauté de ses produits; et, n'ouvrant qu'à lui seul la couche nuptiale, il se contente de maintenir la noblesse de sa race.

Le néflier s'allie sans péril au poirier sauvage, dont les fruits acerbes rivalisent d'âpreté avec les siens. Ainsi revêtu d'une double armure, il devient plus terrible, et repousse cruellement les mains trop avides.

Le citronnier échange aussi ses rameaux avec le mûrier, qui les nourrit sous son écorce. Uni au poirier, il lui enlève ses funestes épines, et le parfume de fruits savoureux.

Le prunier se greffe lui-même et communique son heureuse fécondité à tous ses rejetons. Il désarme les

Exarmat fœtus, sed brachia roboris armat
  Castaneæ prunus jussa tenere larem.

Assuescunt siliquæ viridi mollescere succo,
  Et gremio pascunt cetera poma suo.

Persuadet moris tetrum mutare colorem
  Ficus, et invasis dat sua jura comis.
Se quoque miratur pingui grandescere succo,
  Et solitum gaudet vincere poma modum.
Insignes foliis platanos, felicia mensis
  Brachia, gaudentes vitis honore [33] comas,
Ingrediens pingui se cortice maxima ficus
  Servat, et optatos implet adepta sinus [34].

Mutua quin etiam moris commercia ficus
  Præstat, et oblatum robore germen alit.
Fraxinus huic avidæ confert sua membra sorori,
  Et metuit fœtus [35] sparsa cruore novos.
Proceras fagos, et poma hirsuta virentis
  Castaneæ, duris aspera mala comis
Inficiens, monstrat piceo nigrescere partu,
  Et succo pascit turgida poma novo.
Obsequitur moris blando terebinthus odore,
  Et geminis veniunt munera mixta bonis [36].

Sorba suos partus merito majoris honestant
  Seminis, et pulchro curva labore nitent.
Hæc arbos spinæ [37] duros mucronibns artus
  Exuit, ac libris mitibus arma tegit;
Aureaque annexo miscere cydonia fœtu
  Gaudet, et externi dona coloris amat.

Inseritur lauro cerasus [38], partuque coacto
  Tingit adoptivus virginis ora pudor.
Umbrantes platanos, et iniquam robore prunum [39],
  Compellit gemmis pingere membra suis [40].

fruits du châtaignier, et en fortifie les rameaux quand il fixe chez lui ses pénates.

Les carouges apprennent à s'amollir au moyen d'un suc vert, et nourrissent tous les fruits dans leur sein.

Le figuier détermine les mûres à quitter leur couleur noire, et fait la loi aux branches dont il s'est emparé. A son tour il s'étonne de l'accroissement qu'il doit à une sève féconde, et se réjouit de voir ses fruits excéder leur volume ordinaire. En s'unissant au superbe platane, dont les fertiles rameaux, chéris de Bacchus, ombragent nos tables d'un large feuillage, le figuier acquiert une belle proportion qu'il conserve sous son heureuse écorce, et se plaît à enrichir le sein où il fut adopté.

Le figuier marie sa sève à celle du mûrier, et alimente lui-même le germe qu'il lui présente. Le frêne prête ses branches à ce frère avide, et, tout rougi de sang, redoute ses nouveaux rejetons. En colorant le hêtre superbe et le vert châtaignier, dont le fruit est armé d'une forêt de dards, le mûrier leur apprend à noircir leurs fruits, et à se gonfler de sucs nouveaux. Le térébinthe odorant s'allie au mûrier, et de leur hymen naît un fils qui reproduit les qualités de ses pères.

Le sorbier augmente par la greffe le volume de ses fruits, et fait plier ses branches sous un brillant fardeau. Il dépouille le prunellier de ses épines meurtrières, et en cache les pointes sous une douce écorce. Il se plaît à confondre ses trésors avec les coings dorés, et aime à usurper des richesses étrangères.

Le cerisier se greffe sur le laurier, et, forcée d'être mère, Daphné rougit de ses enfants adoptifs. Il contraint le platane au vaste ombrage et le prunier hérissé de dards à ceindre leurs têtes de ses superbes rubis. Il orne aussi

Populeasque novo distinguit munere frondes,
    Sic blandus spargit brachia cana rubor.

PHYLLIS odoratos primævis floribus artus
    Discissi pruni cortice fixa tegit.
Pomaque permutat velamine persica mixto,
    Duritiemque docet tegminis esse loco.
In modicam tornat siliqua tendente [41] figuram,
    Et frondes pulchro ditat odore feras;
Castaneamque trucem depulsis cogit echinis
    Mirari fructus levia poma sui.

QUIN et amygdaleos subeunt pistacia ramos,
    Et meritum [42] majus de brevitate petunt.

HÆC et cognato cingens terebinthus amictu,
    Nutrit adoptivis nobilitanda comis.

FLUMINEAM salicem fecundant ardua membra
    Castaneæ, et multo passa liquore vigent.

ARBUTEAS frondes vastæ nucis occupat umbra [43],
    Pomaque sub duplici cortice tuta refert.

CETERA, quæ solers processu temporis usus
    Exprimet, exemplis instituere novis.
Hæc sat erit tenui versu memorasse poetam,
    Quem juvat effossi terga movere soli.
. Carmina tu duros inter formata bidentes
    Aspera, sed miti rusticitate, leges [44].

le peuplier de dons qui lui étaient inconnus, en répandant sur ses blancs rameaux un éclat vermeil.

Greffé sur le prunier, l'amandier couvre de ses fleurs hâtives ses branches embaumées. Enté sur le pêcher, il change en une dure écale la molle pulpe de ses fruits. Il arrondit légèrement la forme oblongue des carouges, et enrichit leurs feuilles sauvages d'un suave parfum. Il arrache au châtaignier ses armes cruelles, et lui fait admirer un fruit doux au toucher.

Le pistachier se greffe également sur l'amandier, et ajoute à sa valeur par la petitesse de ses produits.

Le térébinthe le couvre aussi d'un manteau de famille, et lui prête, pour l'ennoblir, une chevelure adoptive.

Le châtaignier superbe féconde le saule, ami des fleuves, et acquiert de la force au sein des eaux.

Le grand noyer s'empare du feuillage de l'arbousier, et lui donne des fruits protégés par une double écorce.

Quant aux autres faits que le temps et l'expérience pourront nous révéler, de nouvelles leçons te les feront connaître. Ma faible muse en a dit assez pour guider la main de l'agriculteur. En lisant ces préceptes rédigés au milieu des durs hoyaux, tu trouveras peut-être que la poésie en tempère l'âpreté.

NOTES

SUR LE POËME DE LA GREFFE.

————◆◆◆————

1. — *Pasiphile* (v. 1). L'histoire ne nous a laissé aucun renseignement certain sur le savant Pasiphile, auquel Palladius a dédié son ouvrage.

2. — *Ornatus fidei* (v. 1). Ces mots n'ont pas été mis pour *vir fide ornatus*, ainsi que le croit un commentateur. *Ornatus* est pour *ornamentum* ou *decus fidei*.

3. — *Bis septem parvos, opus agricolare, libellos* (v. 3). Nous ne possédons que treize livres de l'ouvrage de Palladius sur l'économie rurale; et cependant l'auteur parle ici du nombre quatorze. Il est facile d'expliquer cette contradiction apparente. Palladius avait écrit d'abord quatorze livres en prose; puis il jugea convenable, à l'exemple de Columelle, de refaire son dernier livre en vers. Celui qui déjà existait, fut supprimé. Il ne resta plus dès lors que treize livres en prose.

4. — *Parte silente pedum* (v. 4). Expression ingénieuse pour désigner des distiques. Le vers pentamètre, ainsi que l'indique son nom, ayant un pied de moins que le vers hexamètre, garde, pour ainsi dire, le silence sur le sixième pied, *silet pes sextus*. Ici le silence équivaut à l'absence, comme dans ce passage de Virgile (*Én.*, liv. 11, v. 255) :

.... Tacitæ per amica silentia lunæ,

sur lequel un commentateur, cité par Gaston, fait cette remarque : *Luna tacet, quum latet.* Cicéron, dans son discours *pro Archia poeta*, appelle les distiques *versus longiusculi*.

5. — *Pura tantum rusticitate rudes* (v. 6). Il s'en faut de beaucoup que les vers de Palladius aient, comme ceux des *Bucoliques* de Virgile, tout l'abandon et la naïveté champêtres. Ils sont, au contraire, d'une poésie savante et travaillés avec un art infini.

Le lecteur n'est pas plus dupe de la fausse modestie du poëte que de celle de Calpurnius, quand il dit, au sujet de son protecteur :

> Quidquid íd est, silvestre licet videatur acutis
> Auribus, et nostro tantum memorabile pago ;
> Dum mea rusticitas, si non valet arte polita
> Carminis, at certe valeat pietate probari.

(*Bucol.*, ecl. IV, v. 12.)

6. — *Affectu.... sollicitante* (v. 8). Ici, l'emploi du participe *sollicitante* au lieu de l'adjectif *sollicito* est une altération qui atteste un siècle de décadence.

7. — *Est nostræ studium non condemnabile musæ* (v. 11). La même pensée se retrouve à peu près quelques vers plus bas (v. 27).

8. — *Sub thalami specie, etc.* (v. 13). Les poëtes, et même les prosateurs, en parlant de la greffe, ont coutume d'employer les métaphores d'hymen, d'amour, d'alliance, d'adoption, de gages, de demeure conjugale, d'hospitalité et de communauté d'offices. On lit dans Pline, au commencement du quatorzième livre : « Pomiferæ arbores.... sive illæ ultro, sive ab homine didicere blandos sapores adoptione et connubio. » — *Felices jungere silvas.* L'épithète *felix* est consacrée par les poëtes pour désigner la vigueur et la fécondité d'un arbre, entre autres pár Horace (*Épode* 11, v. 12) et Virgile (*Géorg.*, liv. 11, v. 81).

9. — *Arbor onusta comis* (v. 20). Un arbre est plutôt embelli que chargé de son feuillage. Il semble que le participe *operta* eût mieux rendu la pensée du poëte, comme dans ce vers d'Ovide :

> Atque peregrinis arbor *operta* comis.

(*Rem. amoris*, v. 196.)

10. — *In sterilem res cadat acta gradum* (v. 30). Pline a généralisé la même idée (*Hist. Nat.*, liv. viii, ch. 44) : « Les animaux issus de races diverses, dit-il, n'engendrent point. Voilà pourquoi les mules sont improductives. » *Res acta* signifie l'accouplement, *admissura asini ad equam.* Quant au mot *gradus*, le poëte l'emploie comme synonyme de *proles*, « rejeton, produit, » ainsi qu'on le verra plus bas (v. 98).

11. — *Cur non arbor inops* (v. 33). Dans Calpurnius (égl. 11, v. 40), un jardinier oppose les merveilles de la greffe aux produits diversement nuancés d'un bélier noir et d'une brebis blanche :

> Non minus arte mea mutabilis induit arbos
> Ignotas frondes, et non gentilia poma ;

Ars mea nunc malo pira temperat , et modo cogit
Insita præcoquibus subrepere persica prunis.

12. — *Industria solers protulit* (v. 37). Gratius Faliscus, dans
le début de son poëme sur la chasse , a exprimé la même pensée :

> . . . . Partes quisque sequutus
> Exegere suas , tetigitque industria finem.
>
> (*Cyneget.*, v. 11.)

13. — *Aut nova discreto* (v. 41). Virgile ne parle que de deux
manières d'enter; Palladius en indique trois. Nous en avons plusieurs autres qu'on peut lire dans les livres d'agriculture.

> Cet art a deux secrets dont l'effet est pareil :
> Tantôt dans l'endroit même où le bouton vermeil
> Déjà laisse échapper sa feuille prisonnière,
> On fait avec l'acier une fente légère.
> Là d'un arbre fertile on insère un bouton,
> De l'arbre qui l'adopte utile nourrisson.
> Tantôt des coins aigus entr'ouvrent avec force
> Un tronc dont aucun nœud ne hérisse l'écorce.
> A ses branches succède un rameau plus heureux :
> Bientôt ce tronc s'élève en arbre vigoureux,
> Et, se couvrant des fruits d'une race étrangère,
> Admire ces enfants dont il n'est pas le père.
>
> (Delille, trad. des *Géorg.* de Virg., liv. II.)

14. — *Echionii.... Bacchi* (v. 45). Échion avait aidé Cadmus à
bâtir Thèbes. Horace (*Odes*, liv. IV, ode 4, v. 64) donne aussi
l'épithète d'*Echioniæ* à la ville de Cadmus.

15. — *Tenditur* (v. 46). Ce mot est mis pour *distenditur*. Le
raisin se remplit, se gonfle par la greffe d'un suc étranger. Le
même terme se reproduit aux vers 83, 92 et 153.

16. — *Degenerisque comæ vestigia* (v. 49). Imitation heureuse
de Virgile :

> Pomaque degenerant, succos oblita priores.
>
> (*Georg.* lib. II, v. 59.)

17. — *Pingui.... deo* (v. 50). Dans ce vers, *deo* me paraît tenir
la place de *uva* ou de *racemo*. Le poëte a voulu peindre la grosseur des grains de raisin , et rien de plus.

18. - *Decorant* (v. 51). Il est très-probable que *decorat*, au lieu de *decorant*, s'est glissé dans quelques textes par l'inadvertance d'un copiste. Le sens grammatical exige *decorant*.

19. — *Fecundat sterilis pingues oleaster olivas* (v. 53). Virgile a noté un fait non moins remarquable au sujet de l'olivier :

> Quin et caudicibus sectis (mirabile dictu)
> Truditur e sicco radix oleagina ligno.
> (Georg. lib. II, v. 3o.)

20. — *Et quæ non novit munera* (v. 54). Virgile a dit avec plus de sentiment :

> Miraturque novas frondes, et non sua poma.
> (Georg. lib. II, v. 8a).

21. — *Germine cana pirus* (v. 55). L'épithète *cana* ne porte évidemment que sur les fleurs blanches qui couronnent le poirier :

> . . . . Ornusque incanuit albo
> Flore piri.
> (Virg., Georg. lib. II, v. 71.)

22. — *Phyllida* (v. 61). Phyllis, fille de Lycurgue, roi de Thrace, aimait Démophoon. Désespérant de ne plus le revoir, elle se pendit, et fut changée en amandier.

23. — *Et steriles spinos* (v. 63). Espèce de prunier sauvage qui, comme l'observe Gesner, n'est autre que le prunellier, *oxyacantha*.

24. — *Cydonia* (v. 65). Les coings sont originaires de Cydon, aujourd'hui *Canée*, ancienne ville de la Crète, sur la côte méridionale de cette île.

25. — *Punica* (v. 73). Pline parle ainsi de la grenade (*Hist. Nat.*, liv. XIII, ch. 19) : « Aux environs de Carthage, il y a un fruit qui porte le nom de *punicum*; quelques-uns l'appellent *granatum*. » Ovide a caractérisé ce fruit dans les vers suivants :

> Punica sub lento cortice grana rubent.
> Punica quæ lento cortice poma tegunt.

Martial a dit également de la fleur du grenadier :

> Aut imitata breves punica mala rosas.

26. — *Insita proceris* (v. 75). Tout ce morceau est riche de poésie. Il semble que Palladius ait voulu lutter d'élégance avec Virgile. S'il lui est inférieur, c'est peut-être en voulant le sur-

passer. Il est des bornes pour l'esprit ; un auteur devient subtil,
et quelquefois obscur, à force de recherche et de raffinement.

> L'esprit qu'on veut avoir gâte celui qu'on a.
>
> (GRESSET.)

27. — *Ad cupidas flectere poma manus* (v. 84). Image gra-
cieuse. Bernardin de Saint-Pierre a dit également de la rose :
« Pour qu'elle soit à la fois un objet d'amour et de philosophie,
il faut la voir lorsque, sortant des fentes d'un rocher humide,
elle brille sur sa propre verdure, que le zéphyr la balance sur sa
tige hérissée d'épines, que l'aurore l'a couverte de pleurs, et
qu'elle appelle par son éclat et ses parfums la main des amants. »

28. — *Concordia Baccho* (v. 87). Les anciens aimaient à faire
des repas à l'ombre des platanes :

> Jamque ministrantem platanum potantibus umbras.
>
> (VIRG., *Georg.* lib. IV, v. 146.)

Palladius semble dire ici que le platane aime le vin, et que les
racines de cet arbre veulent être arrosées de cette liqueur vermeille. On lit, en effet, dans Pline (*Hist. Nat.*, liv. XII, ch. 1), au
sujet des platanes : « Tantumque postea increvit, ut mero infuso
nutriantur. Compertum id maxime prodesse radicibus ; docuimus-
que etiam arbores vina potare. »

29. — *Fetibus instituit* (v. 88). Virgile avait également dit :

> Et steriles platani malos gessere valentes.
>
> (*Georg.* lib. II, v. 70.)

30. — *Pro sudibus fœtis* (v. 93). Il faut, par extension, entendre ces mots dans le sens de *ramis feracibus*. Quelques com-
mentateurs croient que *prægnantibus armis* est pour *pungentibus
armis*, et que Palladius parle du bois de châtaignier, dont on fai-
sait autrefois des armes. Il me semble qu'ils se trompent. L'adjectif *prægnans* se dit littéralement d'une femme enceinte ou de
la femelle d'un animal qui va mettre bas. Au moyen d'une cata-
chrèse hardie, Palladius applique cette épithète au tissu épineux
qui enveloppe la châtaigne. L'écorce armée de piquants s'entr'ouvre pour laisser échapper les fruits mûrs. *Armis* est donc mis
pour *castaneis gravibus*. Virgile donne aux châtaignes l'épithète
hirsutæ. Ajoutez-y celle de *prægnantes*, et vous concevrez aisément
que Palladius ait mis *armis* pour *castaneis prægnantibus*. La bogue
a été substituée à l'arbre ou au fruit.

31. — *Fulva cydonia* (v. 99). Le coignassier l'emporte sur tous les autres arbres, pour la greffe, dit Palladius; et il en donne les raisons suivantes : « Mense februario cydonia, melius in trunco quam cortice, recipiunt in se surculos prope omnis generis punici, sorbi, omnium malorum, quæ meliora producunt. »

32. — *Nullo creditur hospitio* (v. 100). On trouve dans plus d'un auteur du quatrième siècle *nullo* pour *nulli* au datif.

33. — *Vitis honore* (v. 124). Est-il nécessaire d'entendre par ces mots *vitis honore*, le vin dont on arrosait les racines du platane ? Je ne le pense pas. Le platane, enrichi du feuillage de la vigne, donne une ombre plus épaisse aux buveurs; voilà ce que me semble signifier *gaudentes vitis honore comas*. Ce serait forcer le sens habituel de *honor*, que de lui donner celui de *humor*.

34. — *Optatos.... adepta sinus* (v. 126). On doit entendre ici par *sinus* le développement, la grosseur, l'ampleur désirée qu'atteint le figuier. Gratius a employé ce mot dans le même sens :

> Ingrati majora *sinus* impendia sument.
>
> *(Cyneget.*, v. 33.)

35. — *Et metuit fœtus* (v. 130). Palladius abuse de son imagination, comme Ovide, en supposant que le frêne qui a reçu la greffe du mûrier, *redoute ses rejetons qui le couvrent de sang*.

> Et metuit fœtus sparsa cruore novos.

36. — *Geminis.... bonis* (v. 136). Le double avantage dont il est question dans ce vers, consiste à réunir l'agréable suc du mûrier avec la suave odeur du térébinthe.

37. — *Spinæ* (v. 139). Ce mot est pour *spiniferæ pruno*, le prunier sauvage, hérissé de piquants, dont il est parlé plus haut (v. 81).

38. — *Inseritur lauro cerasus* (v. 143). Riante allégorie, exprimée avec précision en un distique charmant, digne à la fois de Tibulle et d'Ovide. Qui ne se rappelle les jolis vers de ce dernier poëte sur la métamorphose de Daphné ?

> Mollia cinguntur tenui præcordia libro :
> In frondem crines, in ramos brachia crescunt;
> Pes, modo tam velox, pigris radicibus hæret;
> Ora cacumen obit ; remanet nitor unus in illa.
> Hanc quoque Phœbus amat; positaque in stipite dextra,
> Sentit adhuc trepidare novo sub cortice pectus.
>
> *(Metam* lib. 1, v. 549.)

39. — *Iniquam robore prunum* (v. 145). Il s'agit encore du prunier sauvage, dont l'écorce est épineuse.

40. — *Compellit gemmis pingere membra suis* (v. 146). On ne saurait pousser plus loin la poésie et la délicatesse de l'expression. Déjà, dans le premier distique, nous avions vu la violence faite à Daphné, *partuque coacto*, et la rougeur couvrir son front virginal : *Pingit adoptivus virginis ora pudor*. Elle subit encore une autre sorte de violence; le poëte la force à s'entourer de ses enfants vermeils, qu'il compare à des rubis étincelants. Jamais la mythologie ne fut employée avec plus de grâce.

41. — *Tornat siliqua tendente* (v. 153). Le verbe *tornare* signifie dans ce vers *arrondir*. Quand l'amandier est greffé sur le caroubier, l'amande s'arrondit et s'allonge en une cosse qui a la forme d'un croissant.

42. — *Et meritum* (v. 158). Cette correction de Buchner, que toutes les éditions ont admise au lieu de *et debitum*, sauve à Palladius une faute de quantité qu'il n'avait probablement pas faite *Meritum* n'a pas le sens de *bienfait* ou de *service* dans ce passage; il veut dire, par corruption, *mérite*, *vertu*, *prix* ou *valeur*

43. — *Vastæ nucis occupat umbra* (v. 163). Virgile admet aussi la greffe du noyer sur le châtaignier :

Inseritur vero ex fœtu nucis arbutus horrida.

(*Georg.* lib. II, v. 60.)

44. — *Aspera, sed miti rusticitate leges* (v. 170). Le mot *rusticitas* ne caractérise pas l'ouvrage de Palladius, mais le goût de Pasiphile pour la vie champêtre. « L'amour que tu portes aux travaux de la campagne, lui dit-il, adoucira peut-être l'âpreté de mes chants. »

TABLE ANALYTIQUE

DE L'ÉCONOMIE RURALE DE PALLADIUS.

ERRATA.

		au lieu de	lises :
Page 15, ligne	21,	compact,	compacte.
41	9	malte,	malthe.
45	16	sur le blé,	sous le blé.
59	19	piqûre,	piqûres.
131	25	le plan pourrirait,	le plan se pourrirait.
205	24	près de lui il se courbe,	près elle, elle se courbe.
219	32	en Sardaigne dans les terres,	en Sardaigne et dans les terres
251	1	au mois de mai,	au mois d'avril.
267	9	le pois,	les pois.
269	20	remettez de niveau,	remettez-les de niveau.
432	26	mucronibns,	mucronibus.

TABLE

DE L'ÉCONOMIE RURALE DE PALLADIUS.

rêt de la sûreté de l'état ne pou-
res illégales, ni autoriser l'Au-
os, à déchirer une page de son
et sur ses promesses les plus
tis, à annuler un traité récem-
avec une scrupuleuse fidélité,
ordes, à mettre en un mot
et socialistes qu'elle ré-
ement est appelé à com-
. Enfin, après avoir discuté
M. de Buol pour incriminer
ment, sans épargner peut-
ement sarde, le cabinet de
. Ce que nous ne pouvons
anquer au devoir le plus sa-
l'autorité politique autri-
mieux établis et les plus
us de tant de familles
sont devenus, d'a-
grave attentat sur
ormée du cabinet
us offices des sou-

et occasionnée ne
avernement pié-
r que lui dictaient
ité; mais ces deux
iot de pousser cette
llire d'avoir ob-
uprès des gou-
Après quelques
. ministre d'Au-
Revel retourna,
leur cours ordi-
our situation res-
minait un incident
ique aussi compli-
constitionnel n'a
l'Europe. La ques-
sommeillait elle-
s; mais ce différend
uvernement piémon-
ux chambres un nou-

AVIS A MM. LES SOUSCRIPTEURS

Chaque volume, contenant un seul ou plusieurs Auteurs, se vend séparément, ainsi que les Auteurs formant plusieurs volumes.

Les volumes, de 25 à 30 feuilles in-8°, sont en tout semblables à ceux de la Première Série de la *Bibliothèque Latine-Française*.

Il en paraîtra quatre ou cinq cette année. Les journaux annonceront successivement leur publication.

Le prix de chaque volume est de 7 fr., et pour faciliter aux lecteurs éloignés de Paris les moyens d'achat, ces volumes leur seront adressés au même prix et francs de port.

La dépense ne sera donc, pour chaque Souscripteur, que de 28 à 35 fr.

Le prix de chaque volume (*sept francs*) est payable COMPTANT, à Paris, soit directement, soit par les libraires correspondants, soit par un bon sur la Poste.

Aucune livraison ne sera remise que sur payement comptant.

Sous presse :

MANILIUS, 1 vol., trad. nouv. par M. Lorers, proviseur du collège royal de Saint-Louis

LUCILIUS, LUCILIUS JUNIOR, SALEIUS BASSUS, CORNELIUS SEVERUS, AVIANUS, DIONYSIUS CATON, PRISCIANUS, 1 vol., traduction nouvelle par MM. Couret et J. Chenu.

JULIUS CAPITOLINUS, 1 vol., trad. nouv. par M. Varron, prof. au collège royal de Charlemagne

SPARTIANUS, VULCATIUS GALLICANUS, TREBELLIUS POLLION, 1 vol., trad. nouv. par M. Legay, prof. au collège Rollin.

FLAVIUS VOPISCUS LAMPRIDIUS, 1 vol., trad. nouv. par M. Taillefert, prof. au collège royal de Saint-Louis.

SEXTUS POMPEIUS FESTUS, 1 vol., trad. pour la première fois en français par M. Savagner, ancien élève de l'École des Chartes.

MM. les Souscripteurs voudront bien DÉSIGNER, *dans leur demande, les Auteurs auxquels ils désirent souscrire; ils détermineront ainsi eux-mêmes le nombre de volumes de cette Seconde Série.*

Imprimerie Panckoucke, rue des Poitevins, 14.

www.ingramcontent.com/pod-product-compliance
Lightning Source LLC
Chambersburg PA
CBHW031626210326
41599CB00021B/3322